普通高等教育"十一五"国家级规划教材
全国交通土建高职高专规划教材

结构力学

Jiegou Lixue

（第三版）

李　轮　宋林锦　主编

钟宏志［清　华　大　学］
张延庆［北京工业大学］　主审

人民交通出版社

内 容 提 要

本书为普通高等教育"十一五"国家级规划教材,全国交通土建高职高专规划教材。全书共分十章,主要阐述体系的几何组成分析、静定结构的内力和位移计算、结构反力和内力影响线的绘制和应用、力法计算超静定结构、位移法、力矩分配法等方面的基础内容。全书各章均附有复习思考题和习题,便于自学。

本书可作为高等职业技术教育道路桥梁工程技术专业、公路工程监理与检测专业的教材,也可作为中等职业学校相关专业的教材,亦可供其他土建类专业师生和有关工程技术人员参考。

图书在版编目(CIP)数据

结构力学 / 李轮,宋林锦主编. —3 版. --北京:人民交通出版社,2008.7
普通高等教育"十一五"国家级规划教材. 全国交通土建高职高专规划教材
ISBN 978-7-114-07238-3

I. 结… II. 李… III. 结构力学-高等学校:技术学校-教材 IV. O342

中国版本图书馆 CIP 数据核字(2008)第 092172 号

普通高等教育"十一五"国家级规划教材
书　　名: 全国交通土建高职高专规划教材
结构力学(第三版)
著 作 者: 李　轮　宋林锦
责任编辑: 卢仲贤　郑蕉林
出版发行: 人民交通出版社股份有限公司
地　　址: (100011) 北京市朝阳区安定门外外馆斜街 3 号
网　　址: http://www.ccpress.com.cn
销售电话: (010) 59757973
总 经 销: 人民交通出版社股份有限公司发行部
经　　销: 各地新华书店
印　　刷: 北京虎彩文化传播有限公司
开　　本: 787×1092　1/16
印　　张: 13
字　　数: 320 千
版　　次: 2002 年 7 月　第 1 版
2005 年 7 月　第 2 版
2008 年 7 月　第 3 版
印　　次: 2024 年 1 月　第 3 版　第 22 次印刷　总第 39 次印刷
书　　号: ISBN 978-7-114-07238-3
定　　价: 23.00 元

总　序

针对高职高专教材建设与发展问题，教育部在《关于加强高职高专教材建设的若干意见》中明确指出：先用2至3年时间，解决好高职高专教材的有无问题。再用2至3年时间，推出一批特色鲜明的高质量的高职高专教育教材，形成**一纲多本、优化配套**的高职高专教育教材体系。

2001年7月，由人民交通出版社发起组织，15所交通高职院校的路桥系主任和骨干教师相聚昆明，研讨交通土建高职高专教材的建设规划，提出了28种高职高专教材的编写与出版计划。后在交通部科教司路桥工程学科委员会的具体指导下，在人民交通出版社精心安排、精心组织下，于2002年7月前完成了28种路桥专业高职高专教材出版工作。

这套教材的出版发行，首先解决了交通高职教育教材的有无问题，有力支持了路桥专业高职教育的顺利发展，也受到了全国各高职院校的普遍欢迎。

随着高职教育教学改革的深入发展、高职教学经验的丰富与积累，以及本行业有关技术标准、规范的更新，本套教材在使用了2至3轮的基础上，对教材适时进行修订是十分必要的，时机也是成熟的。

2004年8月，人民交通出版社在新疆乌鲁木齐召开了有19所交通高职院校领导、系主任、骨干教师共41人参加的教材修订研讨会。会议商定了本套教材修订的基本原则、方法和具体要求。会议决定本套教材更名为"交通土建高职高专统编教材"，并成立了以吉林交通职业技术学院张洪滨为主任委员的"交通土建高职高专统编教材编审委员会"，全面负责本套教材的修订与后续补充教材的建设工作。

2005年6月，编委会在长春召开了同属交通土建大类、与路桥专业链接紧密的"工程监理专业、工程造价专业、高等级公路维护与管理专业"主干课程教材研讨会，正式规划和启动了这三个专业教材的编写出版工作。

2005年12月，教育部高等教育司发布了"关于申报普通高等教育'十一五'国家级规划教材"选题的通知(教高司函[2005]195号)，人民交通出版社积极推荐本套教材参加了"十一五"国家级规划教材选题的评选。

2006年6月，经教育部组织专家评选、网上公示，本套教材中有十五种入选为"十一五"国家级规划教材，2008年1月，又有六种教材在"十一五"国家级规划教材补报中列选，共计21种，标志着广大参与本套教材编写的教师的辛勤劳动得到了社会的认可、本套教材的编写质量得到了社会的认同。

2006年7月，交通土建高职高专统编教材编审委员会及时在银川召开会议，有24所各省区交通高职院校或开办有交通土建类专业的高等学校系部主任、专业带头人、骨干教师以及人民交通出版社领导共39位代表出席了本次会议。会议就全面落实教育部"十一五"国家级规划教材的编写工作进行了研讨。与会代表一致认为必须以入选的十五种国家级规划教材为基本标准，进一步全面提升本套教材的编写质量，编审委员会将严格按照国家级规划教材的要求审稿把关，并决定本套教材更名为**"全国交通土建高职高专规划教材"**，原编委会相应更名为**"全国交通土建高职高专规划教材编审委员会"**。以期在全国绝大多数交通高职院校和开办有交通土建类专业的高等院校的参与、统筹、规划下，本套教材中有更多的进入"十一五"国家级规划教材行列。

2007年5月，编委会在湖南长沙召开工作会议，就“十一五”国家级规划教材主参编人员的确定和教材的编写原则作出了具体安排，全面启动“十一五”国家级规划教材的编写与出版工作。

2008年4月，编委会在广东珠海召开工作会议，研讨了**“工学结合”**高职高专教材编写思路，决定在“十一五”国家级规划教材编写过程中，注重高职教学改革新方向，注重工程实践经验的引入，倡导**“工学结合”**。

本套高职高专规划教材具有以下特色：

——顺应交通高职院校人才培养模式和教学内容体系改革的要求，按照专业培养目标，进一步加强教材内容的针对性和实用性，适应学制转变，合理精简和完善内容，调整教材体系，贴近模块式教学的要求；

——实施开放式的教材编审模式，聘请高等院校知名教授和生产一线专家直接介入教材的编审工作，更加有利于对教材基本理论的严格把关，有利于反映科研生产一线的最新技术，也使得技能培训与实际密切结合；

——全面反映2003年以来的公路工程行业已颁布实施的新标准、规范；

——服务于师生、服务于教学，重点突出，逐章均配有思考题或习题，并给出本教材的参考教学大纲；

——注重学生基本素质、基本能力的培养，教材从内容上、形式上力求更加贴近实际；

——为加强学生的实际动手能力，针对《工程测量》、《道路建筑材料》等课程，本套教材特别配套有实训类辅导教材；

——为方便教学，本套教材配套有《道路工程制图多媒体教材》、《公路工程试验实训多媒体教材》、《路基路面施工与养护技术多媒体教材》、《桥涵设计多媒体教材》、《桥涵施工技术多媒体教材》、《现代道路测量仪器与技术多媒体教材》等。

本套教材的出版与修订再版，始终得到了交通部科教司路桥工程学科委员会和全国交通职教路桥专业委员会的指导与支持，凝聚了交通行业专家、教师群体的智慧和辛勤劳动。愿我们共同向精品教材的目标持续努力。

向所有关心、支持本套教材编写出版的各级领导、专家、教师、同学和朋友们致以敬意和谢意。

全国交通土建高职高专规划教材编审委员会
人民交通出版社
2008年5月

第三版前言

本教材《结构力学》(第三版)为普通高等教育“十一五”国家级规划教材,也是全国交通土建高职高专规划教材。该教材是在2005年第二版的基础上进一步修订而成的,保留了原教材简洁实用的特性,同时也考虑了近两年来课程改革发展的要求以及公路行业有关规范、标准不断更新完善的要求。

本教材第三版认真修改了第二版的错漏之处,并根据新规范的要求调整了部分章节的内容、例题和习题,每章添加了习题解答,更加方便教学及自学。

第三版的修订工作由新疆交通职业技术学院李轮主编主持,负责第一章至第五章并负责统稿,新疆交通职业技术学院陈秋玲负责第七章至第九章,四川交通职业技术学院宋林锦负责第六章和第十章。

全国交通土建高职高专规划教材编审委员会特邀了清华大学钟宏志教授和北京工业大学张延庆教授对本书进行了审定。

本教材第三版是在第一版和第二版的基础上修订完成的,在此向参加第一版和第二版编写的有关人员表示感谢。

本书虽然经过全面审查和几次修改,仍难免存在错误和不足之处,恳请读者及时批评指正,将发现的问题告知人民交通出版社,以便进一步修改和完善。

编　者

2008年5月

第二版前言

交通土建高职高专统编教材《结构力学》第一版于2002年7月由人民交通出版社出版发行，该教材是根据路桥工程学科委员会交通职业技术教育路桥专业教学研究与教材建设联络组2001年7月昆明会议精神编写的，该教材的出版填补了交通高等职业教育土建专业无相应教材的空白。

通过三年的试用，该教材的实用性得到了肯定，同时也收集到有关院校在使用过程中对教材的反馈意见。另外随着我国公路建设有关标准，规范的不断完善、发行，《公路工程技术标准》(JTG B01—2003)、《公路桥涵设计通用规范》(JTG D60—2004)已陆续出版，非常有必要对该教材进行修订。因此人民交通出版社决定对该教材进行修改后再版。

本教材第二版认真全面地修改了第一版中的错漏之处，并对部分章节做了较大删减或调整。修改后《结构力学》更加注重教材的实用性，更贴近专业，并结合交通行业最新行业标准对相关内容进行了修改。同时，每章添加了学习要点，给出了教学参考大纲，利于教学，也便于自学。

教材中带星号的部分是选修内容，各院校可根据具体情况进行取舍。

人民交通出版社交通土建高职高专统编教材编审委员会特邀北京工业大学张延庆教授担任主审，张教授认真审核了该书，提出了中肯的修改意见，使该教材更加符合高职特色，在此向张延庆教授深表谢意。教材的修订工作由新疆交通职业技术学院李轮、陈秋玲完成，其中李轮负责了第一章至第六章的编写，陈秋玲负责了第七章至第十章的编写。本教材第二版是在第一版基础之上修订完成的，为此向参加第一版编写的有关人员表示敬意和感谢。

本书虽然经过全面审查和修改，但其中错误和不足之处仍在所难免，恳请读者及时批评指正，将发现的问题告知人民交通出版社，以便进一步修改和完善。

编　者

2005年7月

第一版前言

随着社会主义市场经济体制的建立，飞速发展的交通行业对职业技术教育提出了更高的要求，如何培养适应社会需要的理论功底扎实、实践动手能力强、具有较强创新意识、适应岗位工作快的高素质实用型人才是职业技术院校的任务。为了适应不断深入的高等职业技术教育改革的需要，填补交通高等职业技术教育公路与桥梁专业教材的空白，根据路桥工程学科委员会交通职业技术教育路桥专业教学研究与教材建设联络组2001年7月昆明会议精神，编写了本教材。

本教材在编写过程中，力求符合“路桥专业高职教材编审原则”之规定，体现高职教材特色。内容上既注重理论性，更注重实用性，以“必需、够用”为原则；结构上遵循循序渐进、承上启下的规律；文字上坚持少而精的原则，做到重点突出，逻辑性强。本书由浅入深，通俗易懂，利于教学，便于自学。

本教材具有较强的普遍性，以培养高等职业技术应用型人才为目标，不仅适用于全日制高等职业教育，也适用于中等职业教育、大学函授教育、成人教育和自学考试，或供其他土建类专业师生和有关工程技术人员学习参考。

教材中带有星号的部分是选修内容，各院校可根据具体情况进行取舍。

参加本书编写工作的有新疆交通职业技术学院李轮（第一至五章）、新疆交通职业技术学院侯晓民（第六章）、新疆交通职业技术学院陈秋玲（第七、八章）、新疆交通职业技术学院郭发忠（第九章）、江西交通职业技术学院蒋丽珍（第十、十一章），江西交通职业技术学院刘文灵（第十二章）等。全书由李轮和蒋丽珍主编，宁夏交通职业技术学院韩东萍主审。

本书审稿会于2002年5月24日～5月28日在银川举行，参加审稿会的有：人民交通出版社卢仲贤，新疆交通职业技术学院郭发忠、李轮，宁夏交通职业技术学院韩东萍、孙元桃、郭永峰等。根据审稿会精神，宁夏交通职业技术学院韩东萍同志对第十章内容作了大量修改，在此表示感谢。

本书在编写过程中，得到了人民交通出版社卢仲贤、新疆交通职业技术学院郭发忠、贵州交通职业技术学院张润虎的指导和帮助。同时，附于书末的主要参考文献作者们对本书的完成给予了巨大的支持，在此一并致以诚挚的谢意。

鉴于编者水平有限，书中错误和不足之处在所难免，恳请读者批评指正。

编　者

2002年6月

目　录

第一章 绪 论

本章学习要点：了解结构力学的研究对象及任务；掌握荷载及结构的分类方法；学会正确选择结构的计算简图。

§1-1 结构力学的研究对象和任务

工程中的桥梁、隧道、房屋、塔架、挡土墙、水坝等用以担负预定任务、支撑荷载的构造物，都可以称为**结构**。

结构按其几何形状可分为三大类：

1. 杆件结构

由杆件组成的结构称为**杆件结构**。杆件的几何特征是其横截面尺寸比长度小得多。梁（图 1-1a）、刚架（图 1-1b）、桁架（图 1-1c）等，都是杆件结构。

2. 薄壁板壳结构

由薄板（图 1-2a）或薄壳（图 1-2b）组成的结构称为**薄壁板壳结构**。这类结构的几何特征是其厚度比长度和宽度小得多，也称为薄壁结构。

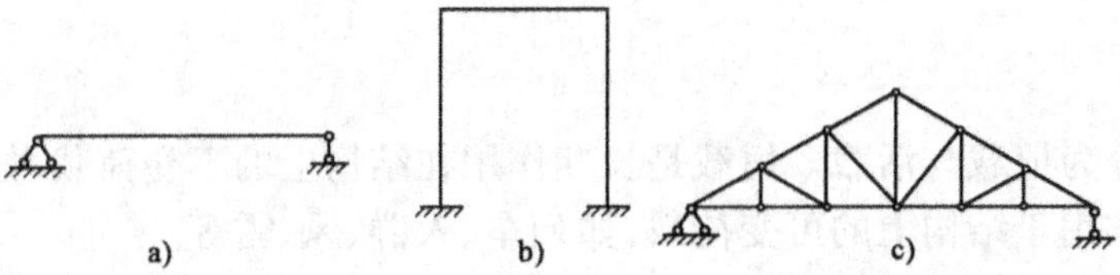

图 1-1

图 1-2

3. 实体结构

长、宽、厚三个方向的尺寸相近的结构称为**实体结构**，如桥墩、桥台、挡土墙等（见图1-3）。

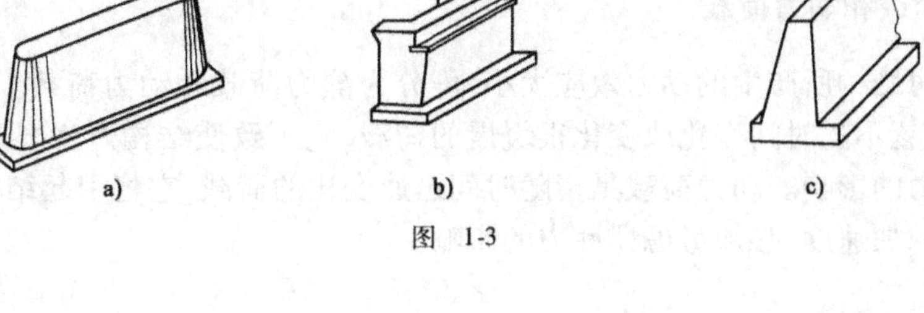

图 1-3

为了使结构既能安全、正常地工作，又能符合经济的要求，就需对其进行强度、刚度和稳定性的计算。这一任务是由材料力学、结构力学、弹性力学等几门课程共同来承担的。其中材料力学以单个杠杆为主要研究对象，结构力学则在此基础上着重研究杆件结构，弹性力学则以实体结构和板壳结构为主要研究对象。当然，这种分工也不是绝对的，各课程间也存在互相渗透的情况。

如上所述，结构力学的研究对象是杆件结构。它是一门研究杆件结构强度、刚度、稳定性和合理组成的科学。其具体任务是：

1. 研究结构在荷载等因素作用下的内力和变形的计算，以便进行结构强度和刚度的验算。

2. 研究结构的稳定性计算，以及动力荷载作用下结构的反应。根据教学大纲，本书对这一问题未作讨论。

3. 研究结构的组成规律和合理形式等问题。

结构力学是一门技术基础课，它一方面要用到数学、理论力学和材料力学等知识，另一方面又为学习建筑结构、桥梁和隧道工程等课程提供必要的基本理论和计算方法。

§1-2　荷载的分类

作用于结构上的主动力，如结构的自重力，加于结构上的水压力、土压力等，称之为荷载，也称之为直接作用。除此之外，还有其他因素如温度变化、基础沉陷、材料收缩等，可以使结构产生内力和变形，从广义上来说，这些因素也可以叫做荷载，或者称为间接作用。

荷载可根据不同性质进行分类，通常分为：

一、分布荷载与集中荷载

根据荷载作用区域的大小，可分为分布荷载与集中荷载。均布荷载是分布荷载为常量时的特例。集中荷载是当荷载作用区域很小时的近似简化。

二、恒载与活载

根据荷载作用时间的长短，可分为恒载与活载。恒载是长期作用在结构上的不变荷载，如结构自重、土压力等。活载是暂时作用于结构上的可变荷载，如列车、人群、风、雪等。

三、固定荷载与移动荷载

根据荷载作用位置有无变化，可分为固定荷载和移动荷载。固定荷载在结构上的作用位置是不变的，如恒载及某些活载(风、雪等)。移动荷载其作用位置是在结构上移动的，如行驶的汽车、移动的人群等。

四、静力荷载和动力荷载

根据荷载对结构所产生的动力效应大小，可分为静力荷载和动力荷载。静力荷载是指其大小、方向和位置不随时间变化或变化很缓慢的荷载，它不致使结构产生显著的加速度，因而可以略去惯性力的影响。动力荷载是指随时间迅速变化的荷载，它将引起结构的振动，使结构产生不容忽视的加速度，必须考虑惯性力的影响。

§1-3 结构的分类

结构的分类实际上是指结构计算简图的分类。杆件结构按照其受力特性可分为：

1. 梁

梁是一种受弯构件，其轴线通常为直线。梁有单跨和多跨之分（图1-4）。

2. 拱

拱的轴线为曲线，其力学特点是在竖向荷载作用下有水平支座反力，这使得拱内弯矩比跨度、荷载相同的梁的弯矩为小（图1-5）。

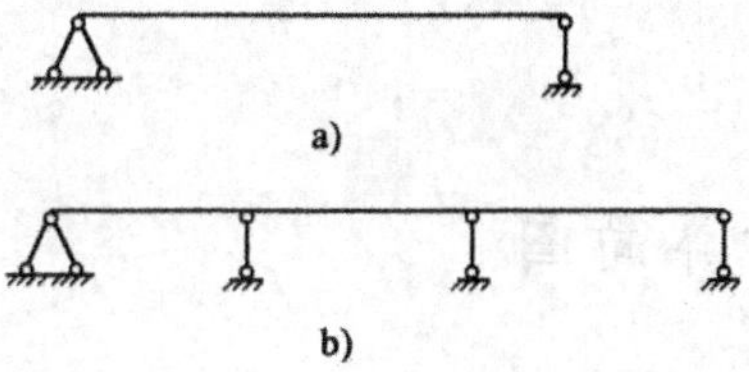

图 1-4

图 1-5

3. 刚架

由直杆组成并具有刚结点（图1-6）。

4. 桁架

由直杆组成，所有结点都为铰结点（图1-7），当只受到作用于结点的集中荷载时，各杆只产生轴力。

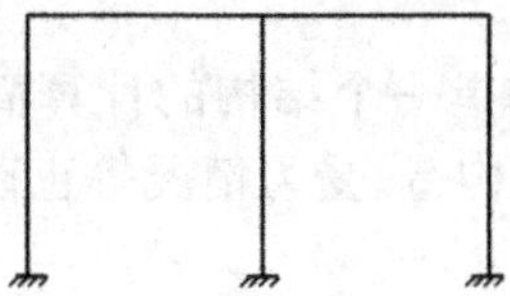
图 1-6

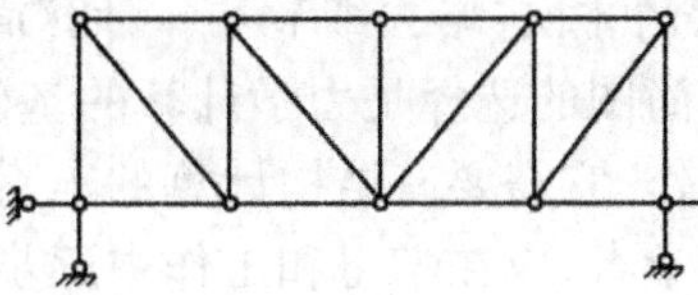
图 1-7

5. 组合结构

由桁架和梁或桁架与刚架组合在一起的结构，其中有些杆件只承受轴向力，另一些杆件则同时还承受弯矩和剪力（图1-8）。

按照杆件轴线和外力的空间位置，结构又可分为空间结构和平面结构。如果结构的各杆轴线和外力的作用线都在同一平面内，称为平面结构，否则便是空间结构（图1-9）。实际上工程中的结构都是空间结构，不过在很多情况下可以简化为平面结构或近似分解为几个平面结构来计算。

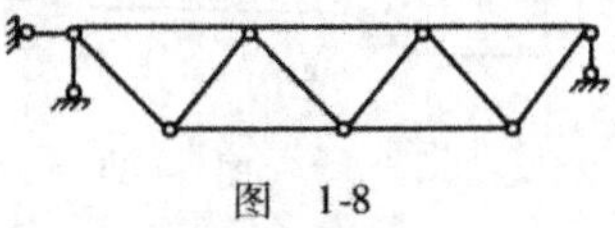
图 1-8

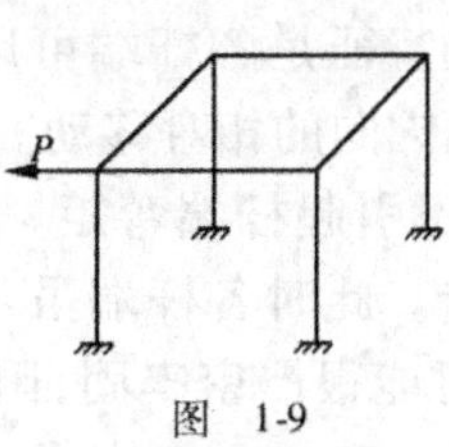

图 1-9

按照结构求解性质，结构又可分为静定结构和超静定结构。仅用静力平衡条件就可以求解的结构称为静定结构。如图 1-10a)所示简支梁,其三个支座反力和任意截面内力均可由静力平衡方程求出,故此梁为静定结构。必须综合运用平衡条件与位移协调条件求解的结构,称为超静定结构。如图 1-10b)所示一端固定另一端可动铰支的梁,其四个支座反力无法仅靠三个静力平衡方程求出,从而也就不能进一步确定各截面的内力。为了求出它的反力和内力,除了使用静力平衡条件外,尚需考虑位移协调条件,故此梁为超静定梁。

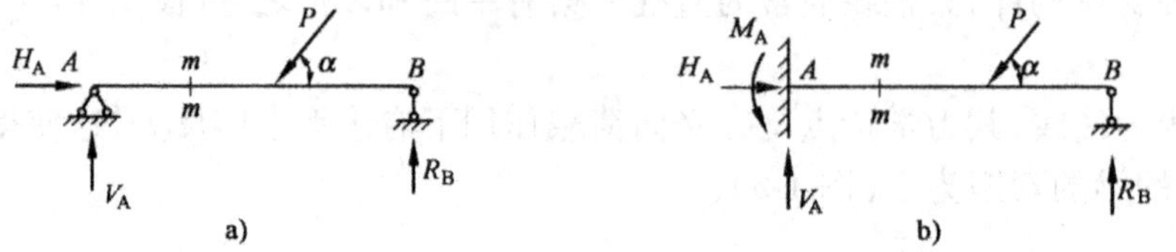

图 1-10

§1-4 结构的计算简图

一、概述

实际结构是很复杂的,完全按照结构的实际情况进行力学分析是不可能的,也无此必要。因此,在对实际结构进行力学计算之前,需将它简化为既能反映其主要力学性能又便于计算的理想模型。这种在结构计算中用来代替实际结构的理想模型,称为结构的计算简图。

选择计算简图的原则是:

1. 从实际出发——计算简图要反映实际结构的主要性能。

2. 分清主次,略去细节——计算简图要便于计算。

计算简图的选择是力学计算的基础,极为重要。正确选择一个结构的计算简图是一项不容易的工作,它需要有结构计算的丰富经验和对实际结构的构造、受力情况等正确的了解和判断。对初学者,应在学习和工作中逐步提高这方面的能力。

二、杆件结构的简化

1. 几何形状的简化

当构件的长度大于它横截面尺寸 5 倍以上时,就可以作为杆件来考虑。在计算简图中,杆件用其纵轴线来表示。不论是直杆还是曲杆均可用轴线表示实际杆件。

2. 结点的简化

杆件相互联结处称为结点。在计算简图中,通常将结点分为铰结点和刚结点两种。

(1)铰结点

铰结点的特征是各杆端可以绕结点中心自由转动,但不能有任何方向的相对移动。因而铰结点只产生杆端轴力和剪力,不引起杆端弯矩。图 1-11a)所示为一木屋架的结点构造。此时各杆端虽不能绕结点任意转动,但由于联结不可能很严密牢固,因而杆件之间仍有微小相对转动的可能。事实上,结构在荷载作用下,杆件间所产生的转动也相当小,所以该结点应视为铰结点,其计算简图如图 1-11b)。

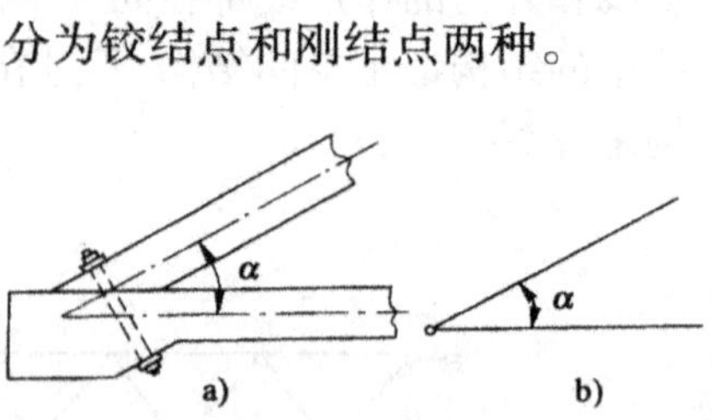

图 1-11

(2)刚结点

刚结点的特征是汇交于结点的各杆端之间既不能发生相对移动,也不能发生相对转动。因而刚结点对杆端有阻止相对转动的约束力存在,即除产生杆端轴力和剪力外,还引起杆端弯矩。图1-12a)所示钢筋混凝土刚架的结点,上、下柱和横梁在该处用混凝土浇成整体,钢筋的布置也使得各杆端能够抵抗弯矩。计算时这种结点则应视为刚结点,其计算简图如图1-12b)。当结构发生变形时,汇交于刚结点各杆端的切线之间的夹角将保持不变(图1-12c)。

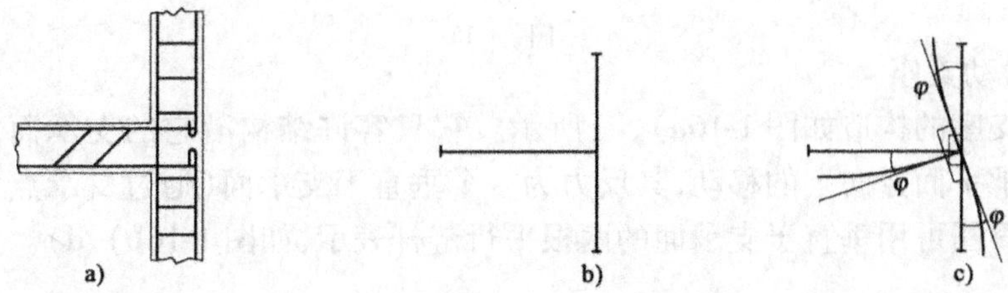

图 1-12

3. 支座的简化

把上部结构和基础联系起来的装置称为支座。支座的构造形式很多,但在计算简图中,通常归纳为以下几种:

(1)可动铰支座

可动铰支座的构造如图1-13a)、b)所示。它容许结构在支承处绕圆柱铰 A 转动和沿平行于支承平面 m—n 方向作微小移动,但 A 点不能沿垂直于支承面的方向移动。当不考虑摩擦力时,这种支承的反力 R_A 将通过铰 A 中心并与支承面 m—n 垂直,即反力的作用点和方向都是确定的,只有它的大小是一个未知量。在计算简图中,这种支座常用一根链杆来表示(图1-13c)。

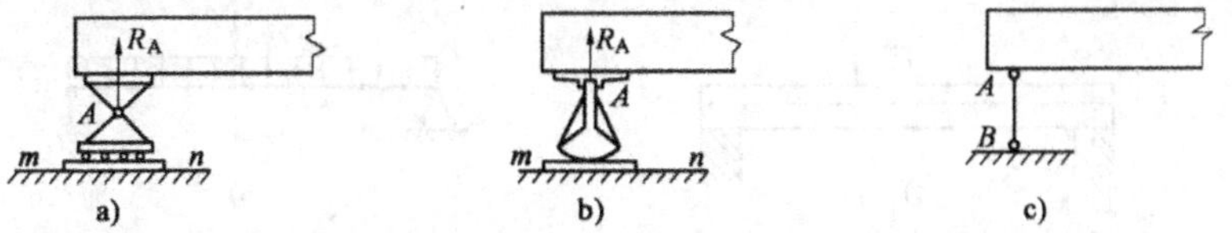

图 1-13

(2)固定铰支座

固定铰支座的构造如图1-14a)、b)所示。它容许结构在支承处绕 A 铰转动,但 A 点不能作水平和竖向移动。支座反力 R_A 通过铰 A 中心,但大小和方向都是未知的,通常用 R_A 的水平分量 H_A 和竖向分量 V_A 来表示。在计算简图中,这种支座常用交于 A 点的两根链杆来表示图1-14c)、d)。

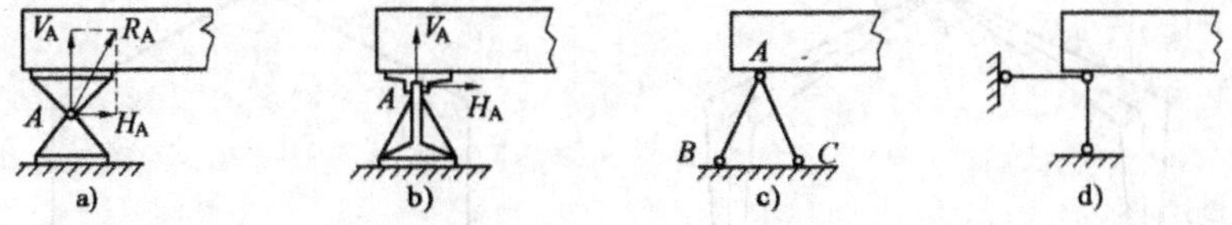

图 1-14

(3)固定支座

固定支座的构造如图1-15a)。它不容许结构在支承处发生任何移动和转动,它的反力大小、方向和作用点位置都是未知的。通常用水平反力 H_A、竖向反力 V_A 和反力偶 M_A 来表示。

计算简图如图 1-15b)、c)所示。

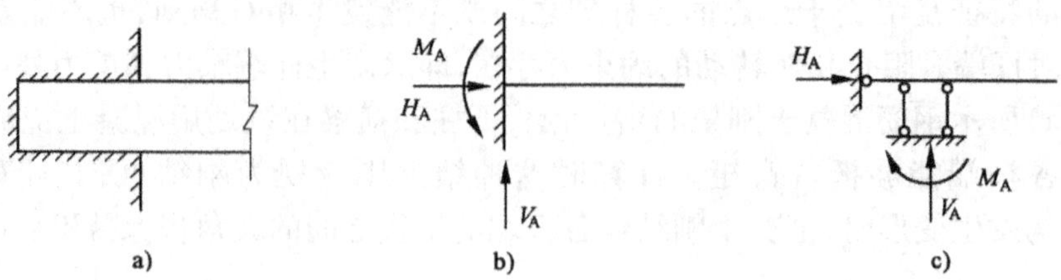

图 1-15

(4)定向滑动支座

定向滑动支座的构造如图 1-16a)、c)所示。它只容许结构沿它的支承面滑移,限制其转动和垂直于支承平面方向上的移动,其反力为一个垂直于支承面(通过支承点中心)的力和一个力偶。计算简图可用垂直于支承面的两根平行链杆表示,如图 1-16b)、d)。

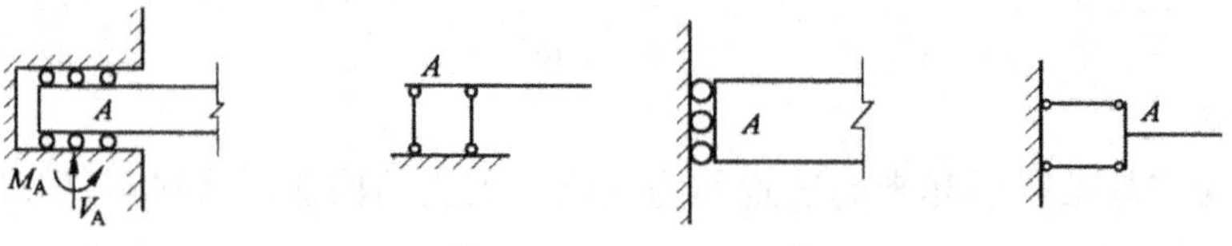

图 1-16

下面介绍两个选取结构计算简图的例子。

图 1-17a)所示为一根梁两端搁在墙上,上面放一重物。简化时,梁本身用其轴线表示,重物可简化为一集中荷载 P,梁的自重简化为均布荷载 q。两端的支承反力假定通过墙宽的中点,考虑到支承面有摩擦,梁不能左右移动,但受热膨胀时梁仍可伸长,故可将一端视为固定铰支座,另一端视为活动铰支座(图 1-17b)。

图 1-17

又如图 1-18a)所示为一装配式钢筋混凝土门式刚架。两个异形构件是预制的,将构件插入杯口基础后,四周缝隙用沥青麻絮填实,允许柱脚在杯口内有微小的转动,因此在计算简图中,柱脚 A 和 B 可设为铰支座。在中间结点 C,用合页式的锁将两个构件连接,因此结点 C 可取为铰结点。计算简图如图 1-18b),这种结构叫做三铰刚架。

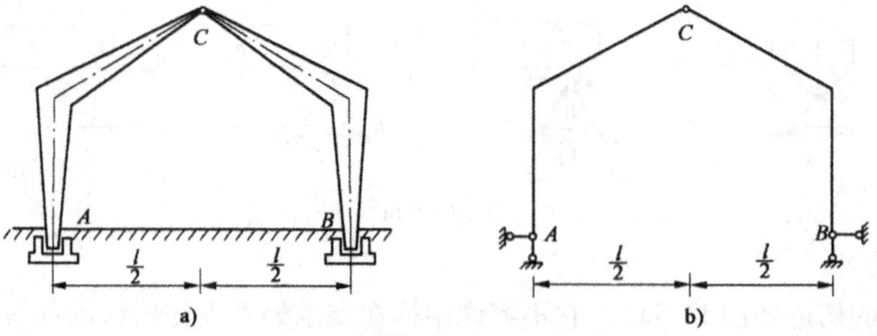

图 1-18

第二章　平面体系的几何组成分析

本章学习要点：了解平面体系几何组成分析的目的；掌握几何组成分析的有关基本概念；学会平面体系自由度的计算方法；并能熟练运用几何不变体系的简单组成规则进行体系的几何组成分析。

§2-1　几何组成分析的基本概念

一、几何不变体系与几何可变体系

图2-1a)所示为由两根竖杆和一根横杆绑扎组成的支架。假定竖杆在地里埋得很浅，因此支点 C 和 D 可视为铰支座，结点 A 和 B 也可取为铰结点，图2-1b)为其计算简图。显然这个支架是不牢固的，在外力作用下很容易倾倒，如图中虚线所示。但是，如果我们加上一根斜撑 AD，就得到图2-1c)所示支架，这样就变成一个牢固的体系了。

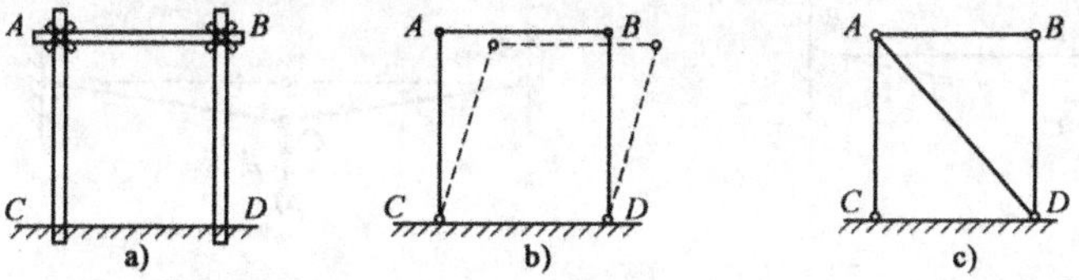

图　2-1

结构受荷载作用时，截面上产生应力，材料因而产生应变。由于材料的应变，结构会产生变形。这种变形一般是很小的，在几何组成分析中，我们不考虑这种由于材料应变所产生的变形。这样，杆件体系可以分为两类：

1. 几何不变体系（图2-2a、b、c）

在不考虑材料应变的条件下，任意荷载作用后体系的位置和形状均能保持不变。

2. 几何可变体系（图2-2d、e、f）

在不考虑材料应变的条件下，即使不大的荷载作用，也会产生机械运动而不能保持其原有形状和位置的体系。

一般结构都必须是几何不变体系，而不能采用几何可变体系。几何组成分析的一个主要目的就是要检查并设法保证结构的几何不变性。

二、瞬变体系

图2-3所示体系是几何可变体系的一种特殊情况，它的特点是两根链杆共线，三个铰在同

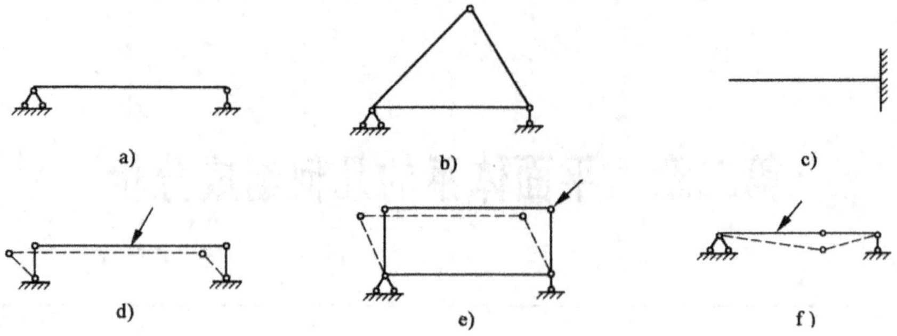

图 2-2

一直线上。

从微小运动的角度来看,这也是一种可变体系。因为链杆 1 和 2 分别绕铰 A 和铰 B 转动时,在 C 点处有一公切线,此时铰 C 可以沿此公切线做微小的上下移动。当 C 点沿公切线发生微小位移后,两根链杆就不再彼此共线,铰 C 的移动便不能再进行,于是体系变成几何不变体系。

上述这种本来是几何可变,经微小位移后又成为几何不变的体系称为**几何瞬变体系**。瞬变体系是可变体系的一种特殊情况。为了明确起见,可变体系还可以进一步分为瞬变体系和常变体系两种情况。如果一个几何可变体系可以发生大位移,则称为几何**常变体系**,图 2-2d)、e)、f)均为常变体系的例子。

瞬变体系能否应用于工程结构?为此我们来分析图 2-4a)所示体系中 AC 和 BC 两根杆件的内力。取结点 C 为隔离体(图 2-4b),由

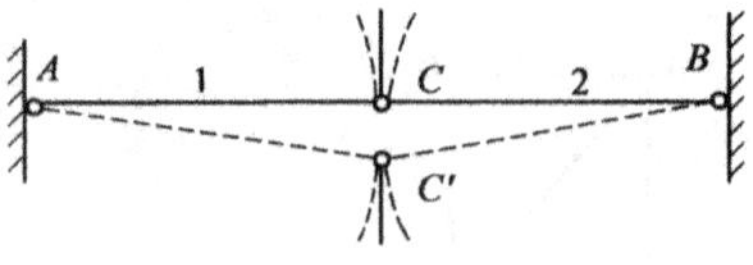

图 2-3

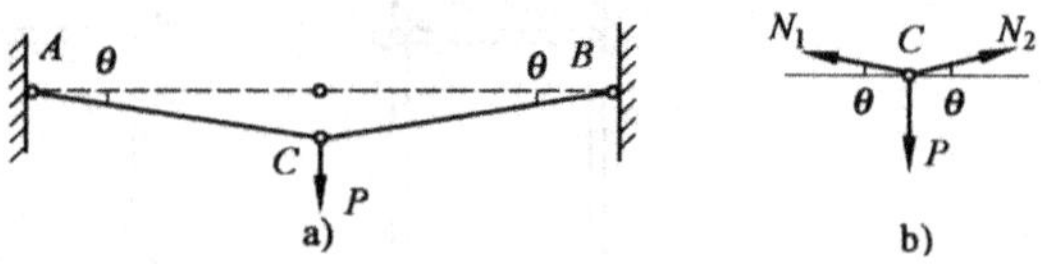

图 2-4

$\sum X = 0$ $\qquad N_1 = N_2 = N$

$\sum Y = 0$ $\qquad 2N\sin\theta = P$

$$N = \frac{P}{2\sin\theta}$$

在理论上,θ 为一无穷小量,故

$$N = \lim_{\theta \to 0} \frac{P}{2\sin\theta} = \infty$$

可见,即使荷载不大,也会使杆件产生非常大的内力和变形。因此,瞬变体系在工程中不能采用,对于接近瞬变的体系也应避免。

三、自由度

图 2-5 所示为平面内一点 A 的运动情况。A 点在平面内可以沿水平方向(x 轴方向)移

动，又可以沿竖直方向（y 轴方向）移动。换句话说，平面内一点有两种独立的运动方式（两个坐标 x、y 可以独立地改变），我们说一点在平面内有两个自由度。

图 2-6 所示为平面内一个刚片（即平面刚体），由原来的位置 AB 改变到位置 $A'B'$。这时刚片可以有 x 轴方向的移动（Δx）、y 轴方向的移动（Δy），还可以有转动（$\Delta\theta$）。因为一个刚片在平面内有三种独立的运动方式（三个坐标 x、y、θ 可以独立地改变），我们说一个刚片在平面内有三个自由度。

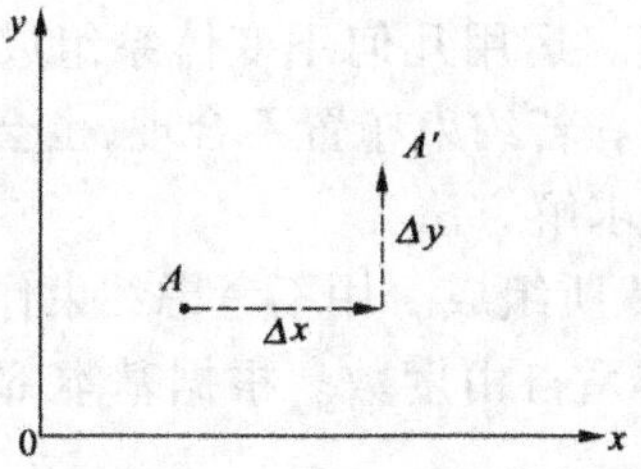

图 2-5

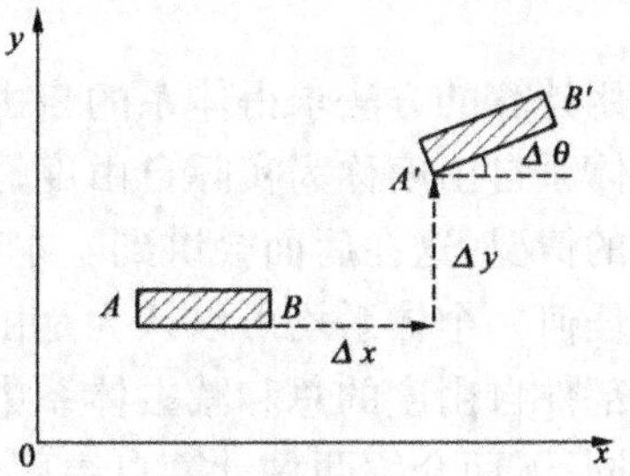

图 2-6

一般来说，如果一个体系有几个独立的运动方式，我们就说这个体系有几个自由度。换句话说，一个体系的自由度，等于这个体系运动时可以独立改变的坐标数目。

四、约束

物体的自由度，将因加入限制运动的装置而减少。凡减少一个自由度的装置，称为一个约束。常用的约束有链杆和铰。

如图 2-7a）所示，用一个链杆将一个刚片与地基相联，因 A 点不能沿链杆方向移动，故刚片将只有两种运动方式：A 点绕 C 点转动；刚片绕 A 点转动。此时刚片有两个独立坐标可以改变，如链杆的倾角 φ_1 及刚片上任一直线的倾角 φ_2，其自由度由 3 减少为 2。由此可知，一根链杆相当于一个约束。

如图 2-7b）所示，用一个圆柱铰 A 把两个刚片联结起来，这种联结两个刚片的铰称为单铰。对刚片 1 而言，它有三种独立的运动方式，其位置由 A 点的坐标 x、y 和倾角 φ_1 确定，因此，它仍有 3 个自由度。刚片 1 的位置确定后，刚片 2 因与刚片 1 在 A 点铰结，只能绕 A 点转动，故只有一种独立的运动方式，其位置仅需一个参数倾角 φ_2 即可确定。这样，两个刚片的总自由度就由 6 减少为 4，可见一个单铰相当于两个约束。

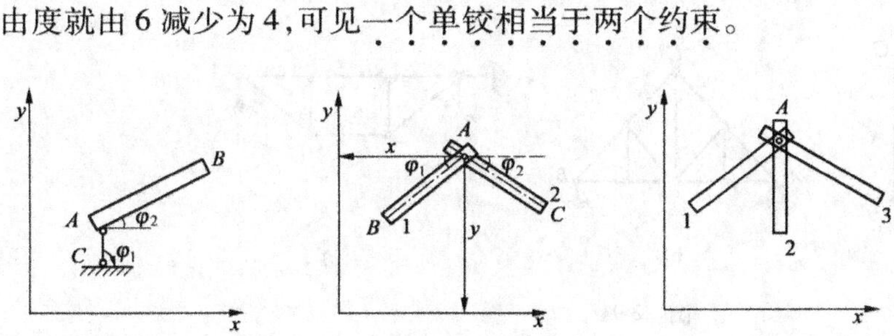

a)　　b)　　c)

图 2-7

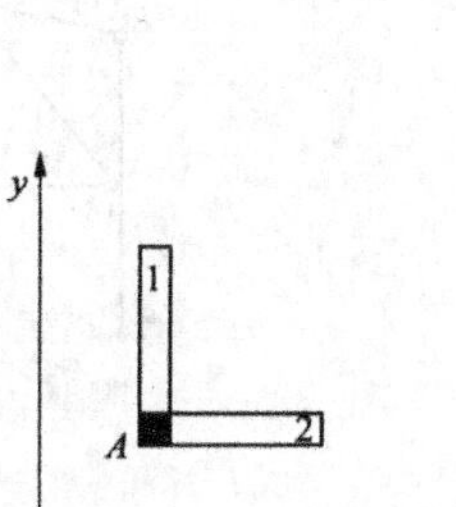

图 2-8

用一个铰同时联结两个以上的刚片，这种铰称为复铰。如图 2-7c），三个刚片共用一个铰 A 相联。若刚片 1 的位置已确定，则刚片 2、3 都只能绕 A 点转动，从而各减少了两个自由度。

因此，联结三个刚片的复铰相当于两个单铰的作用。由此可推知，联结 n 个刚片的复铰相当于 $(n-1)$ 个单铰（n 为刚片数）。

图 2-8 所示为用一个刚性联结将两个刚片联成一体，原来两个刚片在平面上共有 6 个自由度，刚性联结成整体后，剩 3 个自由度。所以一个刚性联结相当于三个约束。

§2-2 平面体系的计算自由度

用计算的方法求得体系的自由度，称为计算自由度。运用几何不变体系组成规则分析得出的体系自由度称为实际自由度，这两者通常是一致的。若约束布置不合理，也会出现两者不一致的情况，这在后面会讲到。本节研究计算自由度的求解方法。

任何一个体系均可以认为是由基本部件加约束装置所组成。用不考虑约束作用时体系上所有部件自由度的总和减去体系中全部约束数，即得体系自由度数。根据基本部件选择角度的不同，下面介绍两种计算自由度的方法。

一、刚片法

以刚片作为组成体系的基本部件进行计算的方法，称刚片法。一个平面体系，通常是若干个刚片彼此用铰相联并用支座链杆与基础相联而组成的。设其刚片数为 m，每个刚片的自由度为 3，则基本部件的总自由度为 $3m$，联结刚片的单铰数目为 h，支座链杆的数目为 r，则约束的总数目为 $(2h+r)$。那么，体系的计算自由度 W 为

$$W=3m-2h-r \tag{2-1}$$

下面举例说明 W 的计算。如图 2-9a）所示体系，可将除支座链杆外的各杆件均当作刚片。其中 BD 与 DG 两杆在结点 D 处为刚结，因而 BDG 为一连续整体，故可作为一个刚片。这样，体系的刚片总数 $m=8$。在计算单铰数 h 时，应正确识别各复铰所联结的刚片数。如 D 结点联结三个刚片，折算单铰数为 2，其余各结点处的折算单铰数均在括号内示出。这样，体系的单铰数共为 $h=10$。注意到固定支座 A 处有 3 个约束，相当于有 3 根支座链杆，则支座链杆数 $r=4$。于是根据公式（2-1），体系的计算自由度为

$$W=3m-2h-r=3\times8-2\times10-4=0$$

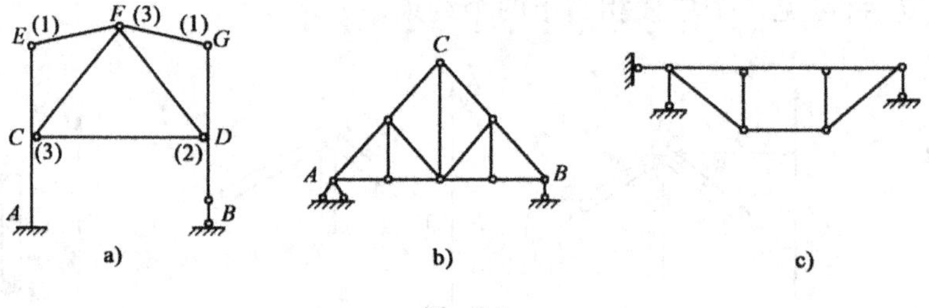

图 2-9

对于图 2-9b）所示体系，其自由度为

$$W=3\times13-2\times18-3=0$$

对于图 2-9c）所示体系，其自由度为

$$W=3\times6-2\times8-3=-1$$

二、铰结点法

如图 2-9b)所示,这种完全由两端铰接的杆件所组成的体系,称为铰接链杆体系。这类体系的计算自由度,除可用公式(2-1)计算外,还可用下面更简便的公式来计算。

假定取铰结点作为体系的基本部件,将链杆作为约束,这种计算方法称为铰接点法。前面已经指出,一个结点有两个自由度,一根链杆相当于一个约束。现设 j 表示结点数,b 表示杆件数,r 为支座链杆数。若先按每个结点都自由考虑,则有 $2j$ 个自由度。联结结点的每根链杆都起一个约束的作用,故体系的计算自由度为

$$W = 2j - b - r \tag{2-2}$$

例如图 2-9b)所示体系,按式(2-2)计算自由度,有

$$W = 2 \times 8 - 13 - 3 = 0$$

其结果与前面公式(2-1)算得的相同,但后者的运算更简便一些。

三、平面体系几何不变的必要条件

任何平面体系的计算自由度,按式(2-1)或式(2-2)计算的结果将有以下三种情况:

1. $W>0$,表明体系缺少足够的约束,因此是几何可变的。
2. $W=0$,表明体系具有成为几何不变所必需的最少约束数目。
3. $W<0$,表明体系具有多余的约束。

因此,一个几何不变体系必须满足 $W \leqslant 0$ 的条件。

有时我们不考虑支座链杆,而只考虑体系本身(或称体系内部)的几何不变性。这时由于本身为几何不变的体系作为一个刚片在平面内尚有 3 个自由度,因此体系本身为几何不变时必须满足 $W \leqslant 3$ 的条件。

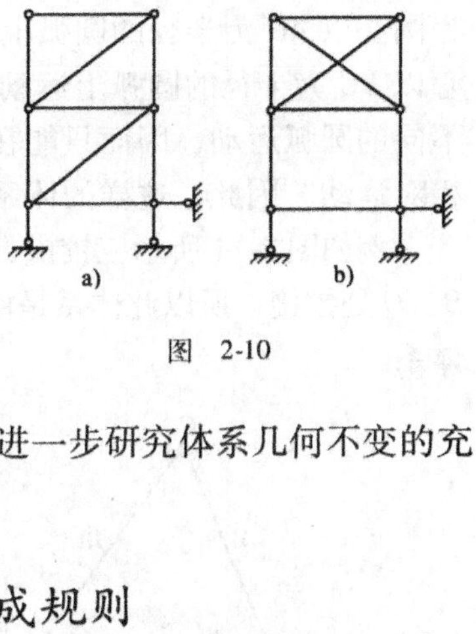

a)　　b)

图 2-10

必须指出,$W \leqslant 0$(就体系本身 $W \leqslant 3$)只是体系几何不变的必要条件,不是充分条件。因为尽管体系总的约束数目足够甚至还有多余,但若布置不当,则仍可能是几何可变的。如图 2-10a)、b)所示两个体系,虽然都是 $W=0$,但前者是几何不变的,后者是几何可变的。为了判别体系是否几何不变,还必须进一步研究体系几何不变的充分条件,即几何不变体系的合理组成规则。

§2-3　几何不变体系的简单组成规则

由上节内容知,由公式计算得自由度 $W \leqslant 0$ 并不能保证体系一定是几何不变的。为了判别体系是否几何不变,还需进一步研究几何不变体系的组成规则。为此,本节先介绍虚铰的概念,然后介绍几何不变体系的组成规则,最后讨论体系的几何组成与静定性的关系。

一、虚铰的概念

如图 2-11 所示,两刚片用两根链杆相联。假定刚片 II 为地基,不动,刚片 I 运动时,链杆 AB 将绕 A 点转动,因而 B 点将沿与 AB 杆垂直的方向运动;同理,D 点将沿与 CD 杆垂直的方向运动。显然,整个刚片 I 将绕 AB 与 CD 两杆延长线的交点 O 转动,O 点称为刚片 I 和 II 的

相对转动瞬心。此情形就相当于将刚片 I 和 II 在 O 点用一个铰相联一样。因此，联结两个刚片的两根链杆的作用相当于在其交点处的一个单铰。不过这个铰的位置是随着链杆的转动而改变的，这种铰称为虚铰。

图 2-12 所示为虚铰的三种特殊情况。当链杆布置为如图 2-12a)时，成为实铰。当链杆布置如图 2-12b)时，虚铰位置在两链杆的相交处。当链杆布置如图 2-12c)时，虚铰的位置可以认为在无穷远处，刚片 I 的瞬时运动成为平动。

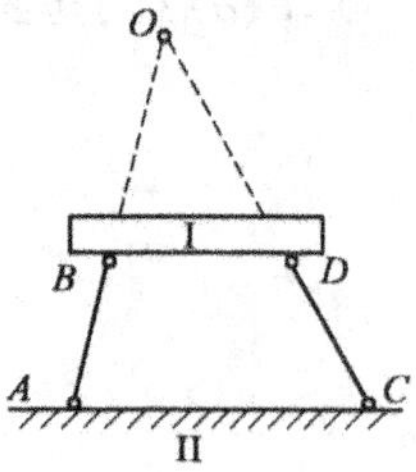

图 2-11

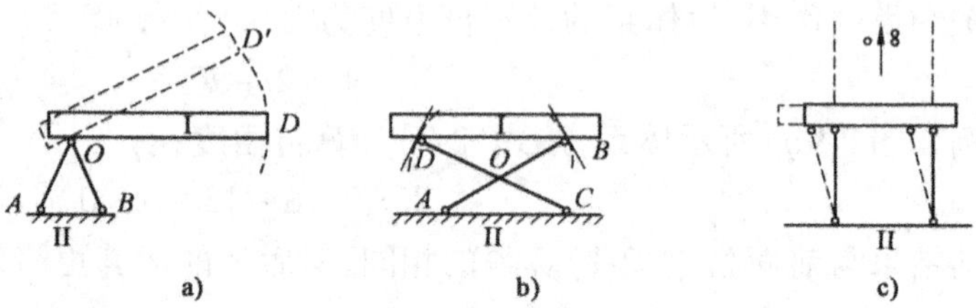

图 2-12

二、几何不变体系的基本组成规则

1. 三刚片规则

三个刚片用不在同一直线上的三个单铰两两相联，组成的体系是几何不变的。

如图 2-13 所示铰接三角形，每一根杆件均为一个刚片，每个刚片间均用一个单铰相联，故称为“两两相联”。假定刚片 I 不动，则刚片 II 只能绕铰 A 转动，其上的 C 点只能在以 A 为圆心以 AC 为半径的圆弧上运动。刚片 III 只能绕铰 B 转动，其上的 C 点只能在以 B 为圆心以 BC 为半径的圆弧上运动。但是刚片 II、III 又用铰 C 相联，铰 C 不可能同时沿两个方向不同的圆弧运动，因而只能在两个圆弧的交点处固定不动。可见各刚片之间不可能发生任何相对运动。因此，这样的体系是几何不变的。

例如图 2-14 所示三铰拱，其左、右两半拱可视作为刚片 I、II，整个地基视作刚片 III，A、B、C 处铰接。所以此体系是由不在同一直线上的三个单铰两两相联组成的，因而是几何不变体系。

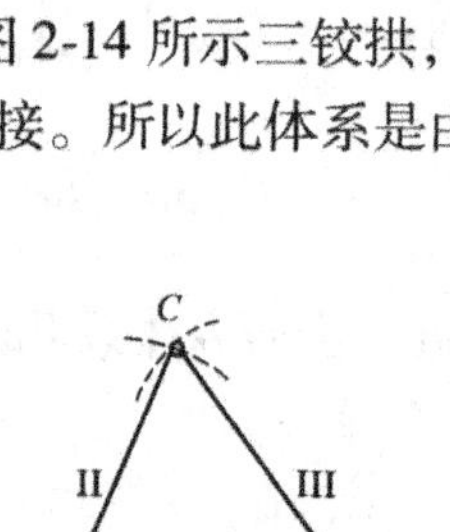

图 2-13

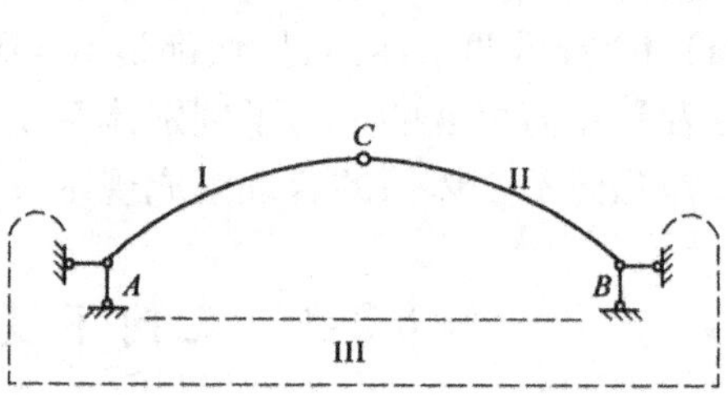

图 2-14

由于两根链杆的约束作用相当于在其交点处的一个单铰，故三刚片规则里所说的三个单铰中的任何一个，都可以用适当位置的两根链杆来代替(图 2-15)。但若链杆和单铰的布置不恰当，如图 2-16，则体系可成为瞬变的。

2. 二元体规则

在一个刚片上增加一个二元体，仍为几何不变体系。

如图 2-17 所示体系，是按三刚片规则组成的。但若我们把其中的两个刚片看作是链杆，则此体系又可以认为是这样组成的：在一个刚片上增加两根链杆，此两杆不在同一直线上，两杆的另一端用铰相联。这种两根不在同一直线的链杆联结一个新结点的构造称为二元体。显然，在一个刚片上增加一个二元体，体系仍然为几何不变的，因为实质上它与三刚片规则是相同的，只是在分析某些问题时，使用二元体规则更为方便。

如图 2-18，选择任一铰接三角形 123 为基础，增加一个二元体得结点 4，得到不变体系 1234，再增加一个二元体得结点 5，以此类推，最后组成该桁架，可见此桁架是几何不变的。

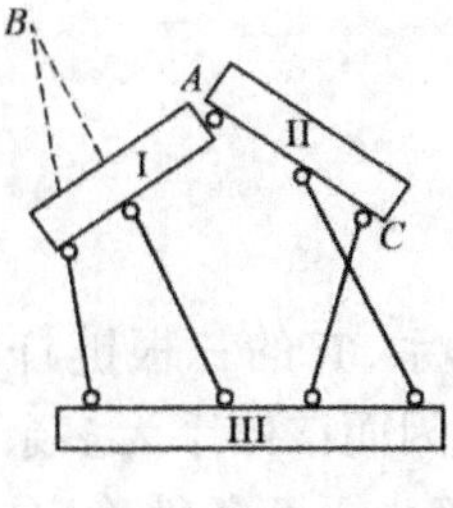

图 2-15

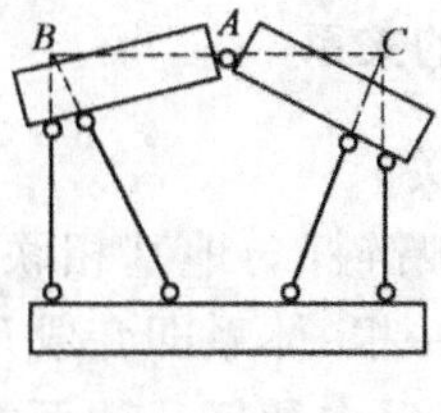

图 2-16

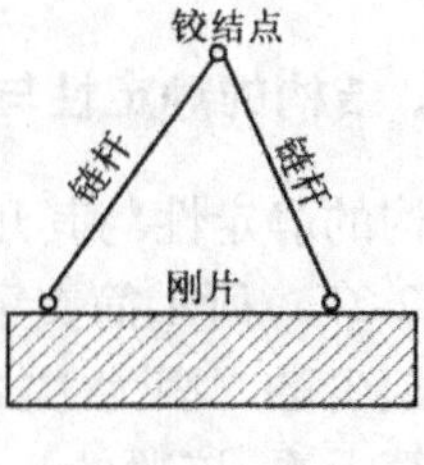

图 2-17

此外，也可以反过来，用拆除二元体的方法来分析。如上例，从结点 10 开始拆除一个二元体，然后依次拆除结点 9、8、7…，最后剩下铰接三角 123，它是几何不变的，故知原体系是几何不变的。当然，若去掉二元体后剩下的部分是几何可变的，则原体系必定也是几何可变的。

综上所述，在一个体系上增加或拆除二元体，不会改变原有体系的几何构造性质。

3. 两刚片规则

两个刚片用一个铰和一根不通过此铰的链杆相联，或用三根不全平行也不汇交于一点的链杆相联，组成的体系是几何不变的。

如图 2-19a）所示，显然这个体系也是按三刚片规则组成的，只是我们把其中一个刚片当作链杆罢了。图 2-19b）所示为用三根链杆将两个刚片相联，根据虚铰概念，链杆 AB、CD 可看作是在其交点 O 处的一个铰，故此两刚片又相当于用铰 O 和链杆 EF 相联，且铰与链杆不共线，所以体系是几何不变的。

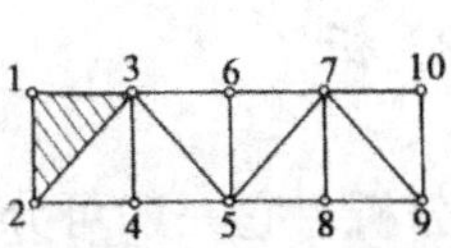

图 2-18

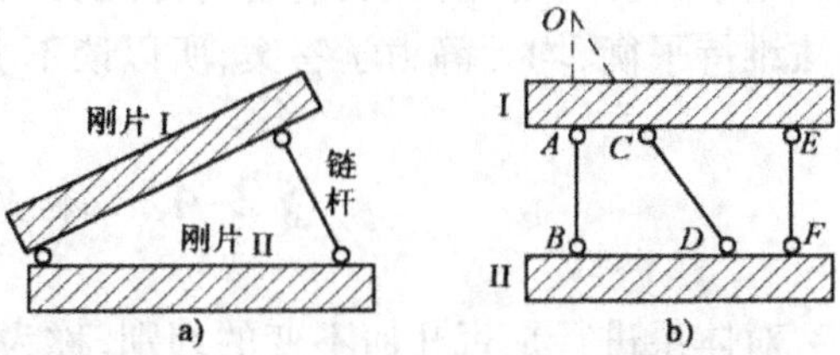

图 2-19

例如对图 2-20a）所示体系进行机动分析，可把地基作为一个刚片 II，当中的 T 字形部分作为另一个刚片 I，左右两个折线形部分因本身为刚片且分别用两个铰与刚片 I、II 相联，故它们的作用相当于如虚线所示的两根链杆（这里仅从约束效果的角度来说）。这样，此体系便是两个刚片用 AB、CD 和 EF 三根链杆相联而组成，且三杆不全平行也不交于一点，故为几何不变体系。请读者自行分析图 2-20b）所示体系。

上面我们介绍了几何不变体系的三条基本组成规则，它们彼此是等效的，只是表述方式不同。按这些规则组成的几何不变体系，其计算自由度 $W=0$（就体系本身 $W=3$），因而都没有多余的约束。

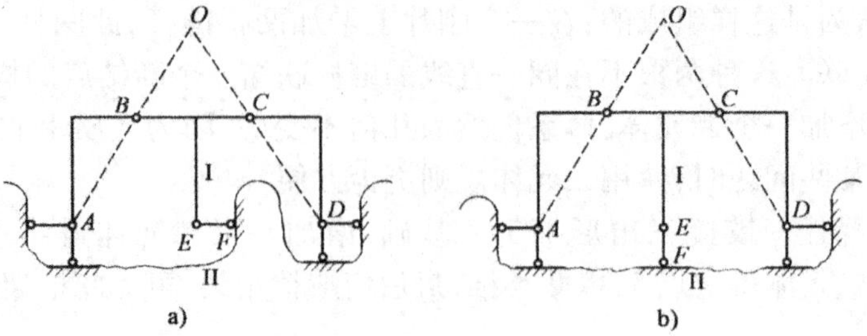

图 2-20

三、结构的静定性与几何组成的关系

结构的静定性与其几何组成有关。

图 2-21a)所示简支梁 AB 用三根链杆与地基相联组成不变体系，它的三根链杆哪一根都是不可缺少的。因为去掉其中任何一根，体系即变成几何可变的，因而该体系无多余约束。从静力计算上看，该梁的三个未知支座反力和任一截面内力均可由静力平衡条件确定，因而它是静定的。

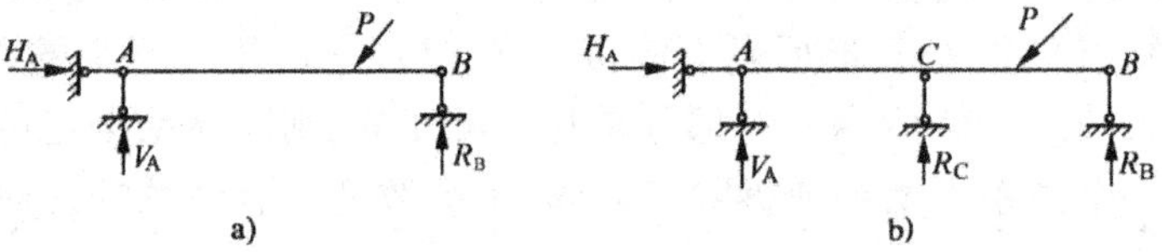

图 2-21

图 2-21b)所示连续梁则不同，它用四根链杆与地基相联，去掉其中任何一个竖向链杆，体系仍然是几何不变的。从保持体系几何不变的角度上说，该体系有一根“多余”的竖向约束。由于该梁有四个未知支座反力，无法用静力平衡条件确定全部反力和内力，故它是超静定的。

由此可见，静定结构的几何组成特征是几何不变且无多余约束；超静定结构的几何组成特征是几何不变且有多余约束。按照基本组成规则组成的几何不变体系都无多余约束，都是静定的，若在此基础上还有多余约束便是超静定结构了。

至于瞬变和常变体系，前者内力无穷大(特殊情况下为不定值)，后者在任意荷载作用下无法维持平衡，均无静力学答案，所以谈不上是静定或超静定的了。

§2-4 体系的几何组成分析

对体系进行是否几何不变的判别，称为体系的几何组成分析。它一般可分为两个步骤进行：(1)先利用公式(2-1)或式(2-2)求出体系的计算自由度，对体系性质进行初步判别，如体系的组成不复杂，这一步可省去；(2)根据几何不变体系的基本组成规则，对体系进行构造分析，最后确定体系的性质。

在用基本组成规则对体系进行分析时，关键是对“规则”的灵活运用。其一般步骤和要领是：

1. 拆除二元体，使体系简化。当体系仅有三根支座链杆与基础相联时，可去掉支座，仅考虑上部结构。

2. 恰当选择基本刚片 2 ~ 3 个，并按组成规则联接其余部分，组成扩大的刚片。

3. 最后分析扩大的刚片间联接方式是否满足几何不变体系的基本组成规则，从而确定体系的几何组成性质。

下面举例说明几何组成分析的方法。

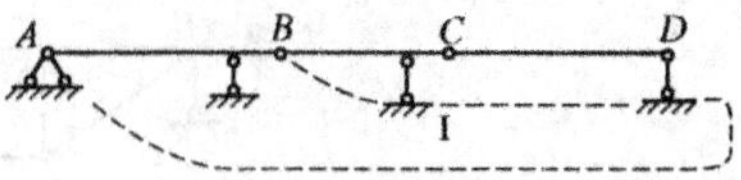

图 2-22

【例 2-1】 试对图 2-22 所示多跨静定梁进行几何组成分析。

解:(1)计算自由度

已知:$m=3, h=2, r=5$

$$W=3\times3-2\times2-5=0$$

(2)分析几何组成

该体系由杆件 AB、BC、CD 及地基组成。观察各杆件与地基的联结情况,可以看出,AB 杆与地基是用三根链杆按“两刚片规则”相联的,为几何不变。这样,就可以把地基与杆 AB 一起看成是一个扩大了的刚片 I。再看杆 BC,它与上述扩大了的刚片 I 之间又是 用一铰一杆按两刚片规则相联的,又为几何不变,此时“大刚片”扩大至杆 BC。同理,杆 CD 与“大刚片”之间的联结也符合两刚片原理。由此,可知整个体系为几何不变的,且无多余的联系。

【例 2-2】 对图 2-23a)所示体系进行几何组成分析。

解:(1)计算自由度

已知:$j=18, b=33, r=3$

$$W=2\times18-33-3=0$$

(2)分析几何组成

此体系与地基用三根不全平行也不汇交于一点的链杆相联,符合两刚片规则。故可去掉支座链杆,只考虑体系本身是否几何可变即可。图 2-23b)所示,体系为对称形式,从两边按结点 1、2、3…的顺序拆除二元体,但当拆到结点 6 时,即发现二元体的两杆在同一直线上,故可知该体系为瞬变体系。

【例 2-3】 试对图 2-24 所示体系进行几何组成分析。

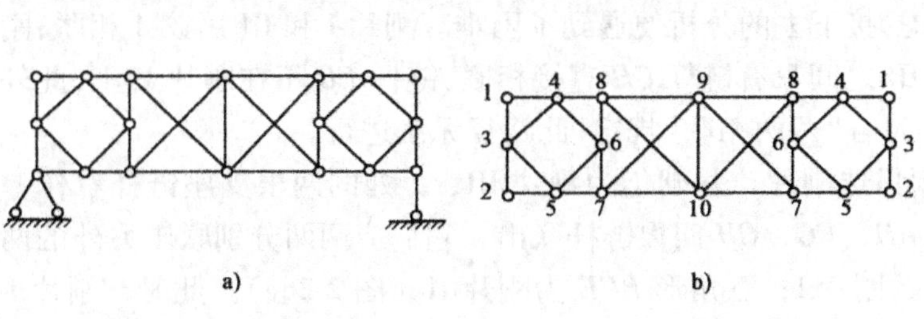

图 2-23

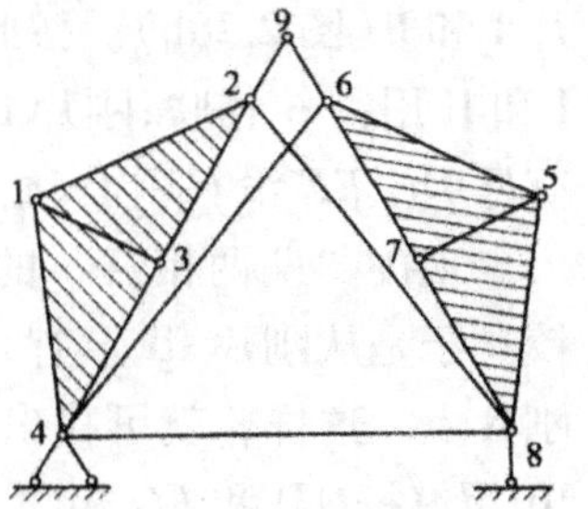

图 2-24

解:(1)计算自由度

$$W=2\times9-15-3=0$$

(2)分析几何组成

整个体系与基础间用三根链杆相联,符合两刚片规则,故只需考虑体系本身的几何可变性。分析体系本身,去掉二元体 2-9-6。将几何不变部分 1234 和 5678 视作刚片 I 和 II,它们之间用三根不全平行也不汇交于一点的链杆 46、82 和 48 相联,组成不变体系。所以该体系为几何不变的。

【例 2-4】 试对图 2-25a)所示体系进行几何组成分析。

解:(1)计算自由度

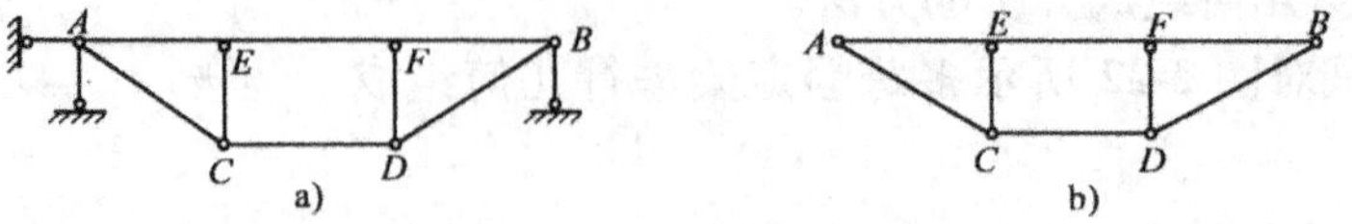

图 2-25

$$W=3\times6-2\times8-3=-1$$

(2)分析几何组成

此体系与地基的联结符合两刚片原理,故可只考虑体系自身的几何不变性。AB 为一刚片,在其上增加二元体 ACE、BDF 后仍为几何不变。现因在两个二元体间又加了一根 CD,故体系有一多余约束。所以,该体系为几何不变,但有一多余约束。

【例 2-5】 试对图2-26a)所示体系进行几何组成分析。

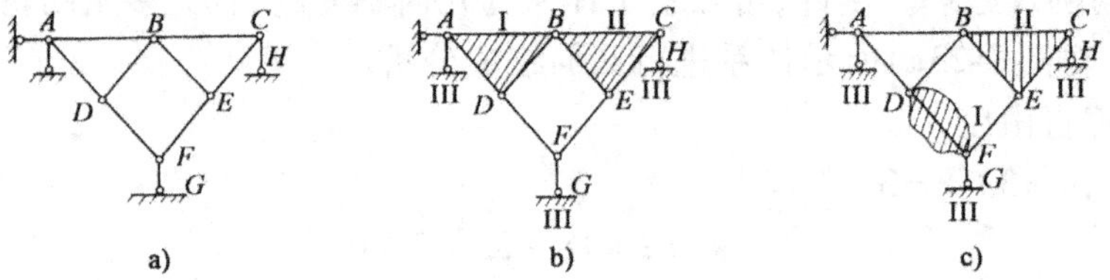

图 2-26

解:(1)计算自由度

$$W=2j-b-r=2\times6-8-4=0$$

(2)几何组成分析

此体系与地基联结不符合两刚片规则,也无二元体可拆除,因此,我们试用三刚片规则来分析。

首先将基础视作一个刚片,用 III 表示。其次,我们很自然会把三角形 ABD 和 BCE 作为刚片 I 和 II(图 2-26b)。按此考虑,接下去的分析便遇到了困难。刚片 I 和 III 用铰 A 相联;刚片 I 和 II 用铰 B 相联;刚片 II 和 III 之间只有链杆 CH 直接相联,链杆 FG 不在刚片 II 上,此外还有杆 DF、EF 没有用上,显然不符合“两两相联”规定,此路径无法进行。

现按“两两相联”的原则另选刚片,基础仍为刚片 III,A 处的两根支座链杆看作一个铰。于是从刚片 III 上有 AB、AD、FG、CH 四根链杆联出,它们应两两分别联于另外的两个刚片上。这样,就可找出 DF 为刚片 I;三角形 BCE 为刚片 II(图 2-26c)。此时,刚片 I 和 III 用链杆 AD 和 FG 相联,虚铰在 F 点;刚片 II 和 III 用链杆 AB 和 CH 相联,虚铰在 C 点;刚片 I 和 II 用链杆 BD 和 EF 相联,因为两杆平行,虚铰 O 在此两杆延长线上的无穷远处。由于虚铰 O 在 CF 的延长线上,故 C、F 和 O 三铰在同一直线上。

所以,该体系为几何瞬变体系。

复习思考题

1. 体系的计算自由度与实际自由度是否相同,为什么?

2. 计算体系的计算自由度有何意义?体系的计算自由度与体系的几何组成性质有何关系?

3. 几何不变体系三条组成规则之间有何联系,为什么说它们实质上只是同一条规则?

4. 何谓瞬变体系,为什么工程上要避免采用瞬变和接近瞬变的体系?

5. 小结几何组成分析的一般步骤和技巧。

习题

试对图 2-27 所示体系作几何组成分析。如为几何不变体系，需指出有无多余约束，多余约束的数目是多少？

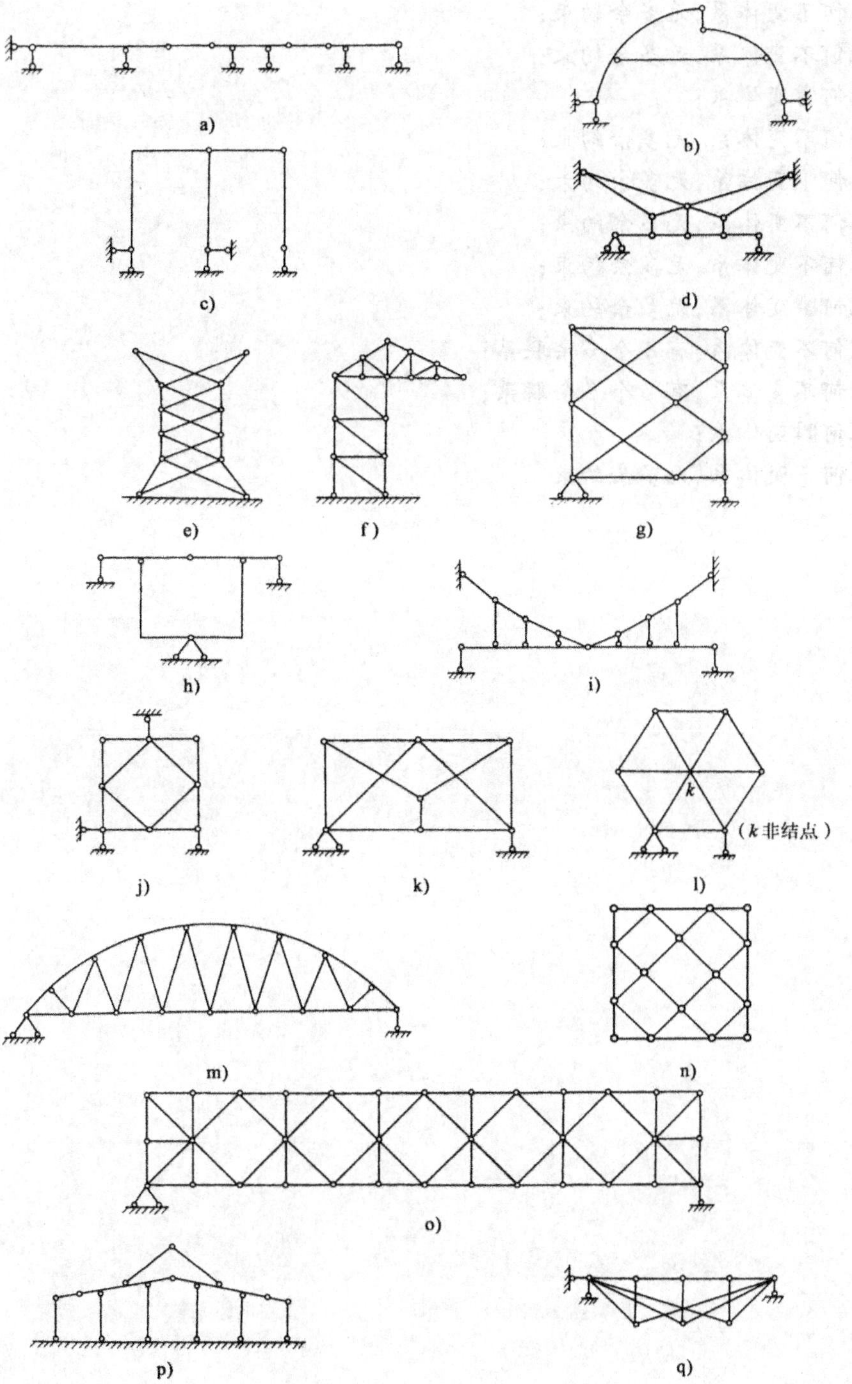

图 2-27

习题解答

a) 几何不变体系，无多余约束；

b）几何不变体系，无多余约束；

c）几何常变体系；

d）几何不变体系，无多余约束；

e）几何不变体系，无多余约束；

f）几何不变体系，无多余约束；

g）几何常变体系；

h）几何不变体系，无多余约束；

i）几何不变体系，无多余约束；

j）几何不变体系，无多余约束；

k）几何不变体系，无多余约束；

l）几何瞬变体系，无多余约束；

m）几何不变体系，有8个多余联系；

n）几何不变体系，有1个多余联系；

o）几何瞬变体系；

p）几何不变体系，无多余约束

第三章　静定梁和静定平面刚架

本章学习要点：能够熟练运用截面法绘制单跨静定梁、多跨静定梁、静定平面刚架的内力图，并正确利用荷载、剪力、弯矩之间的微分关系进行内力图校核；熟练掌握区段叠加法原理。

§3-1　单跨静定梁

从本章起，我们将陆续讨论各类静定结构的内力计算。本章讨论静定梁和静定平面刚架，本节先讨论单跨静定梁。

单跨静定梁在材料力学中已作过研究，但由于它在工程中应用十分广泛，是组成各种结构的基本构件之一，所以在这里有必要进一步复习和加深。

单跨静定梁有简支梁、外伸梁和悬臂梁三种形式，如图3-1所示。在任意荷载作用下，梁的支座处将产生反力；而梁的任意截面上，一般将产生弯矩 M、剪力 Q、轴力 N 三个内力分量。

图　3-1

a）简支梁；b）外伸梁；c）悬臂梁

一、支座反力和内力的计算

从图3-1可以看出，无论是简支梁、外伸梁还是悬臂梁，在任意荷载作用下，其支座反力均只有三个。取全梁为隔离体，利用三个静力平衡条件即可全部求出。对于梁任一截面上的内力，可采用截面法求解。即将结构沿拟求内力的截面截开，取截面任一侧为隔离体，将截面上的内力暴露出来（如图3-2），利用平衡条件即可求出该截面的三个内力分量。内力的符号通常规定如下：轴力以受拉为正；剪力以绕隔离体顺时针方向转动为正；弯矩以使梁的下侧纤维受拉为正。由截面法的运算可知：

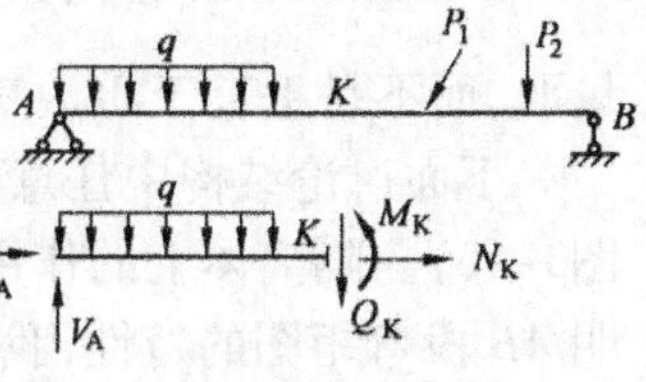

图　3-2

轴力的数值等于截面一侧所有外力（包括荷载和反力）沿截面法线方向投影的代数和；

剪力的数值等于截面一侧所有外力沿截面方向投影的代数和；

弯矩的数值等于截面一侧所有外力对截面形心力矩的代数和。

对于直梁，当所有外力均垂直于梁轴线时，横截面上将只有剪力和弯矩，没有轴力。

二、内力图的绘制

内力图是表示结构上各截面的内力沿杆件轴线变化规律的图形，它可以直观地表示出结构的内力分布情况。内力图有弯矩图（M图）、剪力图（Q图）和轴力图（N图）。弯矩图规定一律绘制在杆件受拉一侧，不必标明正负号，剪力图和轴力图则将正值绘制在基线的上方，同时标明正负号。

绘制内力图的基本方法是先写出内力方程，然后根据方程式作图。但在实际中更多的是利用微分关系绘制内力图。由材料力学知，荷载 q 与内力 M、Q 之间存在如下微分关系

$$\left.\begin{aligned}\frac{dQ}{dx}&=-q\\ \frac{dM}{dx}&=Q\\ \frac{d^2M}{dx^2}&=-q\end{aligned}\right\}\tag{3-1}$$

由式（3-1）的微分关系可知以下几点：

（1）梁上无荷载（$q=0$）的区段，Q图为一水平线，M图为一斜直线。

（2）梁上有均布荷载（$q=$常数）的区段，Q图为一斜直线，M图为二次抛物线。

（3）集中力作用点的两侧，剪力有突变，其差值等于该集中力。在集中力作用点处，M图是连续的，但因两侧斜率不同，故M图上形成尖点。

（4）集中力偶作用处，剪力无变化，但在集中力偶两侧弯矩图有突变，其差值等于该集中力偶，在M图中形成台阶。又因集中力偶两侧的剪力值相同，所以两侧M图的切线应相互平行。

据此，可以得到绘制内力图的简捷方法如下：按荷载分布情况将梁分成若干段，应用截面法求出各分段处控制截面的内力值，利用微分关系绘出各段的内力图，进而可得到全梁的内力图。

三、用区段叠加法作弯矩图

在对结构中的直杆段作弯矩图时，可采用区段叠加法。

先讨论简支梁的情形。设梁AB受跨间荷载q和端部力偶M_A、M_B作用（图3-3a）。可先绘出端部力偶M_A、M_B和均布荷载q分别作用时的弯矩图（图3-3b、c），然后将两图的纵坐标叠加即得总弯矩图（图3-3d）。

必须指出，上面所说的弯矩图叠加，是指纵坐标叠加。因此，图3-3d）中的$\frac{ql^2}{8}$必须沿竖向量取，而不是垂直于M_A、M_B连线的方向。

下面讨论结构中任意直杆段的弯矩图。以图3-4a）所示结构中的AB段为例，其隔离体如图3-4b）。隔离体上的作用力除荷载q外，还有杆端弯矩M_A、M_B和杆端剪力Q_A、Q_B。为了说明AB段弯矩图的特性，我们将它与图3-4c）所示的简支梁相比较。设简支梁承受相同的荷载q和相同的杆端力偶M_A和M_B，其支座反力为V_A、V_B。对图3-4b）和3-4c）分别应用平衡条件求Q_A、Q_B和V_A、V_B，可知$Q_A=V_A$、$Q_B=V_B$，因此两者的受力情况完全相同。这样，作直杆区段弯矩图的问题就归结为作相应简支梁弯矩图的问题，因而也可采用叠加原理来作图，如图3-4d）。用区段叠加法作M图的步骤可归纳如下：

（1）选择外荷载不连续点（如集中力作用点、集中力偶作用点、分布荷载的起点和终点及

支座结点等)为控制截面,求出控制截面的弯矩值。

(2)分段绘制弯矩图。当控制截面间无荷载时,用直线连接两控制截面的弯矩值,即得该段弯矩图;当控制截面间有荷载作用时,先用虚线连接两控制截面的弯矩值,然后以此虚直线为基线,再叠加上这段梁相应简支梁的弯矩图,从而绘制出最后的弯矩图。

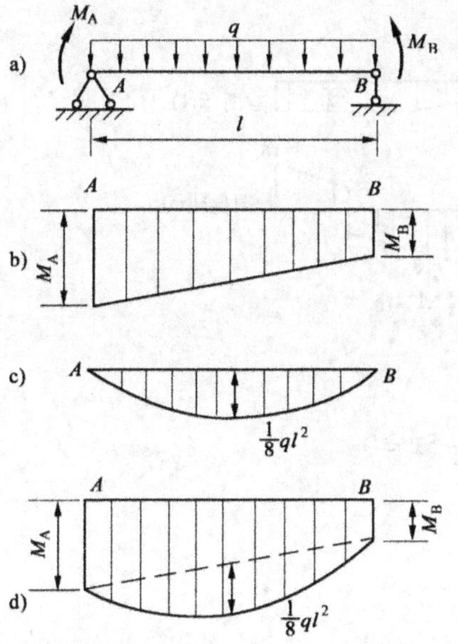

图 3-3

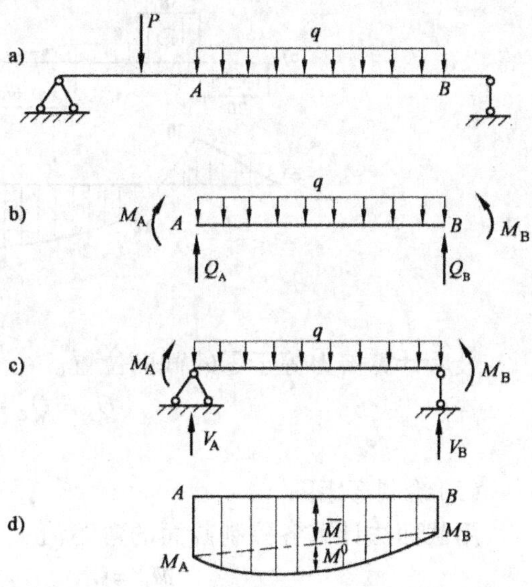

图 3-4

【例 3-1】 试作图 3-5a)所示梁的剪力图和弯矩图。

解:(1)计算支座反力

取全梁为隔离体,由 $\sum M_B = 0$ 有

$$V_A \times 8 - 20 \times 9 - 30 \times 7 - 5 \times 4 \times 4 - 10 + 16 = 0$$

得

$$V_A = 58\text{kN}(\uparrow)$$

再由 $\sum M_A = 0$ 有

$$-V_B \times 8 - 20 \times 1 + 30 \times 1 + 5 \times 4 \times 4 - 10 + 16 = 0$$

得

$$V_B = 12\text{kN}(\uparrow)$$

校核:$\sum Y = 58 + 12 - 20 - 30 - 5 \times 4 = 0$ 无误。

(2)绘制剪力图

用截面法算出下列各控制截面的剪力值

$$Q_{C右} = -20\text{kN}$$

$$Q_{A左} = -20\text{kN}$$

$$Q_{A右} = -20 + 58 = 38\text{kN}$$

$$Q_{D左} = -20 + 58 = 38\text{kN}$$

$$Q_{D右} = -20 + 58 - 30 = 8\text{kN}$$

$$Q_E = -20 + 58 - 30 = 8\text{kN}$$

$$Q_F = -V_B = -12\text{kN}$$

$$Q_{B左} = -12\text{kN}$$

根据各控制截面的剪力值,可绘得剪力图如图 3-5b)所示。

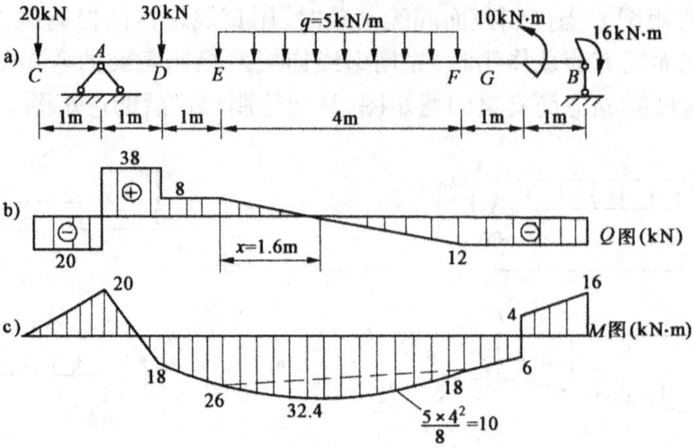

图 3-5

最后计算剪力等于零的截面位置。由

$$Q_K = Q_E - q \cdot x = 8 - 5x = 0$$

$$x = 1.6\text{m}$$

(3)绘制弯矩图

用截面法计算各控制截面的弯矩值

$$M_C = 0$$

$$M_A = -20 \times 1 = -20\text{kN}\cdot\text{m}$$

$$M_D = -20 \times 2 + 58 \times 1 = 18\text{kN}\cdot\text{m}$$

$$M_E = -20 \times 3 + 58 \times 2 - 30 \times 1 = 26\text{kN}\cdot\text{m}$$

$$M_F = 12 \times 2 - 16 + 10 = 18\text{kN}\cdot\text{m}$$

$$M_{G左} = 12 \times 1 - 16 + 10 = 6\text{kN}\cdot\text{m}$$

$$M_{G右} = 12 \times 1 - 16 = -4\text{kN}\cdot\text{m}$$

$$M_{B左} = -16\ \text{kN}\cdot\text{m}$$

根据各控制截面的弯矩值,可绘出弯矩图,如图 3-5c)所示。其中 EF 段的弯矩图是根据叠加原理绘出的,即根据 M_E 和 M_F 作出直线弯矩图后,再在其上叠加相应简支梁在跨间荷载作用下的弯矩图,即可得出相应简支梁的弯矩图是一条二次抛物线。其跨中弯矩为

$$\frac{ql^2}{8} = \frac{5 \times 4^2}{8} = 10\text{kN}\cdot\text{m}$$

最后计算弯矩最大值。

应用剪力与弯矩之间的微分关系知,当剪力为零时,弯矩有极值,用截面法可求出

$$M_{max} = -20 \times 4.6 + 58 \times 3.6 - 30 \times 2.6 - \frac{1}{2} \times 5 \times 1.6^2 = 32.4\text{kN}\cdot\text{m}$$

§3-2 多跨静定梁

一、多跨静定梁的几何组成特点

多跨静定梁是由若干个单跨梁用铰联结而成的静定结构,用来跨越几个相连的跨度。图

3-6a）所示为一多跨静定公路桥梁，图3-6b）是它的计算简图。

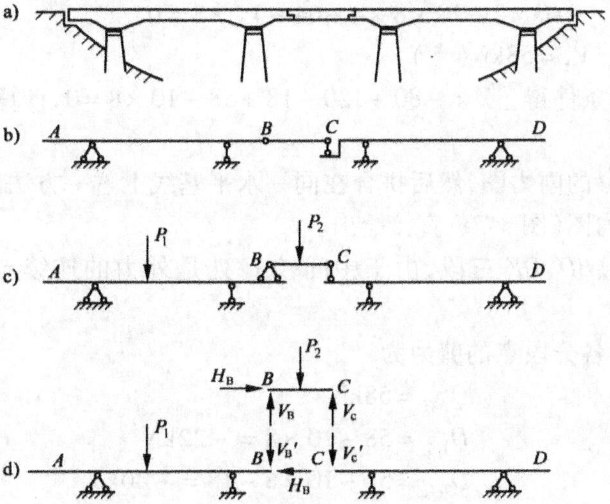

图 3-6

从几何组成特点来分析，多跨静定梁可分为基本部分和附属部分。所谓基本部分，是指不依赖于其他部分的存在，本身就能独立地维持其几何不变性的部分，如图 3-6 中的梁 AB、CD 均为基本部分。所谓附属部分，是指需要依赖其他部分的存在才能维持其几何不变性的部分，如图 3-6 中的梁 BC。为了清楚的表示多跨静定梁各部分之间的支承关系，可以把基本部分画在下层，而把附属部分画在上层，如图 3-6c）所示，这样的图称为层叠图。

二、多跨静定梁的内力分析

在了解了多跨静定梁的几何组成特点并得到层叠图后，多跨静定梁的内力分析就很容易了。从传力关系上看，荷载作用在基本部分时，附属部分不受影响，即不产生内力。荷载作用于附属部分时，力将会通过铰往下传递，使与其有关的基本部分产生内力。所以，多跨静定梁的计算次序是先计算附属部分，后计算基本部分。这样可以顺利的依次求出各铰结点处的约束反力和支座反力，不必解联立方程。当每取一部分为隔离体进行分析时（图 3-6d），都与单跨梁情况无异，最后将各单跨梁的内力图连在一起，就得到整个多跨静定梁的内力图。

【例 3-2】 试作图 3-7a）所示多跨静定梁的内力图。

解：(1) 作层叠图

如图3-7b）所示，AC 梁为基本部分，CE 梁为附属部分。

(2) 计算支座反力

从层叠图看出，应先从附属部分 CE 开始作隔离体，如图 3-7c）所示。

$\sum M_C = 0$　　$80 \times 6 - V_D \times 4 = 0$　　$V_D = 120\text{kN}(\uparrow)$

$\sum M_D = 0$　　$80 \times 2 - V_C \times 4 = 0$　　$V_C = 40\text{kN}(\downarrow)$

将 V_C 反向，作用于梁 AC 上，计算基本部分

$\sum X = 0$　　$H_A = 0$

$\sum M_A = 0$　　$-40 \times 10 + V_B \times 8 + 10 \times 8 \times 4 - 64 = 0$

$$V_B = 18\text{kN}(\downarrow)$$

$\sum M_B = 0$　　$-40 \times 2 - 10 \times 8 \times 4 - 64 + V_A \times 8 = 0$

$$V_A = 58\text{kN}(\uparrow)$$

校核：由整体平衡条件得$\sum Y = -80 + 120 - 18 + 58 - 10 \times 8 = 0$，计算无误。

(3)作内力图

除分别作出单跨梁的内力图，然后拼合在同一水平基线上这一方法外，多跨静定梁的内力图也可根据其整体受力图(图3-7a)直接绘出。

将整个梁分为*AB*、*BD*、*DE*三段，由于中间铰*C*处是外力的连续点，故不必将它选为分段点。

由内力计算法则，各分段点的剪力为

$$Q_{A右} = 58\text{kN}$$
$$Q_{B左} = 58 - 10 \times 8 = -22\text{kN}$$
$$Q_{B右} = 58 - 10 \times 8 - 18 = -40\text{kN}$$
$$Q_{D左} = 80 - 120 = -40\text{kN}$$
$$Q_{D右} = 80\text{kN}$$
$$Q_{E左} = 80\text{kN}$$

据此绘得剪力图如图3-7d)所示。其中*AB*段剪力为零的截面*F*距*A*点为5.8m。

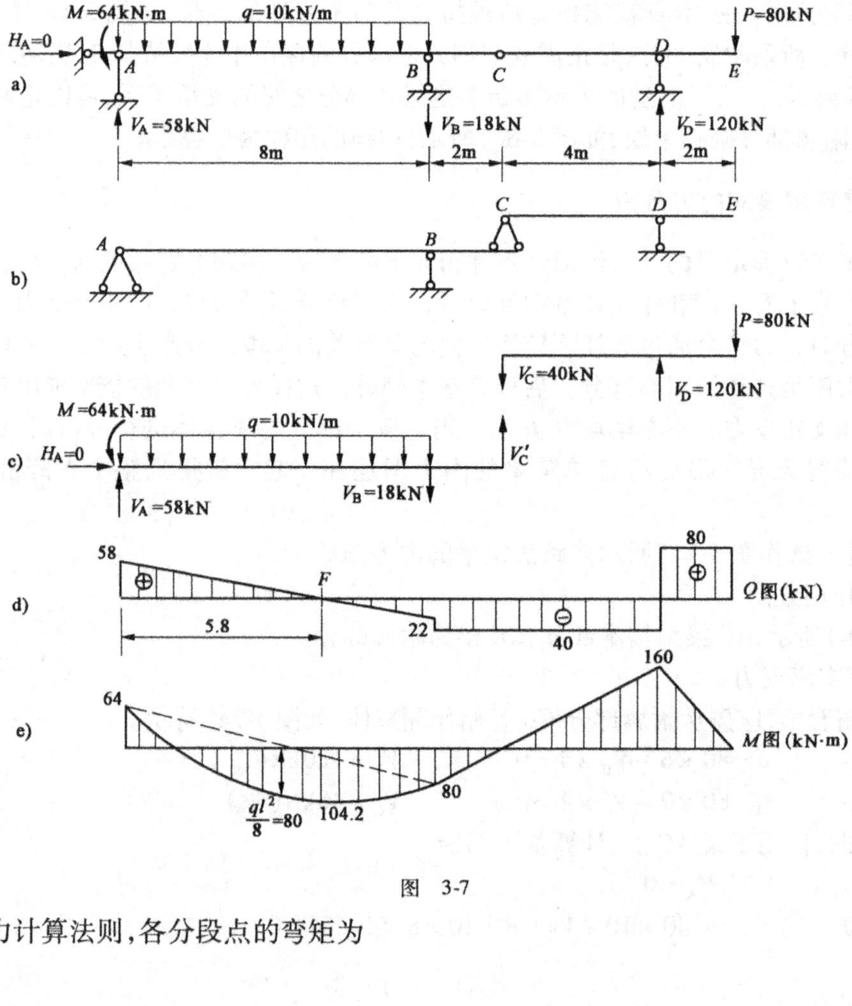

图 3-7

由内力计算法则，各分段点的弯矩为

$M_A = -64\ kN\cdot m$

$M_B = -64 + 58\times 8 - 10\times 8\times 4 = 80\ kN\cdot m$

$M_D = -80\times 2 = -160\ kN\cdot m$

$M_E = 0$

$M_F = -64 + 58\times 5.8 - 10\times 5.8\times 5.8/2 = 104.2\ kN\cdot m$

据此绘制弯矩图如图 3-7e)所示。其中 *AB* 段因有均布荷载,故需在直线弯矩图(图中虚线)的基础上叠加相应简支梁在跨间荷载作用的弯矩图。

【例 3-3】 试作图 3-8a)所示多跨静定梁的内力图。

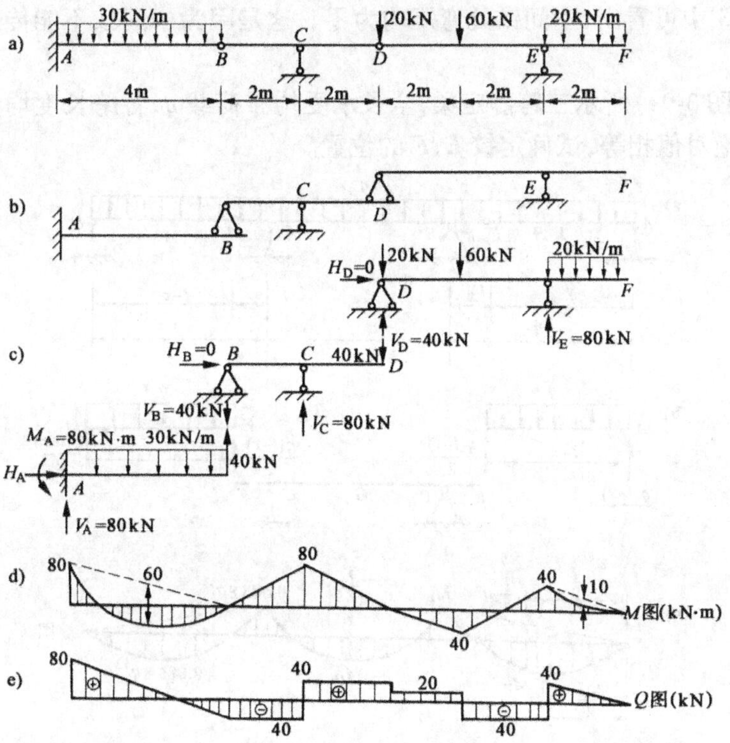

图 3-8

解:(1)作层叠图(如图 3-8b)

梁 *AB* 固定在基础上,是基本部分。梁 *BD* 左端支承在基本部分 *AB* 上,另有一根链杆与基础相连,为附属部分。梁 *DF* 左端支承在附属部分 *BD* 上,另有一根链杆与基础相连,也为附属部分。

(2)计算支座反力

由层叠图可以看出,整个多跨静定梁可分为悬臂梁 *AB*、两个外伸梁 *BD* 和 *DF*,共三层。按由高层到低层的次序分层计算,先计算 *DF* 梁,取隔离体如图 3-8c)所示。

由 $\sum X = 0$　　$H_D = 0$

由 $\sum M_D = 0$　　$V_E = 80kN(\uparrow)$

由 $\sum Y = 0$　　$V_D = 40kN(\uparrow)$

将 V_D 反向,作为外荷载作用在梁 *BD* 上,取梁 *BD* 为隔离体。

由 $\sum X = 0$　　$H_B = 0$

由 $\sum M_B = 0$　　$V_C = 80kN(\uparrow)$

由 $\sum Y=0$　　　$V_B=40\text{kN}(\uparrow)$

同理，把 V_B 反向作用于梁 AB 上，取梁 AB 为隔离体，利用平衡条件

由 $\sum X=0$　　　$H_A=0$

由 $\sum M_A=0$　　　$M_A=-80\text{kN·m}$（上侧受拉）

由 $\sum Y=0$　　　$V_A=80\text{kN}(\uparrow)$

（3）作内力图

当支座反力求得后，即可分别作出各梁段的内力图。再将各梁段的内力图连在一起，即为整个多跨静定梁的内力图，如图 3-8d）、e）所示。

从例 3-2、3-3 中可看出，中间铰处弯矩均为零。这是因为中间铰不能传递弯矩，但可以传递剪力。

【例 3-4】 图 3-9a）所示三跨静定梁，全长承受均布荷载 q，各跨长度均为 l。欲使梁上最大正、负弯矩的绝对值相等，试确定铰 E、F 的位置。

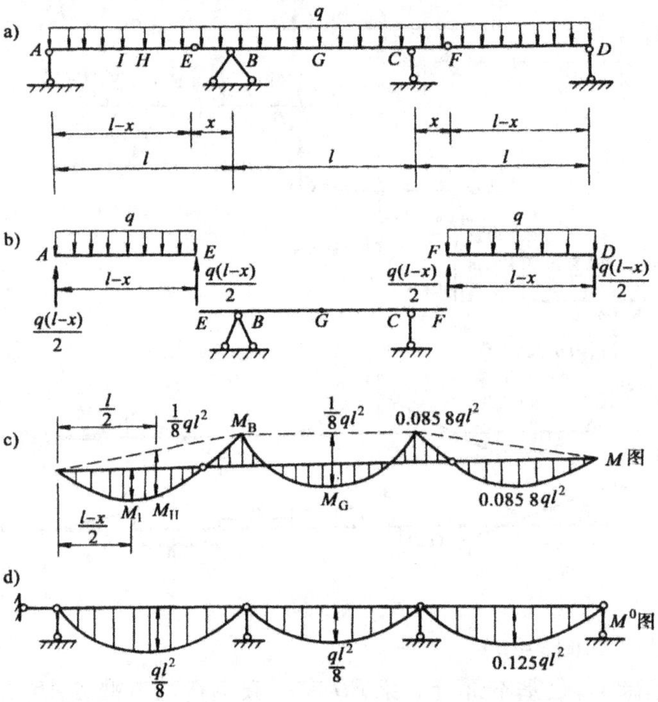

图 3-9

解： 先分析附属部分，后分析基本部分（图 3-9b）。设铰 E 至 B 点的距离为 x，则截面 B 的弯矩绝对值为

$$M_B=M_C=\frac{q(l-x)x}{2}+\frac{qx^2}{2}=\frac{qlx}{2}$$

由叠加法和对称性可绘出弯矩图形状如图 3-9c）所示。显然，全梁的最大负弯矩发生在截面 B、C 处。现在来分析全梁的最大正弯矩发生在何处。

BC 梁段的最大正弯矩发生在其跨中截面 G 处，其值为

$$M_G=\frac{ql^2}{8}-M_B$$

而 AB 段梁中点的弯矩为

$$M_H = \frac{ql^2}{8} - \frac{M_B}{2}$$

显然 $M_H > M_G$。而在 AB 梁段中，最大正弯矩还不是 M_H，而是 AE 段中点处的 M_1，亦即 $M_1 > M_H$。因此，全梁的最大正弯矩即为 M_1，其值为

$$M_1 = \frac{q(l-x)^2}{8}$$

按题意要求，应使 $M_1 = M_B$，从而得

$$\frac{q(l-x)^2}{8} = \frac{qlx}{2}$$

整理后有

$$x^2 - 6lx + l^2 = 0$$

由此解得

$$x = (3 - 2\sqrt{2})l = 0.171\,6l$$

另有一根为 $x = (3 + 2\sqrt{2})l$，因与题意不合，故不取。

并可求得

$$M_1 = M_B = \frac{qlx}{2} = \frac{3 - 2\sqrt{2}}{2}ql^2 = 0.085\,8ql^2$$

及

$$M_G = \frac{ql^2}{8} - M_B = 0.039\,2ql^2$$

如果将此三跨静定梁改为三个跨度为 l 的简支梁（图 3-9d），由图可知前者的最大弯矩值要比后者的小 31.3%。这是由于在多跨静定梁中布置了外伸梁的缘故，它一方面减小了附属部分的跨度，另一方面又使得外伸梁上的荷载对基本部分产生负弯矩，从而部分的抵消了跨中荷载所产生的正弯矩。

多跨静定梁与多跨简支梁相比较有弯矩小且分布较均匀的优点，缺点是中间铰处构造比较复杂，且若基本部分破坏，则支承其上的附属部分也将随之倒塌。

§3-3 静定平面刚架

一、刚架的构造

刚架是由直杆组成的具有刚结点的结构。如果刚架所有杆件的轴线都在同一平面内，且荷载也作用于该平面内，这样的刚架称为平面刚架，如图 3-10 所示。

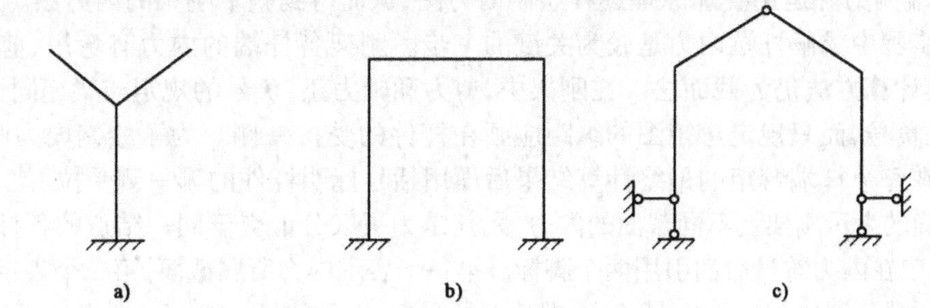

a) b) c)

图 3-10

常见的静定平面刚架有悬臂刚架(图3-10a)、简支刚架(图3-10b)和三铰刚架(图3-10c)等。

在刚架中,它的几何不变性主要依靠结点刚性联结来维持,无需斜向支撑联系,因而可以使结构的内部具有较大的净空便于使用。如图3-11a)所示桁架是一几何不变体系,如果把 C、D 两结点改为刚结,并去掉斜杆,使其变为刚架结构(图3-11b),显然,内部净空就增大了。从变形角度来看,刚结点在变形后既产生角位移,又产生线位移,但变形前后各杆端之间的夹角是保持不变的,如图3-11b)所示。刚结点的这一特性,是刚架分析的出发点。从内力角度看,刚结点往往使得杆件的内力分布变得均匀一些。图3-12a)、b)分别给出了简支梁和刚架在荷载作用下的弯矩图。从图中可以看出,由于刚结点能承受弯矩,故使横梁跨中弯矩的峰值得到削减。

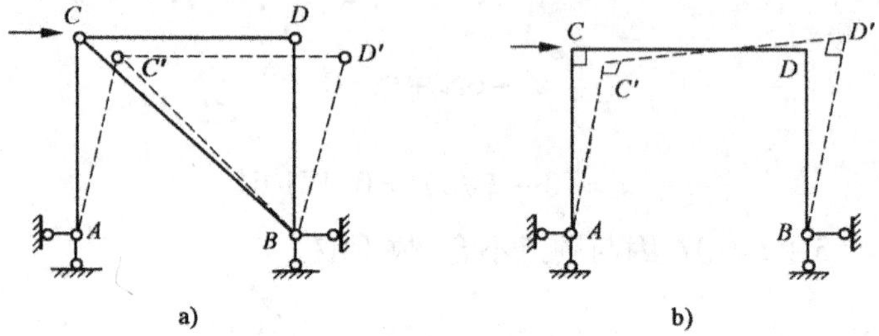

图 3-11

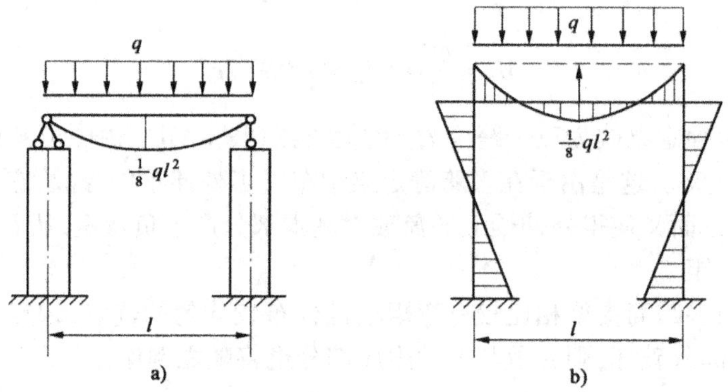

图 3-12

二、静定平面刚架的内力分析

静定平面刚架的内力计算方法原则上与静定梁相同,其解题步骤通常如下:

1. 由整体或某些部分的平衡条件求出支座反力或约束反力。
2. 根据荷载情况,将刚架分解成若干杆段,由平衡条件求出各杆端内力。
3. 由杆端内力并运用叠加原理逐杆绘制内力图,从而得到整个刚架的内力图。

在上述步骤中求解杆端内力是较为关键的一步。刚架各杆端的内力有弯矩、剪力和轴力三个分量,其计算方法仍为截面法。在刚架中,剪力和轴力正、负号的规定与梁相同,但弯矩通常不规定正、负号,而只规定弯矩图的纵距应画在杆件的受拉一侧。为了绘制内力图方便,通常我们要求在每个杆端弯矩的最终计算结果后面用括号标明杆件的哪一侧受拉。

为了明确的表示刚架上不同截面的内力,尤其是为了区分汇交于同一结点的各杆端截面的内力,我们规定在内力符号后面引用两个脚标。第一个表示内力所属截面,第二个表示该截面所属杆件的另一端。例如 M_{AB} 表示 AB 杆 A 端截面的弯矩,Q_{AC} 则表示 AC 杆 A 端截面的剪力。

【例3-5】 试作图3-13a)所示刚架的内力图。

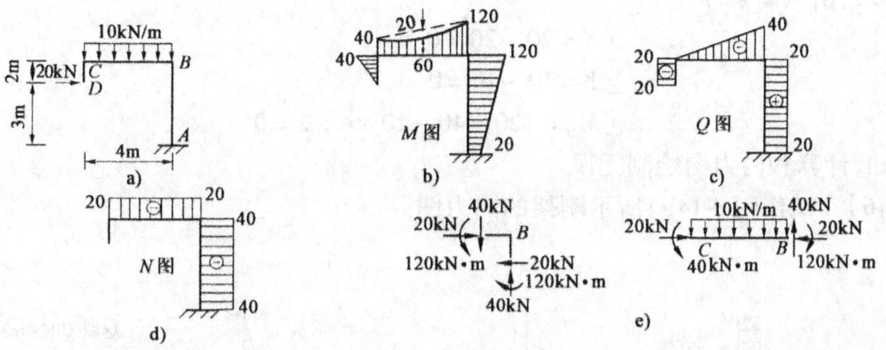

图 3-13

解:本题为悬臂刚架,其内力计算与悬臂梁基本相同,可不用先求支座反力,而从自由端开始,逐段截取隔离体计算各杆端内力,然后绘制内力图。

(1)绘制弯矩图

从 CD 开始逐杆计算杆端弯矩

CD 杆:$M_{DC}=0$

$M_{CD}=20\times2=40\ kN\cdot m$(左侧受拉)

CB 杆:$M_{CB}=40\ kN\cdot m$(上侧受拉)

$M_{BC}=20\times2+10\times4\times2=120kN\cdot m$(上侧受拉)

AB 杆:$M_{BA}=120\ kN\cdot m$(右侧受拉)

$M_{AB}=-20\times3+10\times4\times2=20kN\cdot m$(右侧受拉)

根据上述各值绘得 M 图如图 3-13b)所示。其中因杆 CB 上有均布荷载,需在直线弯矩图(图中虚线所示)上再叠加相应简支梁在跨间荷载作用下的弯矩图。

(2)绘制剪力图

作剪力图时同样逐杆考虑,各杆端剪力为

$$Q_{DC}=-20kN \qquad Q_{CD}=-20kN$$
$$Q_{CB}=0 \qquad Q_{BC}=-10\times4=-40kN$$
$$Q_{BA}=20kN \qquad Q_{AB}=20kN$$

根据上述杆端剪力作剪力图,如图 3-13c)所示。

(3)绘制轴力图

各杆端轴力为

$$N_{BC}=-20kN \qquad N_{CB}=-20kN$$
$$N_{DC}=0 \qquad N_{CD}=0$$
$$N_{BA}=-40kN \qquad N_{AB}=-40kN$$

根据杆端轴力绘制轴力图,如图 3-13d)所示。

(4)校核

内力图作出后应进行校核。校核时,除对内力图形特征进行校核外,还可取任一结点或任一杆件进行校核,看其是否满足平衡条件。如图 3-13e),分别取结点 B 和杆件 CB 为隔离体进行校核。

结点 B:由平衡条件

$$\sum X=20-20=0$$
$$\sum Y=40-40=0$$
$$\sum M=120-120=0$$

杆件 CB:由平衡条件

$$\sum X = 20 - 20 = 0$$

$$\sum Y = 40 - 40 = 0$$

$$\sum M_B = 120 - 40 - 10 \times 4 \times 2 = 0$$

故可知,计算和内力图绘制无误。

【例 3-6】 试作图 3-14a)所示刚架的内力图。

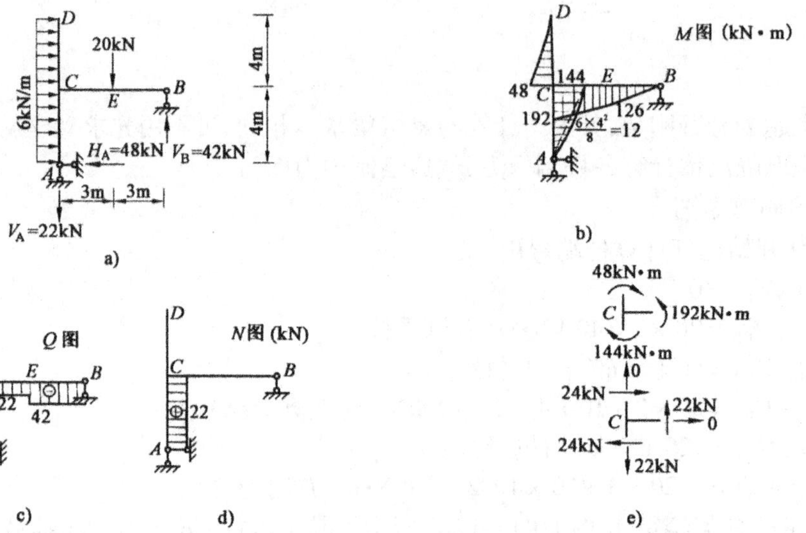

图 3-14

解:(1)计算支座反力

此刚架为一简支刚架,支座反力只有 3 个,考虑刚架的整体平衡

$\sum X = 0$　　$H_A = 6 \times 8 = 48\text{kN}(\leftarrow)$

$\sum M_A = 0$　　$-V_B \times 6 + 6 \times 8 \times 4 + 20 \times 3 = 0$　　$V_B = 42\text{kN}(\uparrow)$

$\sum Y = 0$　　$V_A = 42 - 20 = 22\text{kN}(\downarrow)$

(2)绘制弯矩图

根据内力计算法则,各杆端弯矩为

$$M_{DC} = 0$$

$$M_{CD} = 6 \times 4^2/2 = 48\ \text{kN}\cdot\text{m}(\text{左侧受拉})$$

$$M_{BE} = 0$$

$$M_{EB} = 42 \times 3 = 126\text{kN}\cdot\text{m}(\text{下侧受拉})$$

$$M_{CB} = 42 \times 6 - 20 \times 3 = 192\ \text{kN}\cdot\text{m}(\text{下侧受拉})$$

$$M_{AC} = 0$$

$$M_{CA} = 48 \times 4 - 6 \times 4 \times 2 = 144\ \text{kN}\cdot\text{m}(\text{右侧受拉})$$

根据上述各杆端弯矩绘制弯矩图如图 3-14b)所示。其中杆 AC、杆 CD 均作用有均布荷载,应在直线弯矩图上叠加相应简支梁在跨间荷载作用下的弯矩图。

(3)绘制剪力图

由内力计算法则,各杆端剪力为

$Q_{DC}=0$　　　　$Q_{CD}=6\times4=24\text{kN}$

$Q_{BE}=-42\text{kN}$　　　　$Q_{EC}=-42+20=-22\text{kN}$

$Q_{AC}=48\text{kN}$　　　　$Q_{CA}=48-6\times4=24\text{kN}$

根据上述杆端剪力可绘出剪力图,如图3-13c)所示。

(4)绘制轴力图

由内力计算法则,各杆端轴力为

$N_{DC}=0$　　　　$N_{CD}=0$

$N_{BC}=0$　　　　$N_{CB}=0$

$N_{AC}=22\text{kN}$　　　　$N_{CA}=22\text{kN}$

根据以上杆端轴力而绘出轴力图,如图3-14d)所示。

(5)校核

弯矩图的校核,通常检查刚结点处是否满足力矩平衡条件。例如取结点 C 为隔离体(图3-14e)有

$$\sum M_C=48-192+144=0$$

剪力图和轴力图的校核,可取刚架任意部分为隔离体,检查 $\sum X=0$ 和 $\sum Y=0$ 的平衡条件是否得到满足。例如任取 C 结点(图3-14e),有

$$\sum X=24-24=0$$

$$\sum Y=22-22=0$$

故计算无误。

【例3-7】 试作图3-15a)所示三铰刚架的内力图。

解:(1)计算支座反力

由整体平衡条件

$\sum M_B=0$　　　　$V_A\times8-20\times8\times4=0$

　　　　$V_A=80\text{kN}(\uparrow)$

$\sum M_A=0$　　　　$V_B\times8-20\times8\times4=0$　　　　$V_B=80\ \text{kN}(\uparrow)$

$\sum X=0$　　　　$H_A=H_B$

再取铰 C 左边部分为隔离体,由中间铰 C 的弯矩 $M_C=0$,得

$$M_C=V_A\times4-H_A\times8-20\times4\times2=0$$

$$H_A=20\text{kN}(\rightarrow)$$

$$H_B=20\text{kN}(\leftarrow)$$

(2)绘制弯矩图

由内力计算法则,杆端弯矩

$$M_{AD}=0$$

$$M_{DA}=20\times6=120\text{kN}\cdot\text{m}(\text{左侧受拉})$$

$$M_{DC}=120\text{kN}\cdot\text{m}(\text{上侧受拉})$$

$$M_{CD}=0$$

由于本题中刚架和荷载都是对称的,故仅需计算半个刚架。根据上述杆端弯矩值,绘得弯矩图,如图3-15b)所示。其中斜梁上因有均布荷载,需在直线弯矩图(图中虚线)上叠加相应简支梁在跨间荷载作用下的弯矩图。

斜梁的中点弯矩

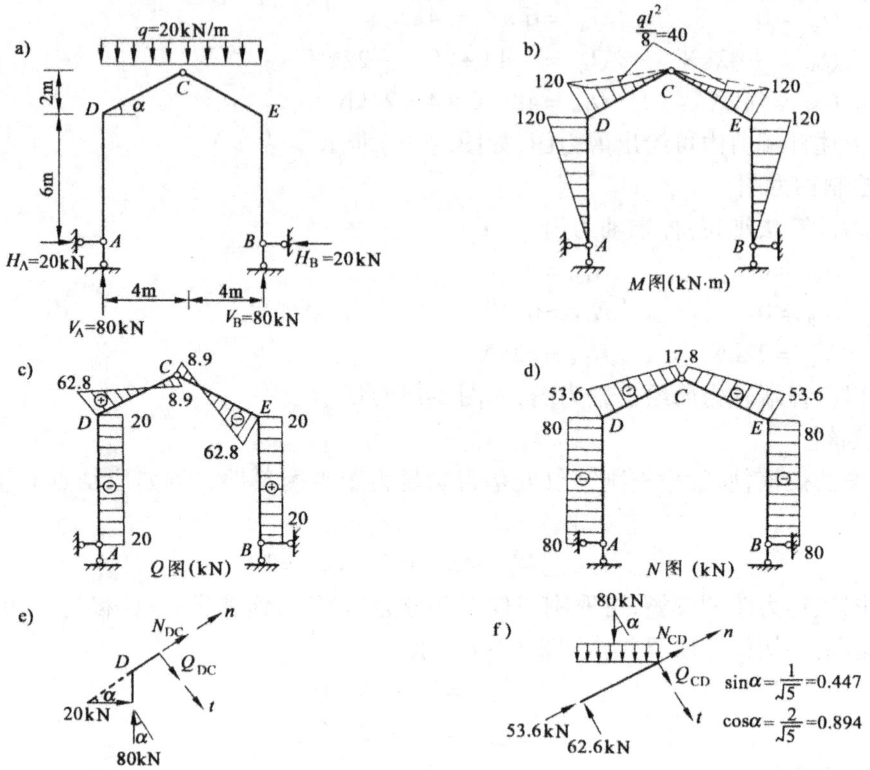

图 3-15

$$M_{中}=\frac{1}{2}(120+0)-\frac{1}{8}\times20\times4^2=20\text{kN}\cdot\text{m}(上侧受拉)$$

(3)作剪力图和轴力图

AD 杆

$$Q_{AD}=Q_{DA}=-20\text{kN}$$

$$N_{AD}=N_{DA}=-80\text{kN}$$

DC 杆:*DC* 杆为一斜梁,其剪力和轴力的计算仍采用截面法,可先截取结点 *D* 为隔离体(图 3-15e)。为清晰起见,截面上的已知弯矩未画出(因为弯矩在任一轴上的投影等于零)。选取正交坐标轴 t 和 n 如图所示,则由平衡条件

$$\sum t=0 \qquad Q_{DC}-80\cos\alpha+20\sin\alpha=0$$

$$Q_{DC}=62.6\ \text{kN}$$

$$\sum n=0 \qquad N_{DC}+80\sin\alpha+20\cos\alpha=0$$

$$N_{DC}=-53.6\ \text{kN}$$

再截取杆 *DC* 为隔离体(图 3-14f),有

$$\sum t=0 \qquad Q_{CD}-62.2+80\cos\alpha=0 \qquad Q_{CD}=-8.9\text{kN}$$

$$\sum n=0 \qquad N_{CD}+53.6-80\sin\alpha=0 \qquad N_{CD}=-17.8\text{kN}$$

根据上述各杆端剪力和轴力值,可绘得剪力图和轴力图如图 3-15c)、d)所示。

(4)校核(略)。

复习思考题

1. 如何根据 q、Q、M 之间的微分关系对内力图进行校核?

2. 为什么直杆上任一区段的弯矩图都可以用简支梁叠加法来作?简述其步骤。

3. 用叠加法作弯矩图时,为什么是纵坐标的叠加,而不是图形的拼合?

4. 多跨静定梁与对应的多跨简支梁在受力性能上有何差别?

5. 分别说明多跨静定梁中基本部分与附属部分的几何组成特点和各自受力特点。

6. 刚架在变形和受力方面有何特点?

7. 刚架内力的正负号是怎样规定的?如何绘制刚架的内力图?

8. 在刚架的刚结点处内力图有何特点?试列出图 3-16 所示刚架在结点 C 处各杆端内力应满足的关系式。

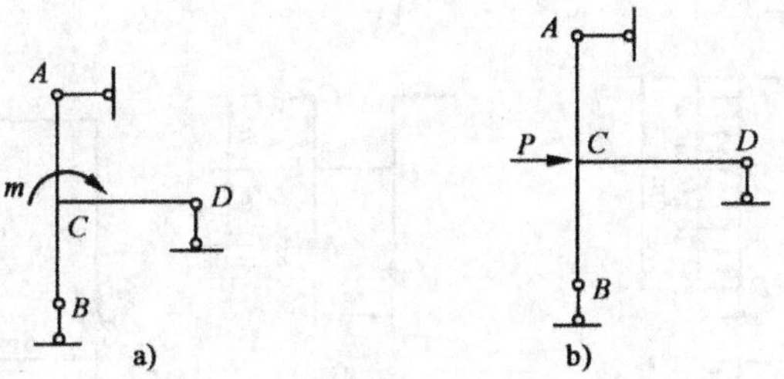

图 3-16

习题

3-1 试作图 3-17 所示各单跨梁的弯矩图和剪力图。

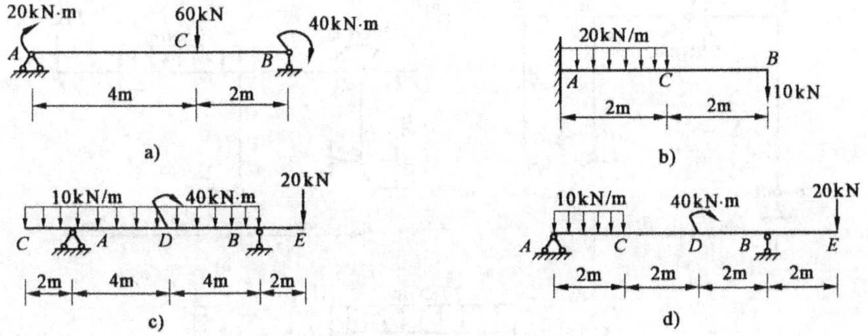

图 3-17

3-2 试作图3-18所示多跨静定梁的剪力图和弯矩图。

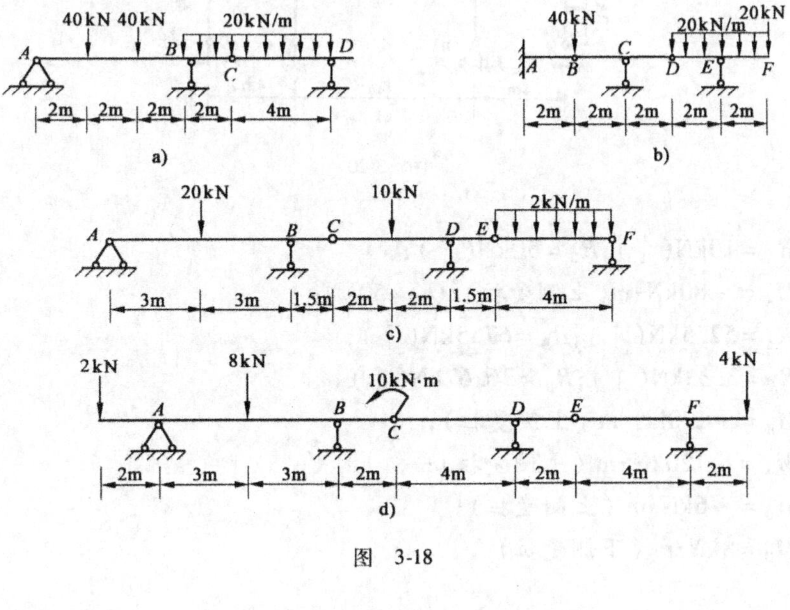

图 3-18

3-3　作图 3-19 所示刚架的弯矩图、剪力图、轴力图。

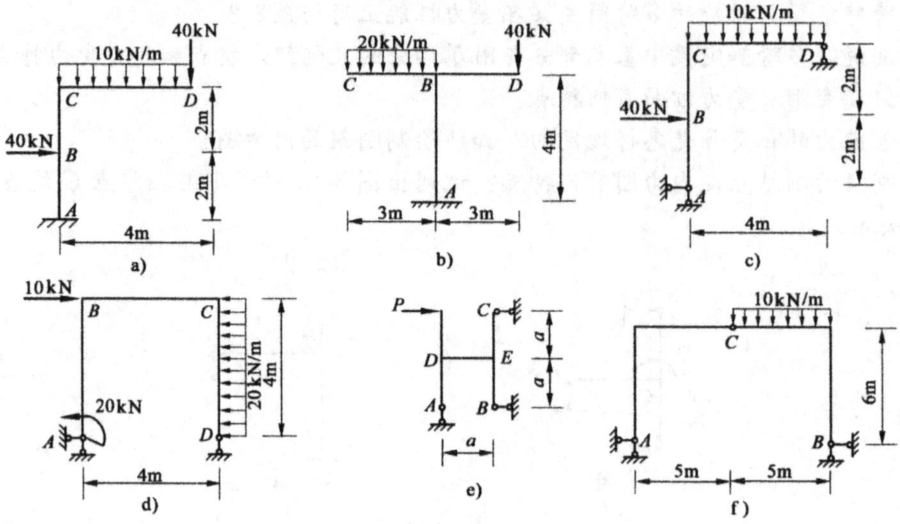

图　3-19

3-4　作图3-20所示刚架的弯矩图。

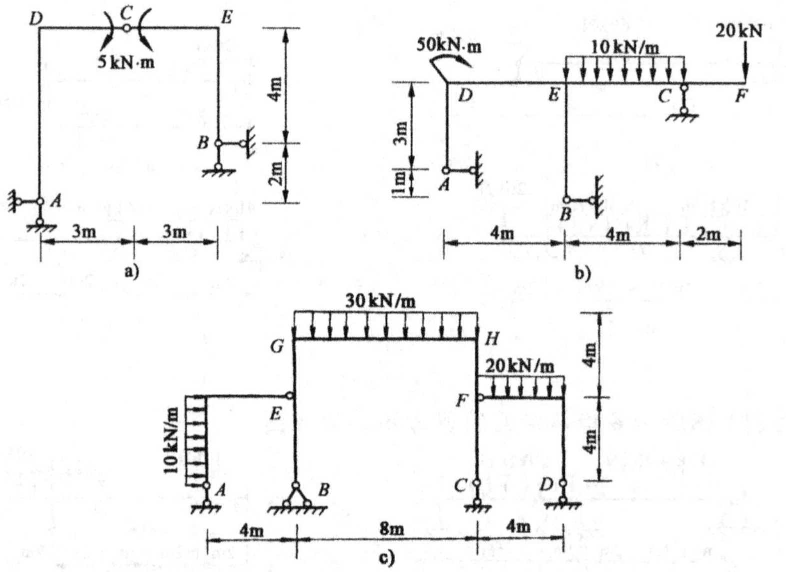

图　3-20

习题解答

3-1　a) $R_A=10\text{kN}(\uparrow)$；$R_B=50\text{kN}(\uparrow)$；

b) $M_A=-80\text{kN}\cdot\text{m}$(上侧受拉)；$Q_A=50\text{kN}$；

c) $R_A=52.5\text{kN}(\uparrow)$；$R_B=67.5\text{kN}(\uparrow)$；

d) $R_A=3.33\text{kN}(\uparrow)$；$R_B=36.67\text{kN}(\uparrow)$

3-2　a) $M_B=-120\text{kN}\cdot\text{m}$（上侧受拉）；

b) $M_A=-120\text{kN}\cdot\text{m}$（上侧受拉）；

c) $M_D=-6\text{kN}\cdot\text{m}$（上侧受拉）；

d) $M_B=8\text{kN}\cdot\text{m}$（下侧受拉）

3-3 a) $M_{AC}=320\text{kN}\cdot\text{m}$（左侧受拉）;

b) $M_{BA}=30\text{kN}\cdot\text{m}$（左侧受拉）;

c) $M_{CA}=80\text{kN}\cdot\text{m}$（右侧受拉）;

d) $M_{CD}=160\text{kN}\cdot\text{m}$（右侧受拉）;

e) $M_{DE}=M_{ED}=Pa$（下侧受拉）;

f) $M_{EC}=62.5\text{kN}\cdot\text{m}$（上侧受拉）

3-4 a) $M_{DA}=6\text{kN}\cdot\text{m}$（左侧受拉）;

b) $M_{ED}=20\text{kN}\cdot\text{m}$（下侧受拉）;

c) $M_{GH}=160\text{kN}\cdot\text{m}$（下侧受拉）

第四章 三 铰 拱

本章学习要点：了解拱的受力特点，掌握三铰拱的内力计算方法，了解合理拱轴线的概念及几种常见的合理拱轴线。

§4-1 概 述

在竖向荷载作用下，会产生水平反力的曲杆结构称为拱。拱在工程中有很广泛的应用，在公路工程中，拱桥是最基本的桥型之一。图4-1a)所示为一三铰拱，图4-1b)是它的计算简图。

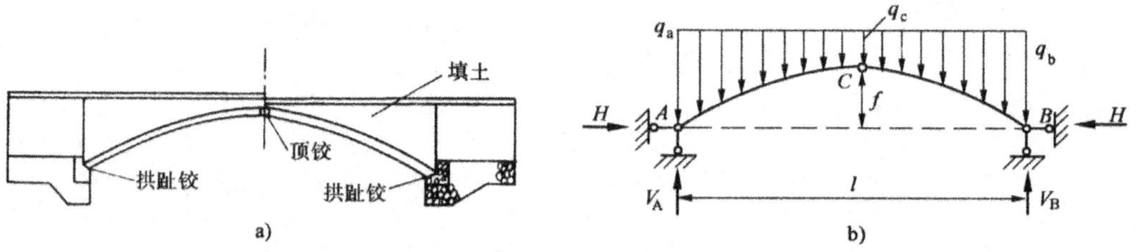

图 4-1

拱与梁不仅是外形不同，更重要的是拱在竖向荷载作用下产生水平反力，这种水平反力也称推力。如图4-2所示两个结构，虽然它们的杆轴线都是曲线，但图4-2a)所示结构在竖向荷载作用下不产生水平推力，其弯矩与相应简支梁（同跨度、同荷载的梁）的弯矩相同，所以它不是拱而是一根曲梁。而图4-2b)所示结构由于两端都有水平方向的约束，在竖向荷载作用下将产生水平推力，所以它属于拱结构。由于水平推力的存在，拱中各截面的弯矩比曲梁式简支梁的弯矩小得多，这使拱成为一种以受压为主的结构。因此，拱可以用抗压强度较高而抗拉强度低的砖、石、混凝土等材料来修建，这是拱结构的主要优点。拱的主要缺点也正在于支座要承受水平推力，因而要求比梁具有更为坚固的基础或支撑结构。

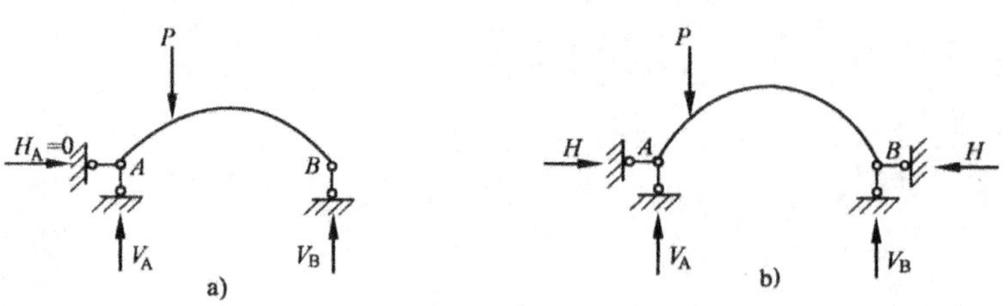

图 4-2

常见的拱结构如图4-3所示，其中图4-3a)和4-3b)分别为无铰拱和两铰拱，它们是超静定的，图4-3c)为三铰拱，是静定的。本章只讨论静定拱，超静定拱将在第九章讨论。

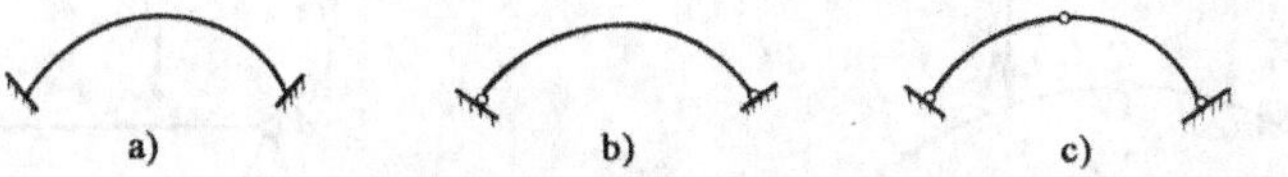

图 4-3

在拱结构中，当支座不具备提供推力的能力时，可在支座间设置拉杆（图4-4a），这样，拉杆内产生的拉力代替了支座水平推力的作用，在竖向荷载作用下，支座只产生竖向反力。而这种结构的内力情况与三铰拱完全相同。为了使拱的下面有较大的净空，有时也将拉杆做成折线形式（图4-4b）。这类带拉杆的拱统称为系杆拱。系杆拱可以是静定的，也可以是超静定的。

拱的各部分名称如图4-5所示。拱身各截面形心的连线称为拱轴线，拱的两端支座处称

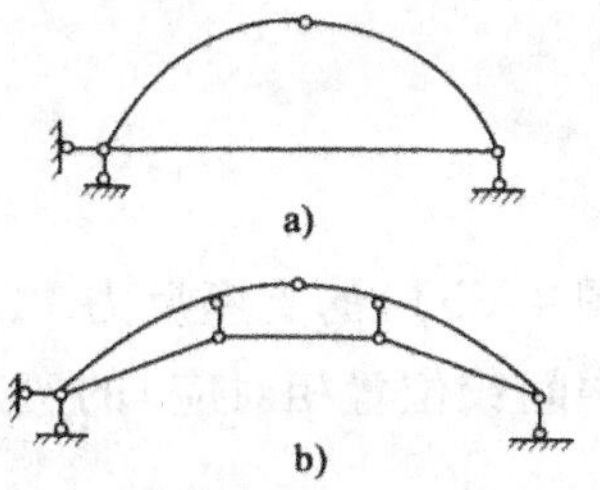

图 4-4

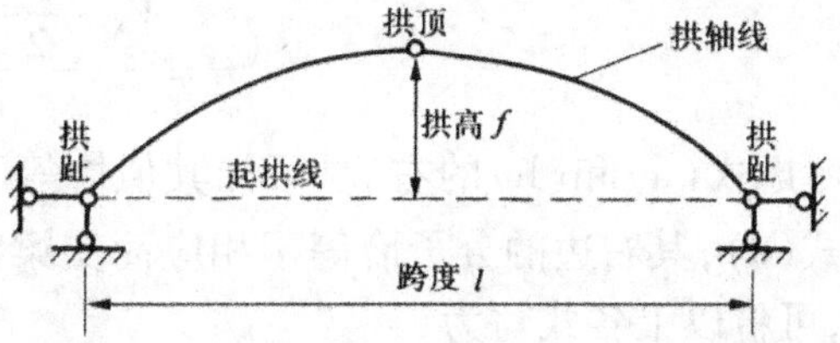

图 4-5

为拱趾，两拱趾之间的水平距离称为拱的跨度，连接两拱趾的直线称为起拱线，拱轴线上最高一点称为拱顶，拱顶至起拱线之间的竖直距离称为拱高或矢高，拱高与跨度之比称为矢跨比或高跨比。两拱趾在同一水平线上的拱称为平拱，不在同一水平线上的拱称为斜拱。

§4-2 三铰拱的计算

三铰拱为静定结构，其全部支座反力和内力都可由平衡条件确定。为了说明三铰拱的计算特点，现以一平拱为例（如图4-6a），推导其支座反力和内力的计算公式。为了便于比较，同时绘出了同跨度、同荷载的相应简支梁进行对照，如图4-6b)所示。

一、支座反力计算

三铰拱两端都是固定铰支座，其支座反力共有四个，故需列四个平衡方程式进行计算。与三铰刚架相似，除了取全拱为隔离体可建立三个平衡方程外，还可取左（或右）半拱为隔离体，并利用中间铰弯矩为零（即 $M_C=0$）的条件建立一个补充方程。

考虑整体平衡，由

$$\sum M_A=0 \qquad V_B=\frac{1}{l}(P_1a_1+P_2a_2)=\frac{\sum P_ia_i}{l} \tag{a}$$

$$\sum M_B=0 \qquad V_A=\frac{1}{l}(P_1b_1+P_2b_2)=\frac{\sum P_ib_i}{l} \tag{b}$$

$$\sum X=0 \qquad H_A=H_B=H$$

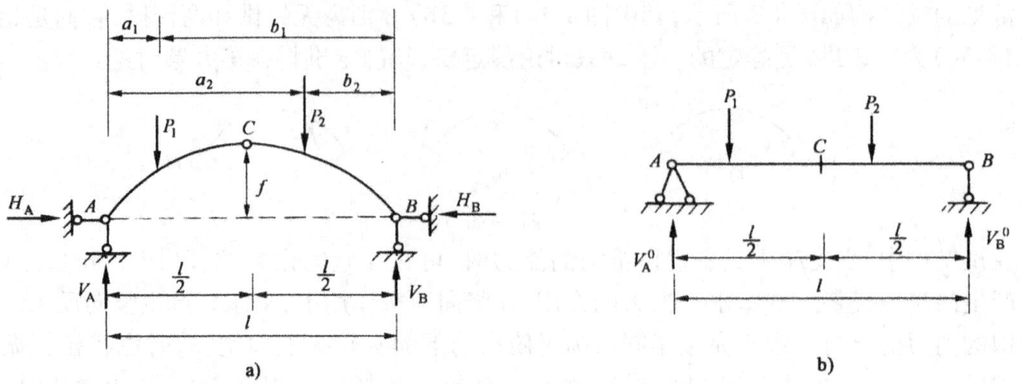

图 4-6

再取左半拱为隔离体,由 $M_C=0$ 得

$$V_A\cdot\frac{l}{2}-P_1\left(\frac{l}{2}-a_1\right)-Hf=0 \tag{c}$$

$$H=\frac{V_A\cdot\dfrac{l}{2}-P_1\left(\dfrac{l}{2}-a_1\right)}{f} \tag{d}$$

考虑式(a)和(b)的右边,可知其值恰等于相应简支梁(图4-6b))的支座反力 V_A^0 和 V_B^0。再看式(d),其右边的分子恰等于相应简支梁截面 C(与拱的中间铰位置相对应)的弯矩 M_C^0,因此,可将以上各式写为

$$\left.\begin{aligned}V_A&=V_A^0\\V_B&=V_B^0\\H&=\frac{M_C^0}{f}\end{aligned}\right\} \tag{4-1}$$

由式(4-1)可知,推力 H 等于相应简支梁截面 C 的弯矩 M_C^0 除以拱高 f。当荷载和跨度 L 一定时,M_C^0 即为定值,若 f 亦给定,则 H 值即可确定。这说明三铰拱的反力只与荷载及三个铰的位置有关,而与各铰间的拱轴线形状无关。当荷载及拱跨不变时,推力 H 与拱高 f 成反比,f 愈大即拱愈陡时 H 愈小;反之,f 愈小即拱愈平坦时 H 愈大,$f_0=0$,则 $H=\infty$,此时三个铰在同一直线上,是瞬变体系。

二、内力计算

支座反力求出后,用截面法即可求出拱上任一截面的内力。在计算内力时,应注意到拱轴线为曲线这一特点,所取截面应与拱轴线正交。任一横截面的位置可由其形心坐标 x、y 和该处拱轴线切线的倾角 φ 来确定(图4-7a)。下面我们研究任一截面 K 的内力计算方法。

1. 弯矩的计算

弯矩的符号规定以使拱内侧纤维受拉为正,反之为负。取 AK 段为隔离体,如图4-7b)所示。

由 $\sum M_K=0$　　　　$M_K=[V_A\cdot x_K-P_1(x_K-a_1)]-Hy_K$

由于 $V_A=V_A^0$,可见式中方括号内之值即为相应简支梁(图4-7c)截面 K 的弯矩 M_K^0,所以上式可写为

$$M_K=M_K^0-Hy_K$$

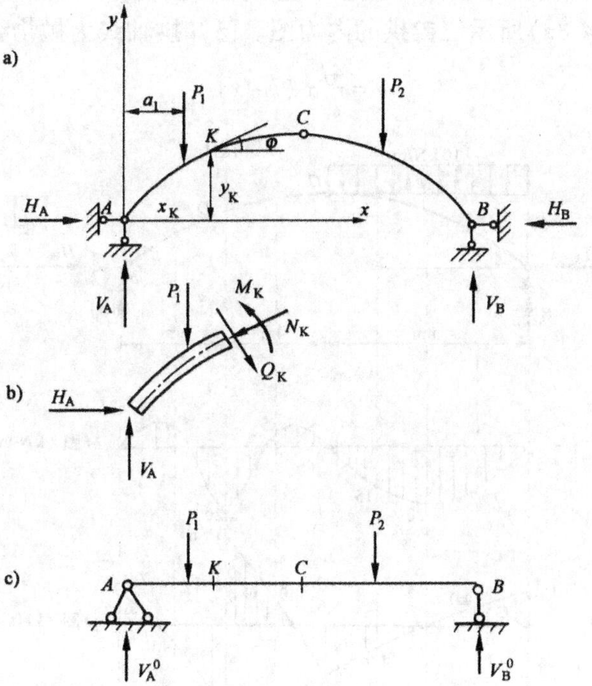

图 4-7

即拱内任一截面的弯矩，等于相应简支梁对应截面的弯矩减去由于拱的推力 H 所引起的弯矩 Hy_K。由此可知，由于推力的存在，拱的弯矩比梁的弯矩要小。

2. 剪力的计算

剪力的符号规定以绕所取隔离体顺时针转动者为正，反之为负。取 AK 段为隔离体，力沿截面 K 切线方向投影(图 4-7b)，由平衡条件得

$$Q_K = (V_A - P_1) \cdot \cos\varphi_K - H\sin\varphi_K$$

式中 $(V_A - P_1)$ 等于相应简支梁在截面 K 处的剪力 Q_K^0，于是上式可写为

$$Q_K = Q_K^0\cos\varphi_K - H\sin\varphi_K$$

3. 轴力的计算

因拱的轴力通常为压力，所以轴力符号规定以压力为正，拉力为负。仍取 AK 为隔离体，各力沿截面 K 的法线方向投影(图 4-7b)，由平衡条件得

$$N_K = (V_A - P_1)\sin\varphi_K + H\cos\varphi_K$$

将 $(V_A - P_1) = Q_K^0$ 代入上式，可得

$$N_K = Q_K^0\sin\varphi_K + H\cos\varphi_K$$

综上所述，三铰拱在竖向荷载作用下的内力计算公式可写为

$$\left.\begin{aligned} M_K &= M_K^0 - Hy_K \\ Q_K &= Q_K^0\cos\varphi_K - H\sin\varphi_K \\ N_K &= Q_K^0\sin\varphi_K + H\cos\varphi_K \end{aligned}\right\} \tag{4-2}$$

需要指出，上式中 φ_K 的符号在图示坐标中左半拱取正，右半拱取负。

【例 4-1】 试作图4-8a）所示三铰拱的内力图。已知拱轴线为抛物线，其方程为

$$y = \frac{4f}{l^2}x\ (l - x)$$

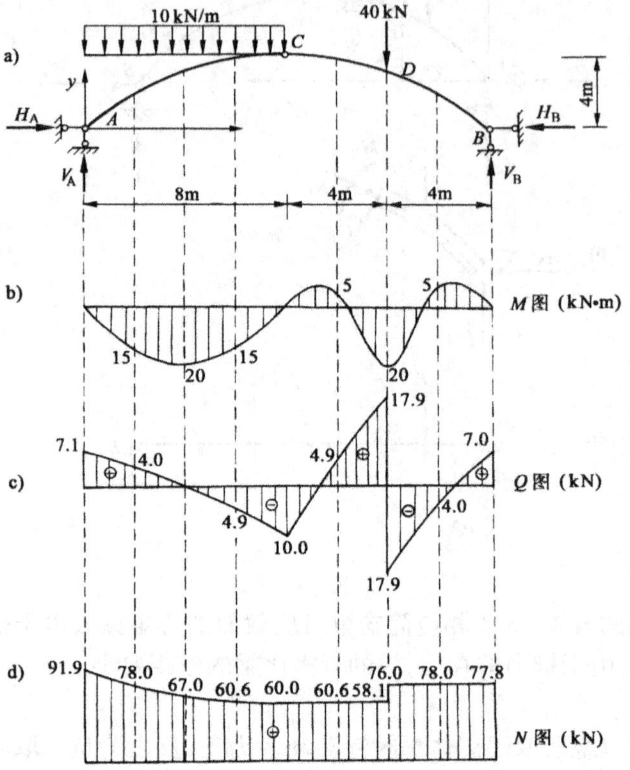

图 4-8

解：(1)计算支座反力

根据公式(4-1)可得

$$V_A = V_A^0 = \frac{40 \times 4 + 10 \times 8 \times 12}{16} = 70\text{kN}(\uparrow)$$

$$V_B = V_B^0 = 40 + 10 \times 8 - 70 = 50\text{kN}(\uparrow)$$

$$H_A = H_B = H = \frac{50 \times 8 - 40 \times 4}{4} = 60\text{kN}(\rightarrow\leftarrow)$$

(2)绘制内力图

反力求出后，即可按公式(4-2)计算各截面内力。为了绘制内力图，可将拱轴线沿水平方向分为八等分，计算各等分段点截面的 M、Q、N 值。现以集中荷载作用处的截面 D(第七等分点)为例，说明计算步骤。

首先，将 $l = 16\text{m}$ 及 $f = 4\text{m}$ 代入拱轴方程，有

$$y = \frac{4 \times 4}{16^2}x(16 - x) = \frac{x}{16}(16 - x)$$

$$\tan\varphi = \frac{dy}{dx} = \frac{1}{8}(8 - x)$$

截面 D 的横坐标 $x = 12\text{m}$，代入以上二式可得

$$y_D = \frac{12}{16}(16-12) = 3\text{m}$$

$$\tan\varphi_D = \frac{1}{8}(8-12) = -0.5$$

$$\varphi_D = -26°34' \qquad \sin\varphi_D = -0.447 \qquad \cos\varphi_D = 0.894$$

于是由公式(4-2)可得

$$M_D = M_D^0 - Hy_D = 50\times4 - 60\times3 = 20\text{kN·m(下侧受拉)}$$

在集中荷载作用处，由于 Q^0 有突变，所以要分别计算截面 D 左右两侧的弯矩和剪力。

由于 $Q^0_{D左} = 40-50 = -10\text{kN}$，$Q^0_{D右} = -50\text{kN}$，所以

$$Q_{D左} = Q^0_{D左}\cos\varphi_D - H\sin\varphi_D = -10\times0.894 - 60\times(-0.447) = 17.9\text{kN}$$

$$N_{D左} = Q^0_{D左}\sin\varphi_D + H\cos\varphi_D = -10\times(-0.447) + 60\times0.894 = 58.1\text{kN}$$

$$Q_{D右} = Q^0_{D右}\cos\varphi_D - H\sin\varphi_D = -50\times0.894 - 60\times(-0.447) = -17.9\text{kN}$$

$$N_{D右} = Q^0_{D右}\sin\varphi_D + H\cos\varphi_D = -50\times(-0.447) + 60\times0.894 = 76.0\text{kN}$$

其他各截面的计算与上相同。为清楚起见，应列表计算，详见表 4-1。然后，根据表中算得的结果绘出 M、Q、N 图，如图 4-8b)、c)、d)所示。

三铰拱的内力计算 表 4-1

截面几何参数					Q (kN)	弯矩(kN·m)			剪力(kN)			轴力(kN)		
x(m)	y(m)	$\tan\varphi$	$\sin\varphi$	$\cos\varphi$		M^0	$-Hy$	M	$Q^0\cos\varphi$	$-H\sin\varphi$	Q	$Q^0\sin\varphi$	$H\cos\varphi$	N
0	0	1	0.707	0.707	70	0	0	0	49.5	-42.4	7.1	49.5	42.4	91.9
2	1.75	0.75	0.600	0.800	50	120	-105	15	40.0	-36.0	4.0	30.0	48.0	78.0
4	3.00	0.50	0.447	0.894	30	200	-180	20	26.8	-26.8	0	13.4	53.6	67.0
6	3.75	0.25	0.243	0.970	10	240	-225	15	9.7	-14.6	-4.9	2.4	58.2	60.6
8	400	0	0	1	-10	240	-240	0	-10.0	0	-10.0	0	60.0	60.0
10	3.75	-0.25	-0.243	0.970	-10	220	-225	-5	-9.7	14.6	4.9	2.4	58.2	60.6
					-10				-8.9		17.9	4.5		58.1
12	3.00	-0.50	-0.447	0.894		200	-180	20		26.8			53.6	
					-50				-44.7		-17.9	22.4		76.0
14	1.75	-0.75	-0.600	0.800	-50	100	-105	-5	-40.0	36.0	-4.0	30.0	48.0	78.0
16	0	-1	-0.707	0.707	-50	0	0	0	-35.4	42.4	7.0	35.4	42.4	77.8

§4-3 三铰拱的压力线与合理拱轴线

一、压力线与合理拱轴线的概念

1. 压力线的概念

由理论力学知，三铰拱任一截面上的三个内力分量 M_K、Q_K、N_K 可以合成为一个合力 R_K。因为拱截面上的轴力通常为压力，所以合力 R_K 称为该截面的总压力。三铰拱各截面总压力作用点的连线，称为三铰拱的压力线。

2. 合理拱轴线的概念

一般说来，三铰拱的截面上承受偏心压力，其正应力分布是不均匀的。但是，当所选取的拱轴线恰好与压力线完全重合时，拱身各截面上将没有弯矩和剪力，只有轴向压力。正应力沿

截面均匀分布，拱处于无弯矩状态，这时的材料使用最为经济。所以我们把在已知荷载作用下拱截面上只有轴向压力的拱轴线称为合理拱轴线。

合理拱轴线的概念也可用于两铰拱和无铰拱。

合理拱轴线可根据弯矩为零的条件来确定。在竖向荷载作用下，三铰拱任一截面的弯矩可由公式(4-2)第一式计算，由

$$M = M^0 - Hy = 0$$

得

$$y = \frac{M^0}{H} \tag{4-3}$$

上式称为三铰拱在竖向荷载作用下合理拱轴线的一般方程。它表明，在竖向荷载作用下，三铰拱合理拱轴线的纵坐标 y 与相应简支梁弯矩图的竖坐标成正比。当荷载已知时，只需求出相应简支梁的弯矩方程，然后除以常数 H，便得到合理拱轴线方程。

二、几种常见的合理拱轴线

1. 竖向均布荷载作用下三铰拱的合理拱轴线

如图4-9a)所示三铰拱，已知跨度为 l，拱高为 f，其上受竖向均布荷载 q，试求其合理拱轴线。

相应简支梁(图4-9b)的弯矩方程为

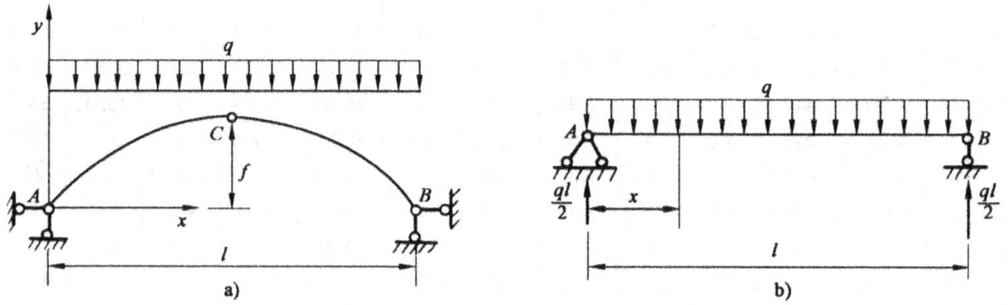

图 4-9

$$M^0 = \frac{1}{2}qlx - \frac{1}{2}qx^2 = \frac{1}{2}qx(l-x)$$

由公式(4-1)求得水平推力为

$$H = \frac{M_C^0}{f} = \frac{\frac{1}{8}ql^2}{f} = \frac{ql^2}{8f}$$

于是，由公式(4-3)得合理拱轴线方程

$$y = \frac{M^0}{H} = \frac{\frac{1}{2}qx(l-x)}{\frac{ql^2}{8f}} = \frac{4f}{l^2}x(l-x)$$

由此可知，三铰拱在竖向均布荷载作用下合理拱轴线为抛物线。

2. 径向均布荷载作用下三铰拱的合理拱轴线

如图4-10a)所示为一圆弧三铰拱，受径向均布荷载作用，试证明拱身任一截面的弯矩和

剪力等于零，只有轴力，且合理拱轴线为圆弧线。

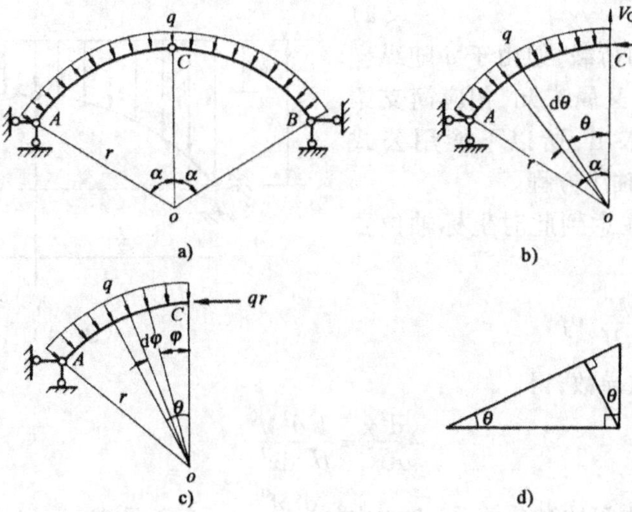

图 4-10

从铰 C 截开取左半拱为隔离体（图 4-10b）。先计算约束反力 V_C和 H_C，因为结构与荷载均对称，所以

$$V_C = 0$$

以 A 点为矩心建立力矩方程。由 $\sum M_A = 0$，有

$$H_c r(1-\cos\alpha) - \int_0^{\alpha} qr\mathrm{d}\theta r\sin(\alpha-\theta) = 0$$

积分并化简，得

$$H_c r(1-\cos\alpha) - qr^2(1-\cos\alpha) = 0$$

最后解得

$$H_C = qr$$

现在来求任意截面的内力（图 4-10c、d）

$$\begin{aligned} M_\theta &= qr(r - r\cos\theta) - \int_0^{\theta} qr\mathrm{d}\varphi r\sin(\theta-\varphi) \\ &= qr^2(1-\cos\theta) - qr^2(1-\cos\theta) \\ &= 0 \end{aligned}$$

$$\begin{aligned} Q_\theta &= -qr\sin\theta + \int_0^{\theta} qr\mathrm{d}\varphi\cos(\theta-\varphi) \\ &= -qr\sin\theta + qr\sin\theta \\ &= 0 \end{aligned}$$

$$\begin{aligned} N_\theta &= -qr\cos\theta - \int_0^{\theta} qr\mathrm{d}\varphi\sin(\theta-\varphi) \\ &= -qr\cos\theta - qr(1-\cos\theta) \\ &= qr \end{aligned}$$

上述结果说明，三铰拱在径向均布荷载作用下的合理拱轴线为圆弧线。

3. 填料荷载作用下三铰拱的合理拱轴线

图 4-11 所示荷载相当于拱上填料，所以称为填料荷载。设填料沿拱高方向的单位重为 γ，

拱顶处的荷载集度为 q_c，则拱上任意截面的竖向分布荷载集度为：

$$q = q_c + \gamma y \quad \text{(a)}$$

此时荷载虽是竖向荷载，但由于 q 随纵坐标 y 变化而变化，而 y 又属未知，相应简支梁的弯矩方程 M^0 无法求出，所以不能用公式(4-3)直接求出合理拱轴线方程。

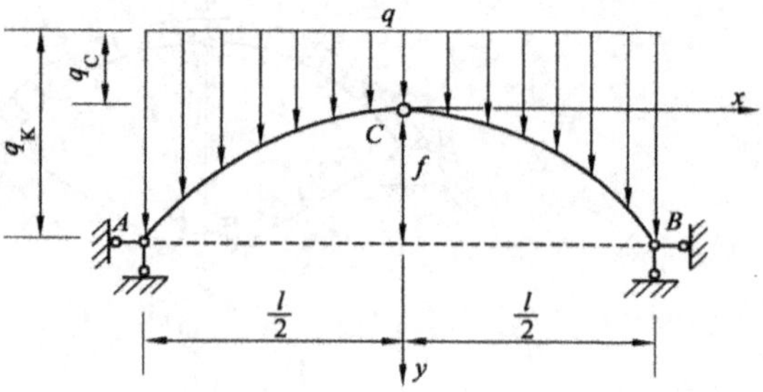

图 4-11

由公式(4-3)，并注意到此时坐标轴位置和方向的改变，可得到

$$y = -\frac{M^0}{H} + f$$

将上式对 x 求二次导数，得

$$-\frac{d^2 y}{dx^2} = \frac{1}{H}\frac{d^2 M^0}{dx^2}$$

根据直梁 M 和 q 之间的微分关系，上式中的 $\frac{d^2 M^0}{dx^2} = -q$，于是有

$$\frac{d^2 y}{dx^2} = \frac{q}{H} \quad \text{(b)}$$

这是合理拱轴线的微分方程。

将式(a)代入式(b)，得

$$\frac{d^2 y}{dx^2} = \frac{q_c + ry}{H} = \frac{q_c}{H} + \frac{r}{H}y$$

令

$$k^2 = \frac{r}{H}$$

则上式可写为

$$\frac{d^2 y}{dx^2} - k^2 y = \frac{q_c}{H}$$

这是一个二阶常系数非齐次线性微分方程，它的通解为

$$y = A\text{sh}kx + B\text{ch}kx - \frac{q_c}{Hk^2}$$

上式中的常数 A 和 B 可由下列边界条件确定

$$x = 0, y = 0, \text{得 } B = \frac{q_c}{Hk^2}$$

$$x = 0, \frac{dy}{dx} = A\text{ch}kx + B\text{sh}kx = 0, \text{得 } A = 0$$

于是有

$$y = \frac{q_c}{Hk^2}(\text{ch}kx - 1)$$

将 $k^2 = \frac{r}{H}$ 代入上式，得合理拱轴线方程为

$$y = \frac{q_c}{r}\left(\text{ch}\sqrt{\frac{r}{H}}x - 1\right)$$

这表明，三铰拱在填料荷载作用下合理拱轴线为悬链线。

复习思考题

1. 什么是拱？拱和梁的基本区别在哪里？其内力计算与梁和刚架有何异同？

2. 在非竖向荷载作用下怎样计算三铰拱的反力和内力？能否使用公式(4-1)和公式(4-2)？

3. 什么是合理拱轴线？若竖向荷载的大小和作用位置改变，三铰拱的合理拱轴线会不会改变？为什么？

习题

4-1　图 4-12 所示抛物线三铰拱的拱轴线方程为 $y=\frac{4f}{l^2}x(l-x)$，试求截面 K 的内力。

4-2　图 4-13 所示抛物线三铰拱的拱轴方程 $y=\frac{4f}{l^2}x(l-x)$，试求截面 D 和截面 E 的内力。

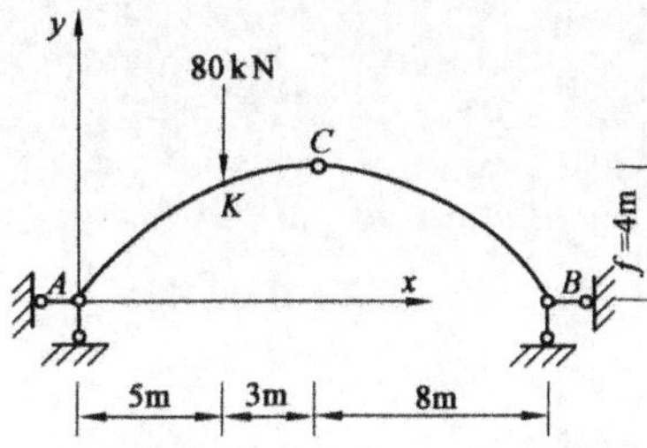

图　4-12

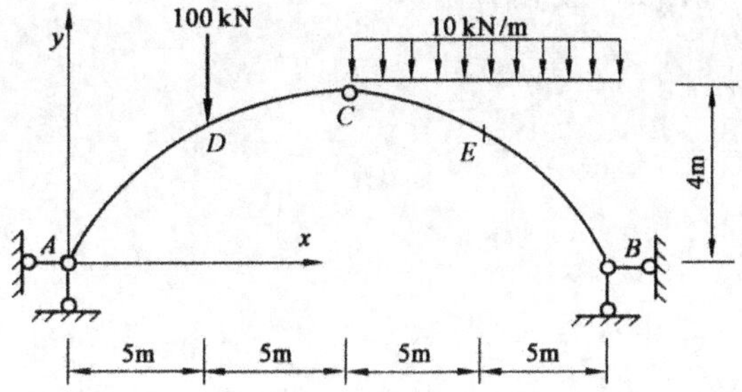

图　4-13

4-3　试求图 4-14 所示圆弧三铰拱截面 K 的内力。

4-4　试求图 4-15 所示带拉杆的半圆三铰拱截面 K 的内力。

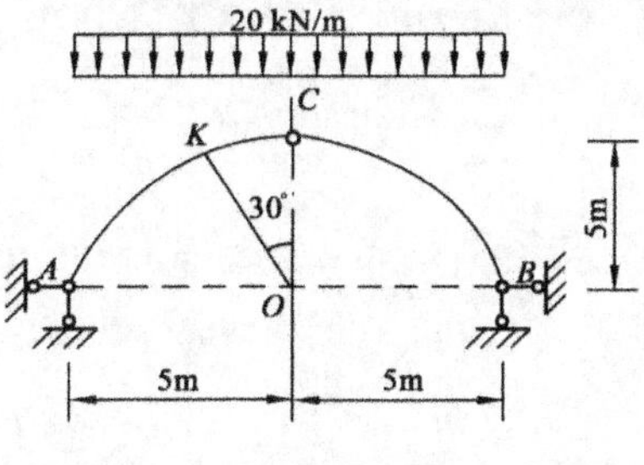

图　4-14

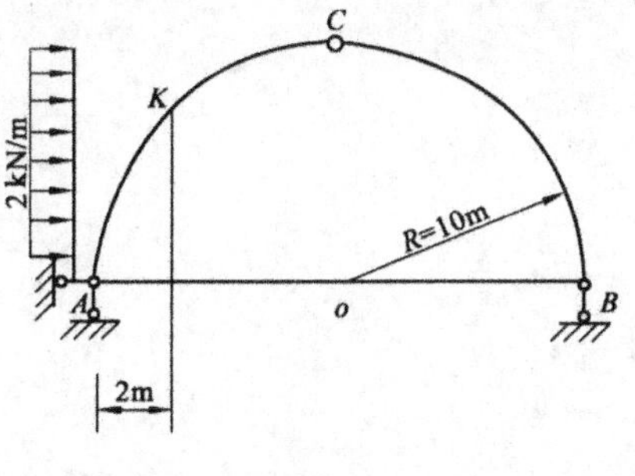

图　4-15

习题解答

4-1　$M_K=105\text{kN}\cdot\text{m}$（下侧受拉）；

$Q_K^L=33.9\text{kN}$；

$Q_K^R=-40.95\text{kN}$；

$N_K^L=66.11\text{kN}$；

$N_K^R=38.03\text{kN}$

4-2　$M_D=125\text{kN}\cdot\text{m}$（下侧受拉）；

$Q_D^L=46.43\text{kN}$；

$Q_D^R=-46.38\text{kN}$；

$N_D^L = 153.1\text{kN}$;

$N_D^R = 116\text{kN}$;

$M_E = 0$;

$Q_E = -92.78\text{kN}$;

$N_E = 97.45\text{kN}$

4-3 $M_K = -29\text{kN}\cdot\text{m}$(上侧受拉);

$Q_K = 18.3\text{kN}$;

$N_K = 69.3\text{kN}$

4-4 $M_K = 44\text{kN}\cdot\text{m}$(内侧受拉);

$Q_K = -0.6\text{kN}$;

$N_K = -5.8\text{kN}$

第五章　静定平面桁架

本章学习要点：了解桁架的组成、特点及分类，掌握节点法和截面法的计算原理；掌握静定平面组合结构的计算方法。

§5-1　概　　述

一、桁架的组成和特点

梁和刚架承受荷载后，主要产生弯曲内力，截面上的应力分布是不均匀的，因而材料性能不能充分利用。桁架是由若干杆件在杆两端用铰联结而成的结构，其主要承受轴力。在平面桁架的计算简图（图5-1）中，通常引用如下假定：

（1）各结点都是无摩擦的理想铰；

（2）各杆轴都是直线，并在同一平面内且通过铰中心。

（3）荷载和支座反力都作用在结点上并位于桁架平面内。

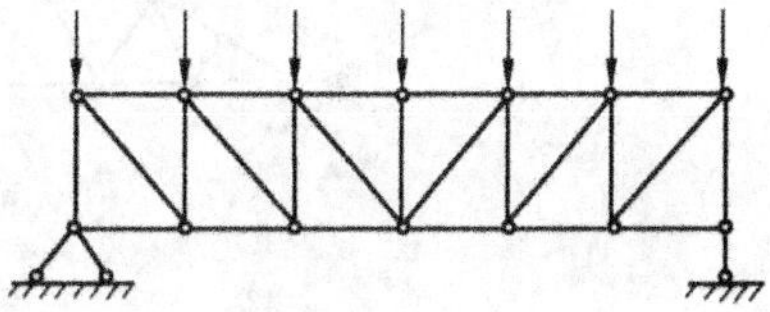

图　5-1

在上述理想情况下，桁架的各杆将只受轴力，截面上的应力分布是均匀的，材料能够得到充分的利用。因而与梁相比，桁架的用料较省，是大跨径结构常用的一种形式。

桁架多用钢材、木材或钢筋混凝土制作，在桥梁、房建和水工等结构中应用很广泛。实际的桁架一般不完全符合上述理想桁架的假定（图5-2a、b）。除木桁架的榫结点比较接近铰接点外，钢桁架和钢筋混凝土桁架的结点都有很大的刚性。有些杆件在结点处可能是连续不断的，各杆轴线无法绝对平直，结点上各杆的轴线也不一定完全交于一点，等等。因此，实际桁架在荷载作用下，杆件将产生弯曲应力，并不像理想条件下只产生均匀分布的轴向应力。但科学实践和工程实践表明，结点刚性等因素的影响一般说来对桁架是次要的。因此，可将图5-2a）、b）分别简化为图5-2c）、d）所示计算简图。按照这种计算简图所求得的内力称为桁架的主内力。由于实际情况与上述假定不同而产生的附加内力称为次内力。这里只研究主内力的计算。

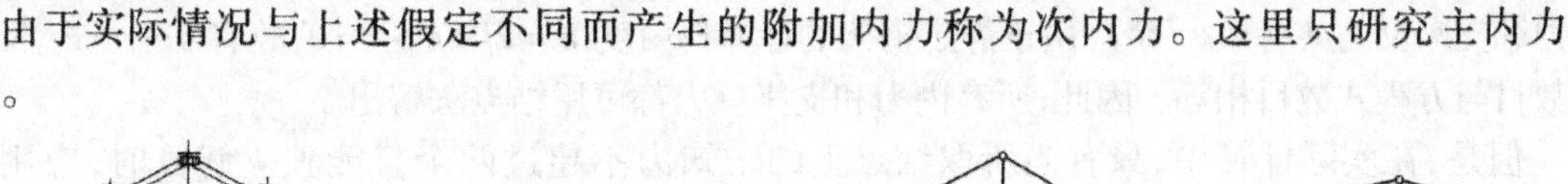

a)　　b)　　c)　　d)

图　5-2

二、桁架的分类

根据不同的特征，平面桁架可作如下分类。

1. 按照桁架外形分：

(1)平行弦桁架(图 5-3a)：多用于桥梁、吊车梁和托架等；

(2)三角形桁架(图 5-3b)：多用于民用房屋建筑；

(3)折弦桁架(图 5-3c)：多用于较大跨度的桥梁和工业与民用建筑。

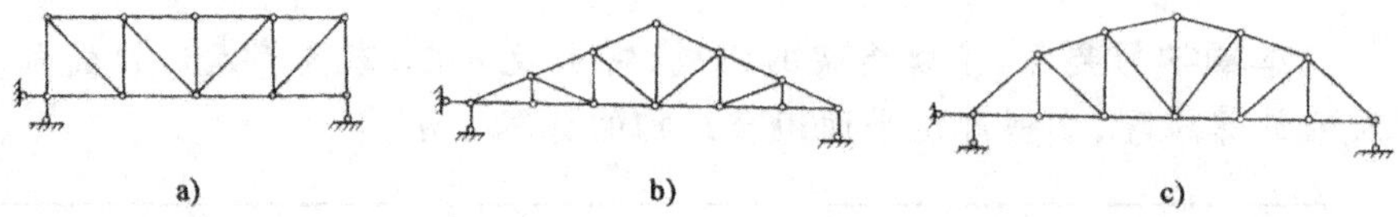

图 5-3

2. 按照桁架的几何组成分

(1)简单桁架(图 5-3)：由一个铰接三角形依次增加二元体所组成的桁架；

(2)联合桁架(图 5-4a)：由几个简单桁架，按几何不变体系的基本组成规则联结成的桁架；

(3)复杂桁架(图 5-4b)：凡不是按照上述两种方式组成的其他桁架，都称复杂桁架。

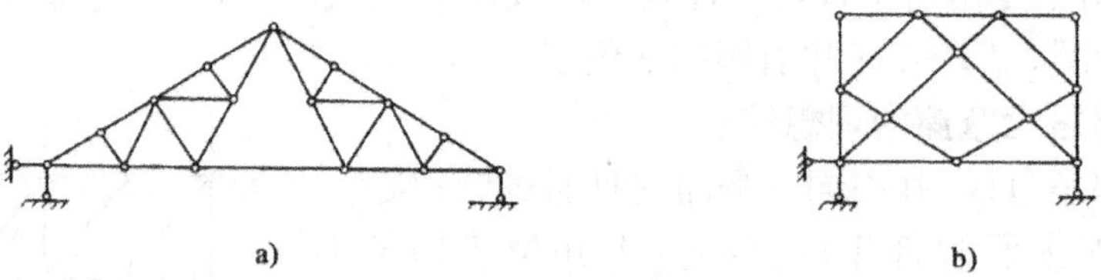

图 5-4

§5-2 结 点 法

一、结点法的原理

在分析桁架的内力时，截取桁架的结点为隔离体，利用各结点的静力平衡条件来计算杆件的内力或支座反力，这种方法称为**结点法**。

一般说来，任何静定桁架的内力和反力都可以用结点法求出。因为作用于任一结点的各力(包括荷载、反力及杆件内力)均组成一平面汇交力系，我们可就每一结点列出两个平衡方程式。设桁架的结点数为 j，杆件数为 b，支座链杆数为 r，则一共可列出 $2j$ 个独立的平衡方程，而需求解的各杆内力和支座反力共有 $b+r$ 个。由于静定桁架的计算自由度 $W=2j-b-r=0$，故有 $b+r=2j$，即未知力数目与方程式数目相等。因此，所有内力和支座反力都可用结点法解出。

但是，在实际计算中，只有当所取结点上的未知力不超过两个且能独立解算时，应用结点法才是方便的。简单桁架是从一个基本铰接三角形开始，依次增加二元体所组成的，其最后一个结点只包含两根杆件，显然，简单桁架应用结点法最为简便。分析时，可先由整体平衡条件求出其反力，然后再从最后的结点开始，依次倒算回去，即可顺利的利用静力平衡条件求得各杆件的内力。在计算桁架内力时，通常规定：杆件受拉时，轴力为正，反之为负。在解算未知力时，一般都先假定为拉力，如计算结果为正，则表示杆件受拉，反之则杆件受压。

二、内力分量应用

在建立平衡方程时，经常需要把斜杆的轴力分解为水平分力和竖向分力。为了计算方便，可以利用杆件长度和其在水平及垂直方向的投影长度之比来求内力和它的分力的数值之比。如图 5-5 所示，设斜杆 AB 的轴力为 N_{AB}，水平分力为 X_{AB}，竖向分力为 Y_{AB}，斜杆长 l，相应水平投影 l_X，竖向投影 l_Y，由相似三角形的比例关系可得

$$\frac{N_{AB}}{l}=\frac{X_{AB}}{l_X}=\frac{Y_{AB}}{l_Y}$$

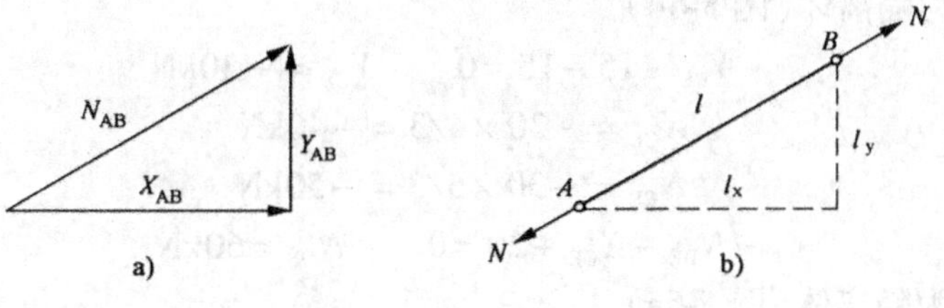

图 5-5

利用这个比例关系，可以很简便地由 N_{AB} 推出 X_{AB} 和 Y_{AB}，或者由 X_{AB} 和 Y_{AB} 直接推算出 N_{AB}，而无需使用三角函数进行计算。

下面举例说明结点法的应用。

【例 5-1】 试用结点法计算图5-6a）所示桁架的内力。

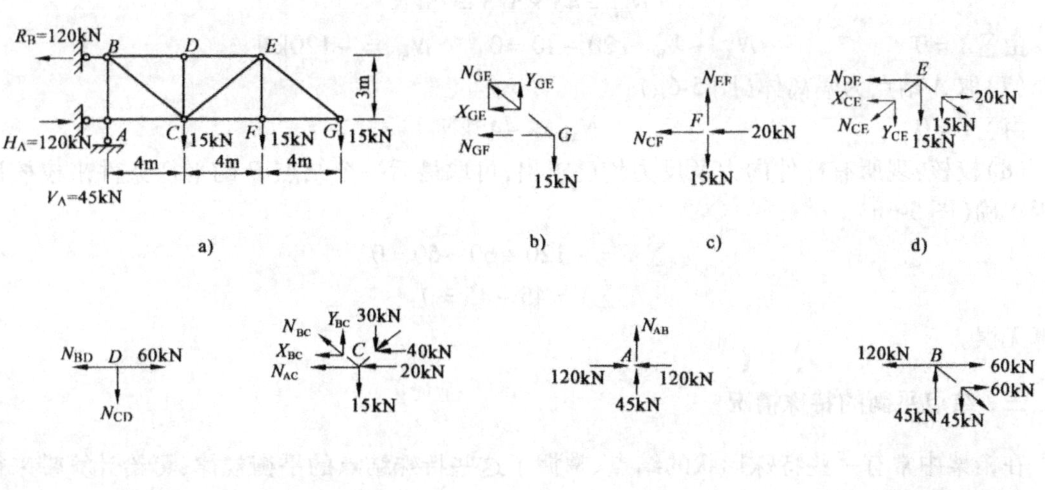

图 5-6

解：（1）计算支座反力

取桁架整体为研究对象

由 $\sum M_A=0$　　　$R_B\times3-15\times4-15\times8-5\times12=0$

$$R_B=120\text{kN}(\leftarrow)$$

由 $\sum X=0$　　　$H_A=R_B=120\text{kN}(\rightarrow)$

由$\sum Y=0$　　$V_A=15+15+15=45\text{kN}(\uparrow)$

(2)取 G 结点为隔离体(图5-6b)

由$\sum Y=0$　　$Y_{GE}-15=0$　　$Y_{GE}=15\text{kN}$

$$X_{GE}=15\times4/3=20\text{kN}$$

$$N_{GE}=15\times5/3=25\text{kN}$$

由$\sum X=0$　　$X_{GE}+N_{GF}=0$　　$N_{GF}=-20\text{kN}$

(3)取 F 结点为隔离体(图5-6c)

由$\sum X=0$　　$-N_{CF}-20=0$　　$N_{CF}=-20\text{kN}$

由$\sum Y=0$　　$N_{EF}=15\text{kN}$

(4)取 E 结点为隔离体(图5-6d)

由$\sum Y=0$　　$-Y_{CE}-15-15=0$　　$Y_{CE}=-30\text{kN}$

$$X_{CE}=-30\times4/3=-40\text{kN}$$

$$N_{CE}=-30\times5/3=-50\text{kN}$$

由$\sum X=0$　　$-N_{DE}-X_{CE}+20=0$　　$N_{DE}=60\text{kN}$

(5)取 D 结点为隔离体(图5-6e)

由$\sum X=0$　　$N_{BD}=60\text{kN}$

由$\sum Y=0$　　$N_{CD}=0$

(6)取 C 结点为隔离体(图5-6f)

由$\sum Y=0$　　$-Y_{BC}-30-15=0$　　$Y_{BC}=45\text{kN}$

$$X_{BC}=45\times4/3=60\text{kN}$$

$$N_{BC}=45\times5/3=75\text{kN}$$

由$\sum X=0$　　$-N_{AC}-X_{BC}-20-40=0$　　$N_{AC}=-120\text{kN}$

(7)取 A 结点为隔离体(图5-6g)

由$\sum Y=0$　　$N_{AB}=-45\text{kN}$

(8)校核:现所有杆件内力及反力均已求出,可取最后一个结点 B 的平衡条件来校核计算是否正确(图5-6h)。

$$\sum X=-120+60+60=0$$

$$\sum Y=45-45=0$$

计算无误。

三、结点平衡的特殊情况

在桁架中常有一些特殊形状的结点,掌握了这些特殊结点的平衡规律,可给计算带来很大的方便。现列举几种特殊结点如下:

1. 不共线的两杆结点,若无荷载作用(图5-7a),则两杆的内力都等于零。凡内力等于零的杆件称为零杆。

2. 不共线的两杆结点,若有与一杆共线的荷载作用(图5-7b),则另一杆必为零杆。

3. 三杆结点上无荷载作用时,若其中两杆共线(图5-7c)则另一杆必为零杆,而在同一直线上的两杆的内力,必定大小相等,且性质相同。

4. 四杆结点上无荷载作用时,若四杆两两共线(图5-7d),则在同一直线上的两杆的内力相等且符号相同。

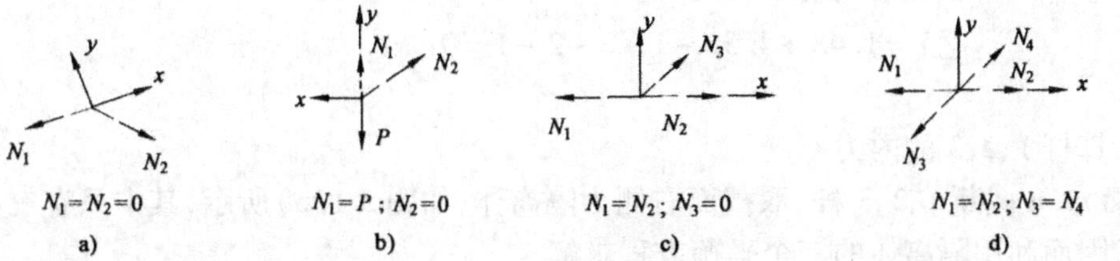

图 5-7

上述结论都可根据适当的投影方程得出。例如,对于上述情况 2,取垂直于 N_1 的方向作 X 轴,则由 $\sum X=0$,可知 $N_2=0$,再由 $\sum Y=0$,可知 $N_1=P$。

应用上述结论,不难判断图 5-8 所示各桁架中的零杆。在分析桁架时,首先将零杆识别出来,可使计算工作大为简化。

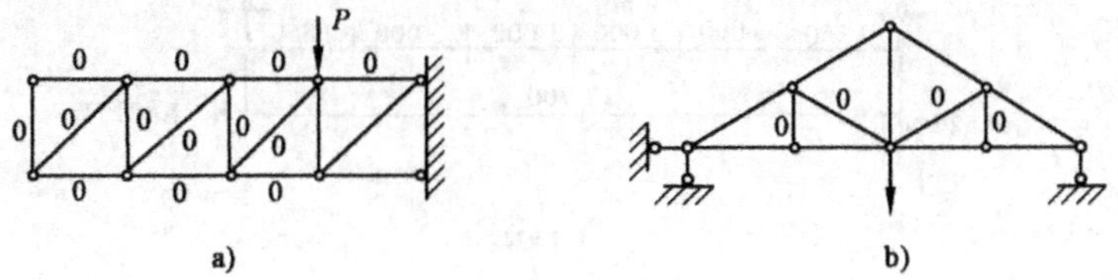

图 5-8

§5-3 截 面 法

所谓截面法,就是用一适当截面截取桁架的某一部分(至少包括两个结点)为隔离体,根据平衡条件来计算所截杆件的内力。由于隔离体包括两个以上的结点,故作用在截面任一侧的所有各力在通常情况下,将构成平面一般力系。因此,只要隔离体上的未知力数目不多于三个,且它们既不相交于一点,也不平行的话,就可利用平面一般力系的三个平衡方程,直接把截面上的全部未知力求出。

截面法适用于联合桁架的计算以及简单桁架中只需求出少数指定杆件内力的情况。例如图 5-9 所示联合桁架,若只用结点法会遇到未知力超过两个的结点(如结点 D),因而,可先用截面法将联合杆件的内力求出。如图 5-9,作 I-I 截面,求出 DE 杆的内力,然后再对各简单桁架进行内力计算就容易了。

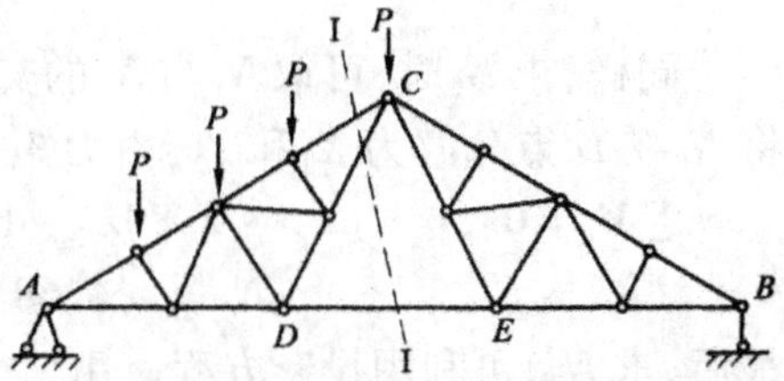

图 5-9

在用截面法解桁架时,为了避免联立方程,应对截面的位置、平衡方程式的形式(力矩式或投影式)和矩心等加以选择。如果选取恰当,将使计算工作大为简化。

【例 5-2】 试用截面法计算图 5-10a)所示桁架中 1、2、3 三杆的内力(图中长度单位为 mm)。

解:(1)计算支座反力

由 $\sum M_A=0$ $V_G\times 17\,700-1\times 8\,850-2\times 5\,850-2\times 2\,850=0$

$V_G=1.48\text{kN}(\uparrow)$

由 $\sum M_B=0$ $V_A\times 17\,700-1\times 17\,700-2\times 14\,850-2\times 11\,850-1\times 8\,850=0$

$V_A = 4.52\text{kN}(\uparrow)$

校核　　　　$\sum Y = 1.48 + 4.52 - 1 - 2 - 2 - 1 = 0$

计算无误。

(2)计算杆1、2、3的内力

作截面 m-m 截断1、2、3杆，取截面右侧为隔离体，如图5-10b)所示，其中只有三个未知力 N_1、N_2、N_3，因而利用隔离体的三个平衡方程求解。

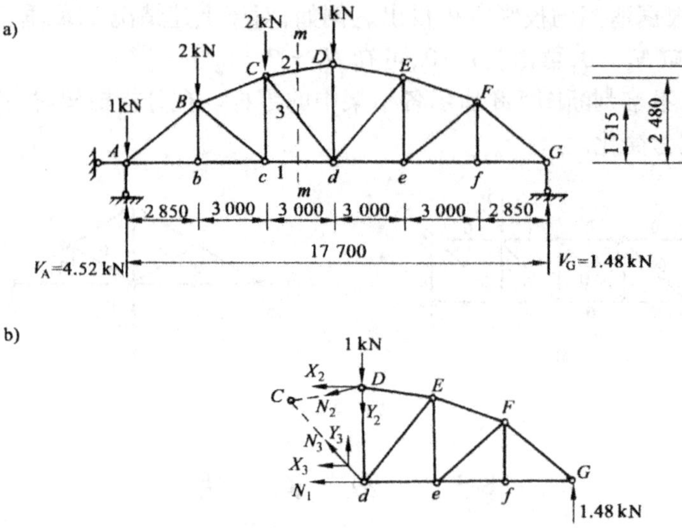

图　5-10

应用平衡方程求轴力时，应注意避免解联立方程。例如，为了求未知力 N_1，可取其他两个未知力 N_2 和 N_3 的交点 C 为矩心，列出力矩平衡方程。这时，轴力 N_1 就是方程中唯一的未知量，可直接求出。由力矩方程

$$\sum M_c = 0 \qquad 2.48N_1 + 1 \times 3.00 - 1.48 \times 11.85 = 0$$

$$N_1 = 5.87\text{kN}(\text{拉力})$$

同样，求 N_2 时，可取 N_1 与 N_3 的交点 d 为矩心。此外，为便于计算斜杆轴力 N_2 的力矩，可先将 N_2 在 D 点分解为 X_2 和 Y_2，由力矩方程

$$\sum M_d = 0 \qquad -2.80X_2 - 1.48 \times 8.85 = 0 \qquad X_2 = -4.68\text{kN}$$

$$N_2 = -4.68 \times 3.017/3.00 = -4.70\text{kN}(\text{压力})$$

最后，求 N_3，可利用投影方程。由

$$\sum X = 0 \qquad -X_3 - N_1 - X_2 = 0 \qquad X_3 = -1.19\text{kN}$$

$$N_3 = -1.19 \times 3.89/3.00 = -1.54\text{kN}(\text{压力})$$

(3)校核

可用平衡方程 $\sum Y = 0$ 来进行，读者可自行验证。

§5-4　截面法和结点法的联合应用

由前两节的内容已了解到，截面法和结点法各有所长，应根据具体情况选用。在有些情况下，将两种方法联合使用更为方便。下面举例说明。

【例 5-3】 试求图 5-11a)所示 K 式桁架中 a 杆和 b 杆的内力。

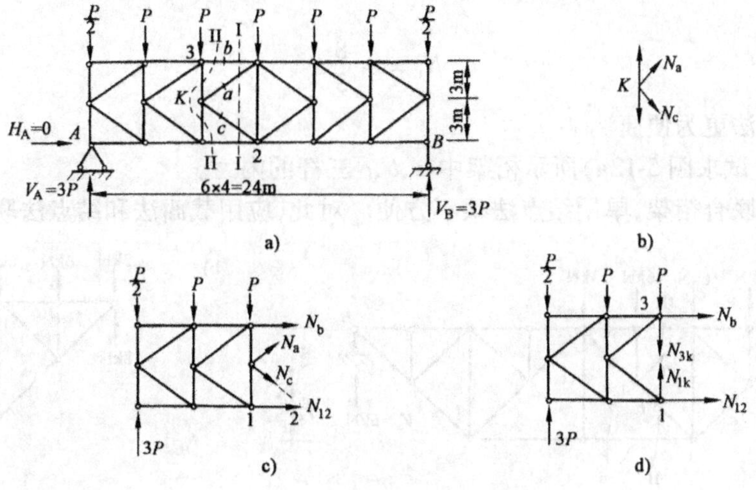

图 5-11

解:(1)计算支座反力

$$V_A = V_B = 3P(\uparrow)$$
$$H_A = 0$$

(2)计算 a、b 杆的内力

求 a 杆内力时,可作截面 I-I 并取其左部为隔离体,如图 5-11c)所示。由于截断了四根杆件,有四个未知力,仅用此截面所截取的隔离体尚不能求解,还需再取其他隔离体。先求出这四个未知力中的某一个或找出其中两个未知力的关系,从而使该截面所取隔离体上只包含三个独立的未知力时,方可解出。为此,我们取 K 结点为隔离体(图 5-11b)。

由

$$\sum X = 0$$

得

$$N_a = -N_c$$

或写成

$$Y_a = -Y_c$$

再由截面 I-I(图 5-11c),根据 $\sum Y = 0$ 有

$$3P - \frac{P}{2} - P - P + Y_a - Y_c = 0$$

$$\frac{P}{2} + 2Y_a = 0$$

$$Y_a = -\frac{P}{4}$$

由比例关系得

$$N_a = -\frac{P}{4} \times \frac{5}{3} = -\frac{5}{12}P$$

求得 N_a后,由截面 I-I 利用 $\sum M_2 = 0$ 即可求得 N_b。不过,也可作截面 II-II 并取其左侧为隔离体(如图 5-11d)。

由 $\sum M_1 = 0$

$$3P\times8-\frac{P}{2}\times8-P\times4-N_b\times6=0$$

$$N_b=-\frac{8}{3}P$$

显然,后一种方法更为便捷。

【例 5-4】 试求图 5-12a)所示桁架中 a、b、c 三杆的内力。

解:这是一联合桁架,单用结点法很不方便。对此,应用截面法和结点法联合求解。

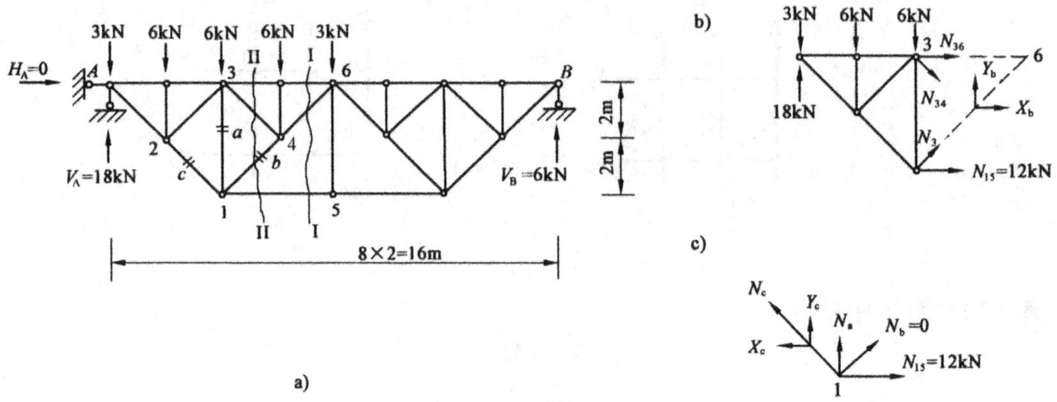

图 5-12

(1)计算支座反力

由 $\sum M_A=0$ 和 $\sum M_B=0$ 可得

$$V_A=18kN(\uparrow)\qquad V_B=6kN(\uparrow)\qquad H_A=0$$

(2)计算杆 a、b、c 的内力

作截面 I-I,取截面以右为隔离体(隔离体图未画出),并以 6 点为矩心。

由 $\sum M_6=0$ $\qquad N_{15}\times4-6\times8=0$

$$N_{15}=12kN$$

再作截面 II-II,取截面以左为隔离体(如图 5-12b),以 3 点为矩心,并将 N_b 在结点分解为 X_b 和 Y_b。

由 $\sum M_3=0$ $\qquad 18\times4-3\times4-6\times2-12\times4-4X_b=0$

$$X_b=0$$

所以 $\qquad Y_b=0\qquad N_b=0$

再取结点 1 为隔离体(如图 5-12c)

由 $\sum X=0$ $\qquad 12-X_c=0$

$$X_c=12kN$$

$$N_c=12\times\frac{2\sqrt{2}}{2}=16.97kN(拉力)$$

$$Y_c=12kN$$

由 $\sum Y=0$ $\qquad N_a+Y_c=0$

$$N_a=-Y_c=-12kN(压力)$$

§5-5 各式常见桁架的比较

桁架的外形不同,其内力分布情况亦不相同,设计时应根据具体情况和需求,选用合理的桁架形式。

下面就三种最常用的梁式桁架——平行弦桁架、抛物线形桁架和三角形桁架的受力性能进行分析比较。图 5-13 给出了三种桁架下弦承受均布荷载时的内力系数(图中均布荷载已用等效荷载代替)。

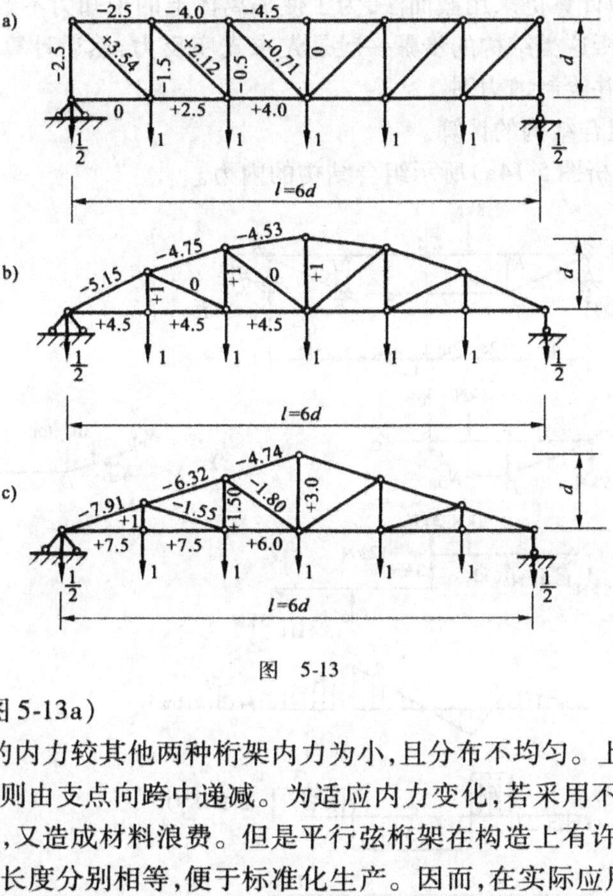

图 5-13

1. 平行弦桁架(图 5-13a)

平行弦桁架杆中的内力较其他两种桁架内力为小,且分布不均匀。上、下弦杆内力由支点向跨中递增,腹杆内力则由支点向跨中递减。为适应内力变化,若采用不同截面,会增加拼接难度,若采用同一截面,又造成材料浪费。但是平行弦桁架在构造上有许多优点,如结点形式相似,弦杆、斜杆、竖杆长度分别相等,便于标准化生产。因而,在实际应用中平行弦桁架常被用于工厂的屋架、吊车梁及跨度不大的桥梁中。

2. 抛物线形折弦桁架(图 5-13b)

下弦杆内力完全相同,上弦各杆的内力也很接近,其腹杆内力很小。这种桁架的主要优点是内力分布比较均匀,因而在材料使用上最为经济。缺点是上弦杆在每一结点处均转折而需设置接头,构造较复杂。在大跨度桥梁(例如 100 ~ 150m)及大跨度屋架(18 ~ 30m)中,由于节约材料意义较大,常被采用。

3. 三角形桁架弦杆(图 5-13c)

它的内力较其他两种桁架都大,且分布不均匀,上、下弦杆内力由支点向跨中递减,腹杆内力则由支点向跨中递增。这种桁架由于靠近支座的弦杆内力最大,如各段弦杆采用同样的截面,会造成浪费。且其端结点处上下弦之间夹角较小,构造比较复杂,制作困难。但由于它的两斜面外形符合屋顶构造的需要,故在跨度较小的屋架结构中常被采用。

§5-6 静定平面组合结构

由链杆和梁式杆组合而成的结构称为组合结构。其中链杆(两铰直杆且杆身上无荷载作用)只受轴力作用,梁式杆则同时承受弯矩、剪力和轴力。

组合结构能充分发挥桁架和梁各自的优点。质量轻、施工方便,可采用各种力学性能不同的材料建造,能承受较大的荷载,常为各种跨度的建筑物采用。

组合结构的内力计算仍采用截面法,为了使隔离体上的未知力不致过多,宜尽量避免截断受弯杆件。因此,分析这类结构的步骤一般是先求支座反力,然后计算各链杆的轴力,最后再分析受弯杆件内力,并绘制内力图。

下面举例说明组合结构的计算。

【例 5-5】 试分析图 5-14a)所示组合结构的内力。

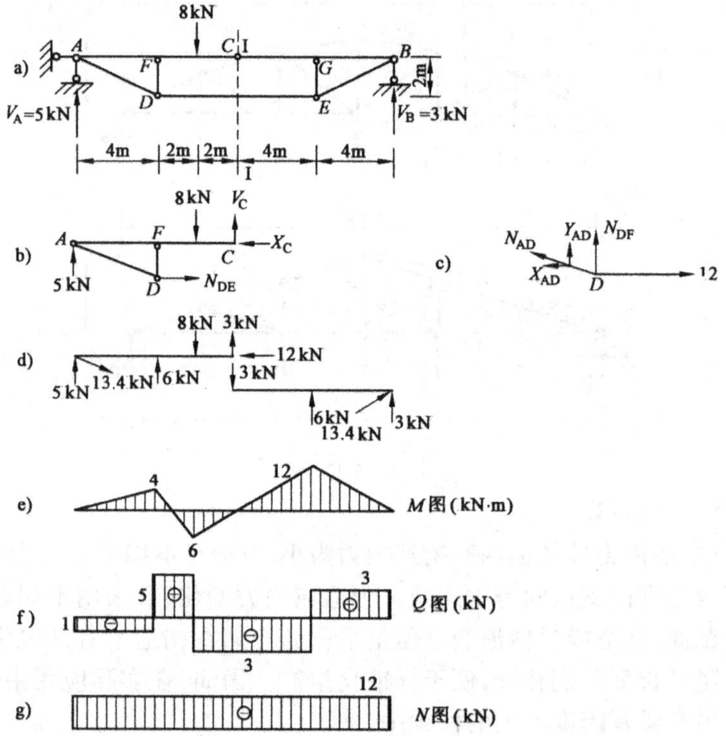

图 5-14

解:(1)计算支座反力

取整个结构的隔离体,由

$\sum M_A = 0$ $\qquad 8 \times 6 - V_B \times 16 = 0$

$$V_B = 3\text{kN} \ (\uparrow)$$

$\sum M_B = 0$ $\qquad V_A \times 16 - 8 \times 10 = 0$

$$V_A = 5\text{kN} \ (\uparrow)$$

校核 $\qquad \sum Y = 5 + 3 - 8 = 0$

计算无误。

(2)求链杆轴力

作 I-I 截面,截开 C 铰和链杆 DE,取左半部分为隔离体(图 5-14b)。

由 $\sum M_C = 0$ $\quad 5 \times 8 - 8 \times 2 - N_{DE} \times 2 = 0$

$$N_{DE} = 12\text{kN}\ (\text{拉力})$$

由 $\sum X = 0$ $\quad N_{DE} - X_C = 0$

$$X_C = 12\ \text{kN}(\leftarrow)$$

由 $\sum Y = 0$ $\quad V_C + 5 - 8 = 0$

$$V_C = 3\text{kN}\ (\uparrow)$$

取 D 结点为隔离体,如图 5-14c)所示。

由 $\sum X = 0$ $\quad 12 - X_{AD} = 0$

$$X_{AD} = 12\text{kN}$$

$$Y_{AD} = 12 \times \frac{2}{4} = 6\text{kN}$$

$$N_{AD} = 12 \times \frac{\sqrt{20}}{4} = 13.4\text{kN}(\text{拉力})$$

由 $\sum Y = 0$ $\quad N_{DF} + Y_{AD} = 0$

$$N_{DF} = -6\text{kN}(\text{压力})$$

同理,取 E 结点为隔离体,可得

$$N_{EG} = -6\text{kN}(\text{压力})$$

$$N_{BE} = 13.4\text{kN}(\text{拉力})$$

(3)作梁式杆的内力图

作梁式杆 AC、CB 的受力图如图 5-14d)所示,据此作杆 AC、CB 的内力图 5-14e)、f)、g)。

§5-7 小 结

到目前为止,我们已经讨论了全部五种类型静定结构在固定荷载作用下的内力计算。由于这部分内容在整个结构力学中占有重要地位,在这里我们对有关内容加以总结。

(一)静定结构的基本特性

1. 基本静力特性:满足平衡条件的静定结构的内力(反力)解答是唯一的。

在几何组成方面,静定结构是无多余约束的几何不变体系;在静力平衡方面,由于静定结构没有多余约束,故所有反力和内力都可以由平衡条件完全确定,而且所得的内力和反力的解答只有一种,这是静定结构的基本静力特性。静定结构的一些其他特性,都可由基本特性推论而来。

2. 在静定结构中,除荷载外,其他任何原因如温度改变、支座位移、材料收缩、制造误差等均不引起内力,但能使结构产生位移。

如图 5-15 所示悬臂梁,若其上、下侧温度分别升高 t_1 和 t_2(设 $t_1 > t_2$),则梁将变形即产生伸长和弯曲(如图中虚线所示)。但因没有荷载作用,由平衡条件可知,梁的反力和内力均为零。又如图 5-16 所示简支梁,其支座 B 发生了沉陷,因而梁随之产生位移(如图中虚线所示)。同样,由于荷载为零,其反力及内力也均为零。

3. 当平衡力系加在静定结构的某一本身为几何不变的部分上时,则只有此部分受力,其余部分的反力和内力均为零。

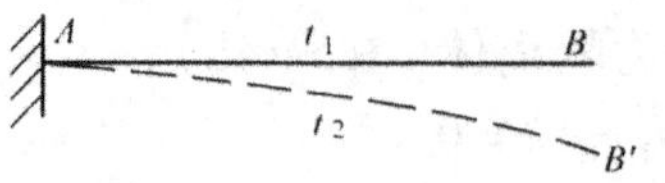

图 5-15

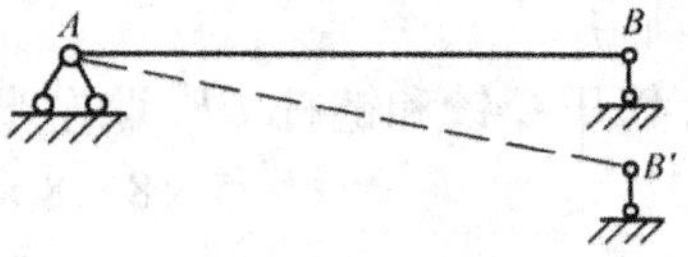

图 5-16

例如图5-17a)所示静定结构,有平衡力系作用于本身为几何不变的部分 DE 上。若依次取 BC 和 AB 为隔离体计算,可知支座 C 处的反力,铰 B 处的约束力及支座 A 处的反力均为零。由此可知,除 DE 部分外其余部分的内力均为零。结构的弯矩图如图中阴影线所示。又如图5-17b)所示,有平衡力系作用在本身几何不变部分 BF 上,同上分析可知除 BF 部分外其余部分均不受力。这种情形实际上具有普遍性。

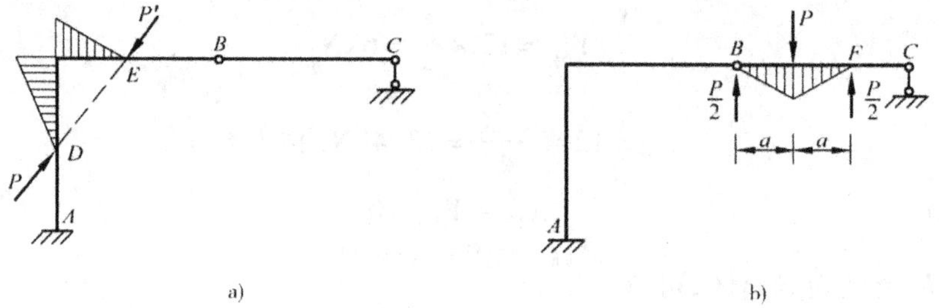

图 5-17

4. 当静定结构的某一内部几何不变部分上的荷载作等效变换时,只有该部分的内力发生变化,其余部分的内力保持不变。

所谓等效变换,是指由一组荷载变换为另一组荷载,且两组荷载的合力保持相同。合力相同的荷载通常称为等效荷载。

如图5-18a)所示梁上的荷载在本身几何不变部分 CD 段范围内作等效变换,而成为图5-18b)与图5-18c)的叠加时,除 CD 段外其余部分的内力均未改变。

(二)静定结构的内力计算

求解静定结构内力的基本方法是截面法,其一般步骤为:

1. 计算支座反力。

2. 截取隔离体,将所要求的内力暴露出来,使之成为隔离体上的外力;标上原有荷载和已经算出的支座反力。

3. 根据隔离体上所受力系的平衡条件,列出平衡方程组并求解。当作用于隔离体上的力系为平面汇交力系时,可求解不多于两个的未知力。若为平面一般力系,可求解不多于三个的未知力。

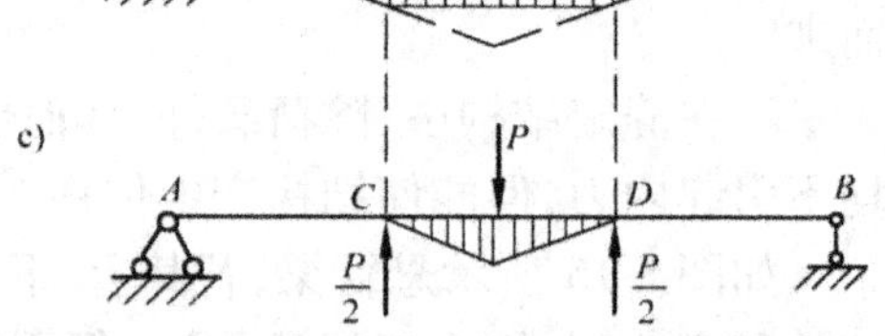

图 5-18

(三)各类静定结构的比较

前面我们讨论了五种静定结构:梁、刚架、三铰拱、桁架和组合结构。其中梁和梁式桁架等是无推力结构。但所有这些结构都是由链杆和梁式杆两类杆件组成的。链杆中只有轴力,没有弯矩,杆件截面上的正应力均匀分布,能够充分地利用材料的强度。梁式杆处于有弯矩状态，截面上的正应力呈三角形分布，在中性轴附近应力很小，没有充分利用材料的强度。下面我们从这个角度来比较各类静定结构。

1. 静定梁和静定刚架是以承受弯矩为主的结构，截面上应力分布不均匀，中性轴附近应力很小，材料未被充分利用。

2. 在多跨静定梁和外伸梁中，利用杆端负弯矩可以减少跨中正弯矩。

3. 在有推力结构中利用水平推力的作用可以减小弯矩的峰值。三铰拱就是该种情况。

4. 在桁架中利用杆件的铰接和合理布置，以及荷载的传递方式，可以实现无弯矩状态。在三铰拱中，采用合理拱轴线可使拱处于无弯矩状态。从力学角度来看，无弯矩状态是一种合理的受力状态。

图 5-19 给出了几种静定结构在相同跨度和相同荷载（全跨受均布荷载 q）作用下的主要内力数值。

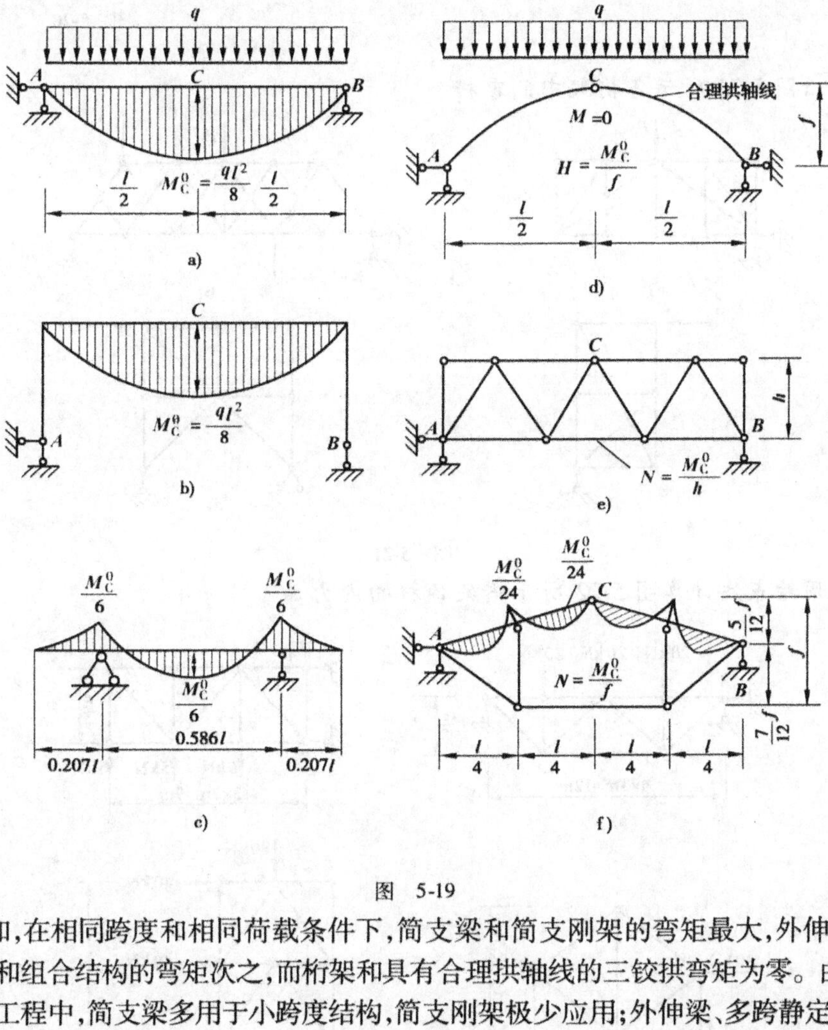

图 5-19

从上可知，在相同跨度和相同荷载条件下，简支梁和简支刚架的弯矩最大，外伸梁、多跨静定梁、三铰刚架和组合结构的弯矩次之，而桁架和具有合理拱轴线的三铰拱弯矩为零。由于这些受力特点，在实际工程中，简支梁多用于小跨度结构，简支刚架极少应用；外伸梁、多跨静定梁、三铰刚架和组合结构可用于跨度较大的结构；当跨度更大时，则多采用桁架和具有合理拱轴线的拱。

以上是从受力角度比较的，实际选择结构尚需从构造、施工等角度考虑。例如简支梁，虽然它具有弯矩大的缺点，但构造简单，施工方便，所以在工程中仍广泛应用。又如桁架，虽然具有受力状态合理的优点，但桁架杆件较多，且节点构造复杂，这就增加了制造和施工的困难。

故选择结构形式不只能从受力状态这一方面考虑，而要从多方面进行分析和比较。

复习思考题

1. 桁架的计算简图中，引用了哪些假定？它与实际桁架有哪些差别？

2. 桁架中既然有些杆件为零杆，是否可将其从实际结构中撤去？为什么？

3. 在结点法和截面法中，怎样避免解联立方程？

4. 怎样利用简单桁架和联合桁架的几何组成特点来计算桁架的内力？

5. 怎样识别组合结构中的链杆和梁式杆？组合结构的计算与桁架有何不同之处？

*6. 试判别图 5-20 所示对称桁架在对称荷载作用下的零杆。

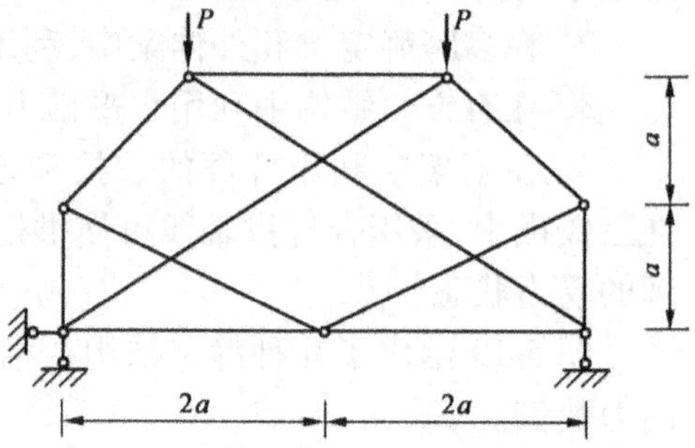

图 5-20

习题

5-1 指出图 5-21 所示各桁架中的零杆。

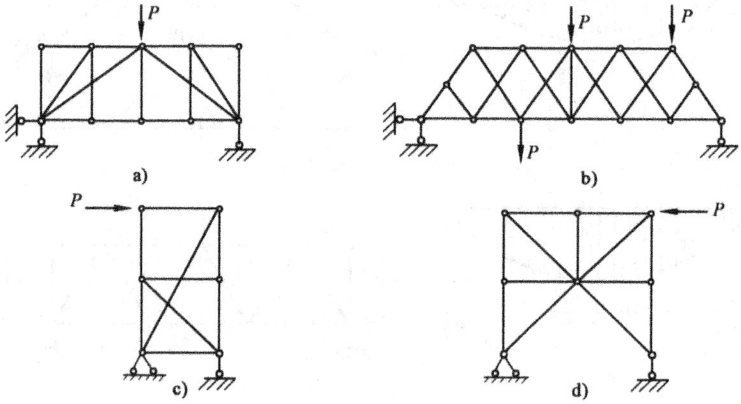

图 5-21

5-2 试用结点法计算图 5-22 所示桁架各杆的内力。

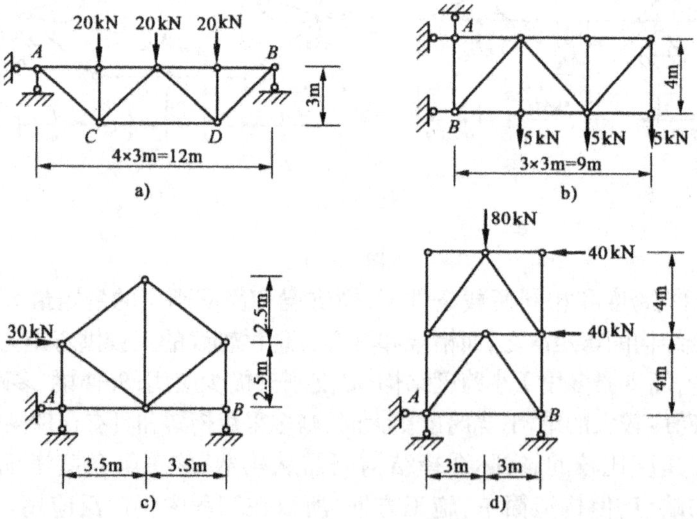

图 5-22

5-3　试用较简便的方法求图5-23所示桁架中指定杆件的内力。

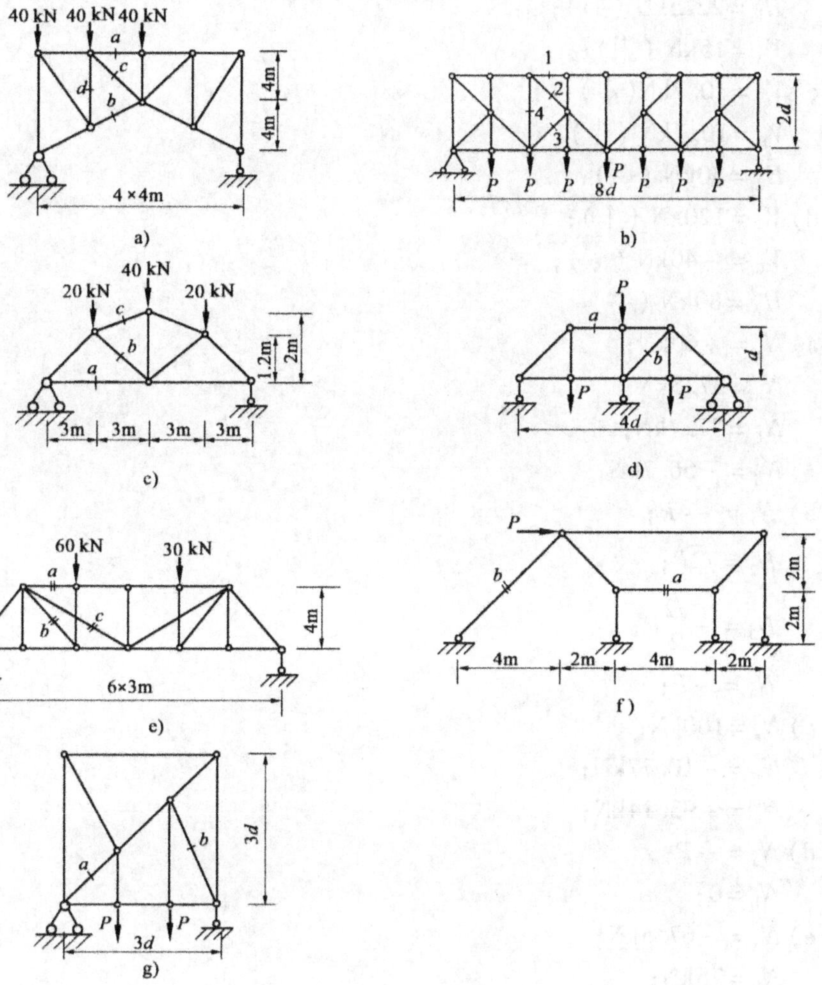

图　5-23

5-4　试求图 5-24 所示组合结构中链杆的轴力并绘制受弯杆件的内力图。

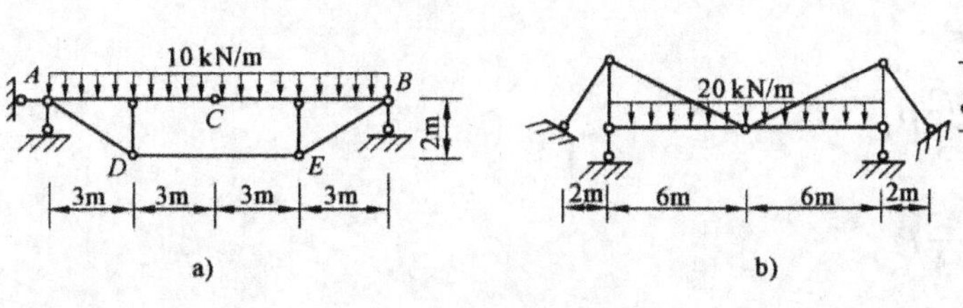

图　5-24

习题解答

5-1　a) 10 个零杆;

b) 7 个零杆;

c) 5 个零杆;

d) 9 个零杆

5-2　a) $N_{CD}=40\text{kN}$（拉力）;

b) $H_A = 22.5\text{kN}$ (←);

$H_B = 22.5\text{kN}$ (→);

$V_A = 15\text{kN}$ (↑);

c) $V_A = 10.7\text{kN}$ (↓);

$V_B = 10.7\text{kN}$ (↑);

$H_A = 30\text{kN}$ (←);

d) $V_A = 120\text{kN}$ (↑);

$V_B = -40\text{kN}$ (↓);

$H_A = 80\text{kN}$ (→)

5-3 a) $N_a = -60\text{kN}$;

$N_b = 37.3\text{kN}$;

$N_C = 37.7\text{kN}$;

$N_d = -66.7\text{kN}$;

b) $N_1 = -4P$;

$N_2 = \sqrt{2}P$;

$N_3 = -\frac{\sqrt{2}}{2}P$;

$N_4 = -P$;

c) $N_a = 100\text{kN}$;

$N_b = -10.77\text{kN}$;

$N_c = -93.14\text{kN}$;

d) $N_a = -P$;

$N_b = 0$;

e) $N_a = -67.5\text{kN}$;

$N_b = 75\text{kN}$;

$N_c = -18.03\text{kN}$;

f) $N_a = -P$;

$N_b = \sqrt{2}P$;

g) $N_a = -\frac{\sqrt{2}}{3}P$;

$N_b = -\frac{\sqrt{5}}{3}P$

5-4 a) $N_{DE} = 90\text{kN}$(拉力);

b) 水平反力 $H = 120\text{kN}$

第六章　影响线及应用

本章学习要点：掌握影响线的概念和单跨静定梁、多跨静定梁反力内力影响线的绘制方法；了解我国公路桥涵标准荷载，并掌握如何利用影响线求解移动荷载作用下量值的方法。

§6-1　概　　述

一、影响线的概念

前面几章我们讨论了静定结构在固定荷载作用下的内力计算问题。所谓固定荷载，是指作用位置固定不变的荷载。但在实际工程中，许多结构除了承受固定荷载的作用外，还要受到移动荷载的作用。例如桥梁要承受列车、汽车等荷载，厂房中的吊车梁要承受吊车荷载等。显然，在移动荷载作用下，结构的反力和内力将随着荷载位置的移动而发生变化。在结构设计中，我们必须求出移动荷载作用下反力和内力的最大值。为此应从以下两个方面进行分析。

1. 首先研究移动荷载作用下反力和内力的变化规律；

2. 其次要研究产生最大反力或内力时的移动荷载作用位置，这一荷载位置称为该反力或内力的最不利荷载位置。所求得的最大值，可作为结构设计的依据。

在研究反力和内力变化规律时，应注意到不同反力和不同截面的内力变化规律是各不相同的，即使是同一截面，不同的内力（如弯矩和剪力）变化规律也不相同。例如图 6-1 所示简支梁，当汽车由左向右移动时，反力 R_A 将逐渐减小，而反力 R_B 却逐渐增大。因此，一次只宜研究一个反力或某一个截面的某一项内力的变化规律。

在实际工程中，移动荷载通常由一系列间距保持不变的竖向荷载所组成，且其类型很多，我们无法逐一研究。为此，可先研究一竖向单位集中荷载 $P=1$ 沿结构移动时，对某一指定量值（如某一反力或某一截面的某一内力等）所产生的影响。然后根据叠加原理就可进一步研究各种移动荷载对该量值的影响。

例如图 6-2a）所示简支梁，当荷载 $P=1$ 分别移动到 A、1、2、3、B 各等分点时，反力 R_A 的数值分别为 1、3/4、1/2、1/4、0。如果以横坐标表示荷载 $P=1$ 的位置，以纵坐标表示反力 R_A 的数值，则可将以上各数值在水平基线上绘出，用曲或直线将竖标各顶点连接起来，这样所得到的图形（图 6-2b）就表示了 $P=1$ 在梁上移动时反力 R_A 的变化规律，这一图形称为反力 R_A 的影响线。

由此，我们引出影响线的定义：当竖向单位集中荷载 $P=1$ 沿结构移动时，表示结构某一量值

(指某个支座反力或某一截面的弯矩、剪力、轴力等)变化规律的图形,称为该量值的影响线。

某一量值的影响线一经绘出,就可利用它来确定最不利荷载位置,从而求出该量值的最大值。

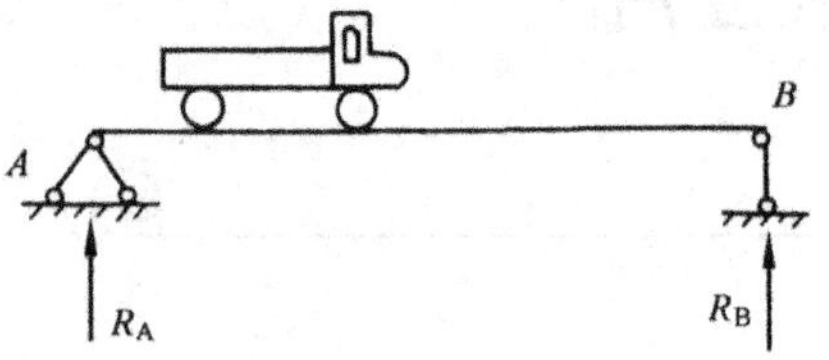

图 6-1

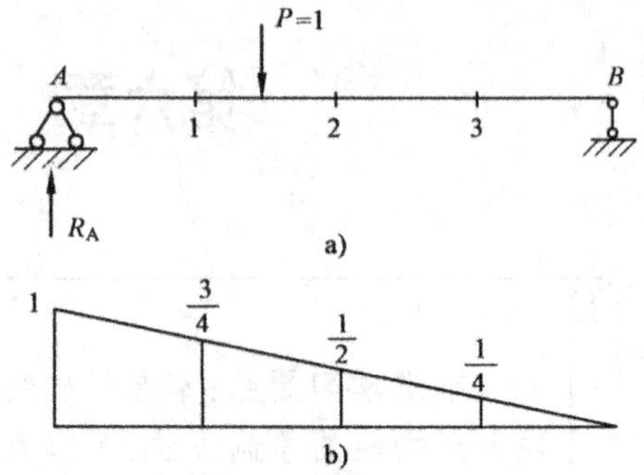

图 6-2

二、我国公路和铁路的标准荷载制

为了方便后面讨论影响线的应用,我们先介绍一下我国公路和铁路的标准荷载。

公路上行驶的汽车、拖拉机、铁路上行驶的机车、火车等类型繁多,在结构设计时不可能对每种情况都一一加以计算。为此,国家制定了统一的标准荷载,作为设计依据。这种标准荷载是经过统计分析后制定出来的,它既概括了当前各类车辆的情况,又适当考虑了将来的发展。

我国公路桥梁设计使用的标准荷载,分车道荷载和车辆荷载两类。荷载等级分为公路—I级和公路—II级两个等级。

车道荷载由均布荷载和集中荷载组成,其计算图式见图6-3。公路—I级车道荷载的均布荷载标准值为 $q_K = 10.5\text{kN/m}$;集中荷载标准值按以下规定选取;桥梁计算跨径小于或等于5m时,$P_K = 180\text{kN}$;桥梁计算跨径等于或大于50m时,$P_K = 360\text{kN}$;桥梁计算跨径在5m~50m之间时,P_K 采用直线内插求得。计算剪力效应时,上述集中荷载标准值 P_K 应乘以1.2的系数。公路—II级车道荷载的均布荷载标准值 q_K 和集中荷载标准值 P_K 按公路—I级车道荷载的0.75倍采用。车道荷载的均布荷载标准值应满布于使结构产生最不利效应的同号影响线上;集中荷载标准值只作用于相应影响线中一个最大影响线峰值处。

车辆荷载的立面布置见图6-4。公路—I级和公路—II级汽车荷载采用相同的车辆荷载标准值。

桥梁结构的整体计算采用车道荷载;桥梁结构的局部加载、涵洞、桥台和挡土墙土压力等的计算采用车辆荷载。

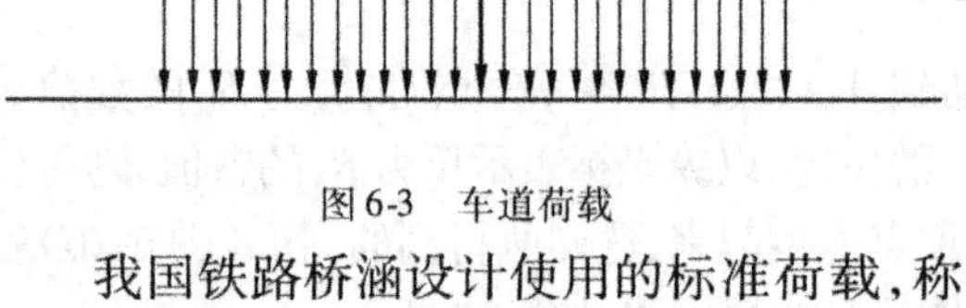

图6-3 车道荷载

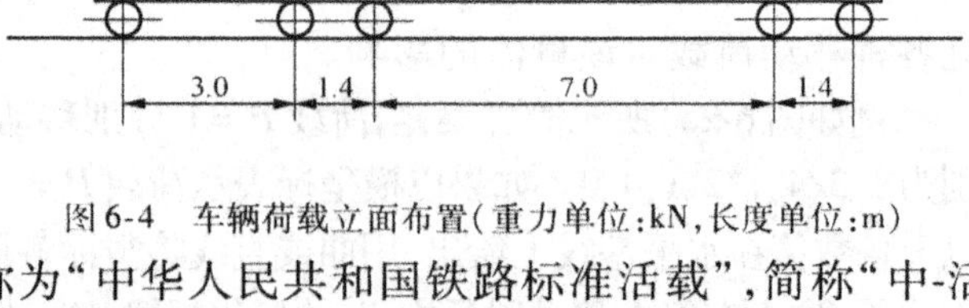

图6-4 车辆荷载立面布置(重力单位:kN,长度单位:m)

我国铁路桥涵设计使用的标准荷载,称为"中华人民共和国铁路标准活载",简称"中-活载"。它包括普通活载和特种活载两种,其图示见图6-5。在普通活载中,前面五个集中荷载代表一台机车的五个轴重，中部一段均布荷载代表其煤水车部分及与之联挂的另一台机车和煤水车的平均重力，后面任意长的均布荷载代表车辆的平均重力。特种活载代表个别重型车轴的轴重。设计时，应看普通活载与特种活载哪一个产生较大的内力，就采用哪一个作为设计标准。不过特种活载虽轴重较大但轴数较少，故其仅对短跨度梁（约7m以下）控制设计。

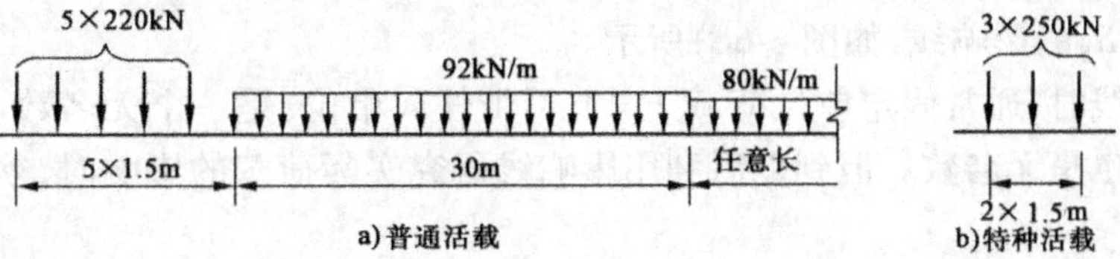

图 6-5

使用中-活载时，可由图示中任意截取，但不得变更轴距。列车可由左端或右端进入桥梁，产生更大内力的方式为准。

§6-2 单跨静定梁的反力内力影响线

绘制影响线的方法有两种：静力法和机动法，本书只介绍静力法。

用静力法绘制影响线，就是以单位移动荷载 $P=1$ 的位置 x 为变量，利用静力平衡条件列出某指定量值与 x 之间的函数关系式，该关系式称为影响线方程。利用影响线方程即可绘出影响线图形。

一、简支梁的影响线

（一）支座反力影响线

现要绘制简支梁支座反力 R_A 的影响线，设单位荷载 $P=1$ 在简支梁 AB 上移动（图6-6a），取 A 点为坐标原点，以 x 表示荷载 $P=1$ 距原点的距离；设反力以向上为正，取全梁为隔离体，由平衡条件 $\sum M_B=0$ 得

$$R_A l-P(l-x)=0$$

$$R_A=P\frac{(l-x)}{l}=\frac{l-x}{l}\qquad(0\leqslant x\leqslant l)$$

这就是 R_A 的影响线方程。它是 x 的一次函数，故 R_A 的影响线必为一条直线，用两点竖坐标即可确定。

当 $x=0$ 时　　　　$R_A=1$

当 $x=l$ 时　　　　$R_A=0$

在图6-6a）的梁轴下方，画一水平基线，在基线两端分别描出上述竖坐标并连以直线，即得 R_A 影响线如图6-6b）所示。在绘制影响线时，通常规定正值的竖坐标绘在基线的上方。

根据影响线的定义，R_A 影响线中的任意竖坐标即代表当荷载 $P=1$ 作用于该处时反力 R_A 的大小，例如图中的 Y_K 即代表 $P=1$ 作用在 K 点时反力 R_A 的大小。

为了绘制 R_B 的影响线，由 $\sum M_A=0$ 得

$$R_B\cdot l-Px=0$$

由此得 R_B 的影响线方程为

$$R_B = \frac{x}{l}(0 \leqslant x \leqslant l)$$

它也是 x 的一次函数，故 R_B 的影响线也是一条直线。

当 $x=0$ 时 $\qquad R_B=0$

当 $x=l$ 时 $\qquad R_B=1$

据此绘出 R_B 的影响线，如图 6-6c）所示。

在做影响线时，通常假定单位荷载 $P=1$ 不带任何单位，是一个无名数。由此可知，反力影响线竖坐标也是无名数。但到以后利用影响线研究实际荷载的影响时，须乘以实际荷载相应的单位。

（二）剪力的影响线

设要绘制简支梁截面 C（图 6-7a）的剪力影响线。仍取 A 为坐标原点，以 x 表示荷载 $P=1$ 的位置。当 $P=1$ 在截面 C 以左（AC 段）移动时，可取截面 C 右侧为隔离体，并以绕隔离体顺时针方向转的剪力为正，由 $\sum Y=0$，得

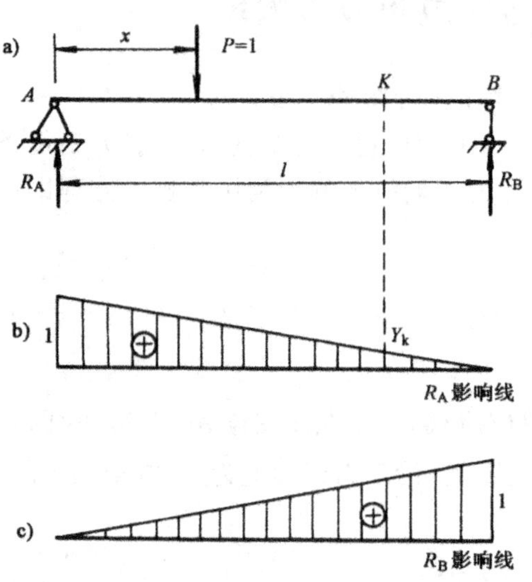

图 6-6

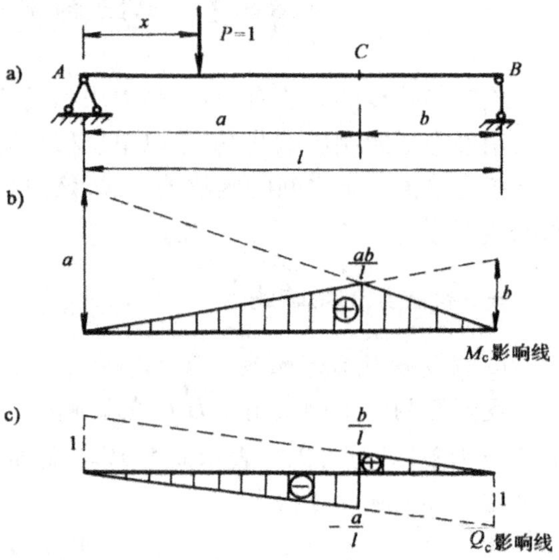

图 6-7

$$Q_C = -R_B = -\frac{x}{l} \qquad (0 \leqslant x < a)$$

这表明，在 AC 段，Q_C 的影响线与 R_B 的影响线相同，但符号相反。由此，只要将 R_B 的影响线反号并截取 C 以左部分，即得 Q_C 影响线的左直线（图 6-7c）。

当 $P=1$ 在截面 C 以右（BC 段）移动时，取截面 C 以左部分为隔离体，由 $\sum Y=0$，得

$$Q_C = R_A = \frac{l-x}{l} \qquad (a < x \leqslant l)$$

上式表明，在 BC 段，Q_C 的影响线与 R_A 的影响线相同，只要截取 R_A 的影响线在 C 以右的部分，即可得 Q_C 影响线的右直线（图 6-7c）。

显然，Q_C 的影响线由两段互相平行的直线所组成，其竖坐标在 C 处有突变。当荷载 $P=1$ 位于截面 C 稍左时产生的剪力 $Q_C=-a/l$，当荷载 $P=1$ 位于截面 C 稍右时产生的剪力 $Q_C=b/l$，其突变值为 $a/l+b/l=1$。当荷载 $P=1$ 恰作用于 C 点时，Q_C 值是不确定的。

(三)弯矩影响线

设要绘制简支梁截面 C 的弯矩影响线。仍以 A 为坐标原点(图 6-7a)。当荷载 $P=1$ 在截面 C 以左(AC 段)移动时,取 C 截面以右部分为隔离体,并规定使梁的下边纤维受拉的弯矩为正,由 $\sum M_C=0$,有

$$M_C = R_B \cdot b = \frac{x}{l} \cdot b \quad (0 \leqslant x \leqslant a)$$

由此可知,M_C的影响线在 AC 段为一直线。

当 $x=0$ 时 $\qquad M_C=0$

当 $x=a$ 时 $\qquad M_C=\frac{ab}{l}$

连接这两点竖坐标,得 M_C影响线的左直线(图 6-7b)。

当 $P=1$ 在截面 C 以右移动时,上面求得的影响线方程已不再适应,此时可取截面 C 以左部分为隔离体,由 $\sum M_C=0$ 得

$$M_C = R_a \cdot a = \frac{l-x}{l} \cdot a \qquad (a \leqslant x \leqslant l)$$

可见,M_C的影响线在 BC 段也为一直线。

当 $x=a$ 时 $\qquad M_C=\frac{ab}{l}$

当 $x=l$ 时 $\qquad M_C=0$

据此绘出 M_C影响线的右直线(图 6-7b)。

由上所知,M_C的影响线由左、右两条直线所组成,形成一个三角形,二直线的交点即三角形的顶点正好与 C 截面的位置对应,其竖坐标为 ab/l。

弯矩影响线竖坐标的单位为长度单位。

由弯矩影响线方程还可看出:左直线可由反力 R_B的影响线将竖坐标放大 b 倍并取 AC 段得到,而右直线则可由反力 R_A的影响线将竖坐标放大 a 倍并取其 BC 段而得到。这种利用已知量值的影响线来作其他量值的影响线的方法是很方便的,以后还会经常用到。

二、外伸梁的影响线

(一)支座反力影响线

如图 6-8a)所示外伸梁,取 A 为坐标原点,x 以向右为正。当 $P=1$ 作用于梁上任一点时,由平衡方程求得支座反力为

$$\left.\begin{aligned} R_A &= \frac{l-x}{l} \\ R_B &= \frac{x}{l} \end{aligned}\right\} \qquad (-l_1 \leqslant x \leqslant l+l_2)$$

注意到这两个支座反力的影响线方程与简支梁的相同,只是荷载 $P=1$ 的作用范围有所扩大。当 $P=1$ 位于 A 点以左时,x 为负值,故以上两方程在梁的全长范围内都是适应的。作 R_A、R_B的影响线如图 6-8b)、c)所示。由图可见 AB 段的影响线与简支梁完全相同,且只要将这段直线向两个外伸部分延长,即得出整个影响线。

(二)跨内部分截面内力影响线

绘制指定截面 C 的剪力和弯矩的影响线(图 6-8)。当 $P=1$ 在截面 C 以左移动时,取截面

C 以右部分为隔离体，有

$$Q_C = -R_B$$
$$M_C = R_B \cdot b$$

当 $P=1$ 在截面 C 以右移动时，取截面 C 以左部分为隔离体，得

$$Q_C = R_A$$
$$M_C = R_A \cdot a$$

据此可绘出 Q_C 和 M_C 的影响线如图 6-8d)、e) 所示。可以看出，只需将简支梁相应截面的剪力和弯矩影响线两边外伸部分延长，即得外伸梁 Q_C 和 M_C 的影响线。

（三）外伸梁部分截面内力影响线

绘制外伸梁部分任一指定截面 K 的（图 6-9a）的剪力和弯矩影响线时，为计算方便，改取 K 点为坐标原点，并规定 x 以向左为正，当 $P=1$ 在 K 截面以左（DK 段）移动时，取 K 截面以左部分为隔离体，得

$$Q_K = -1$$
$$M_K = -x$$

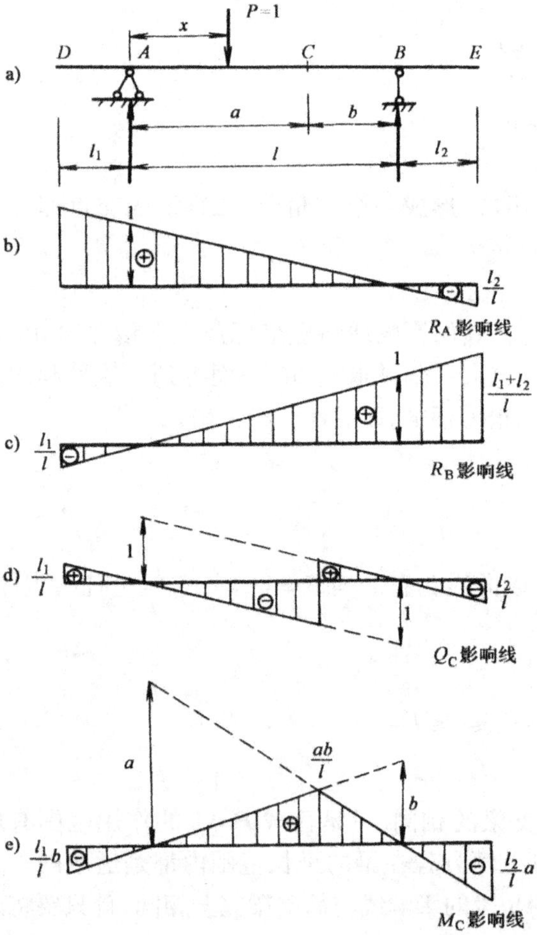

图 6-8

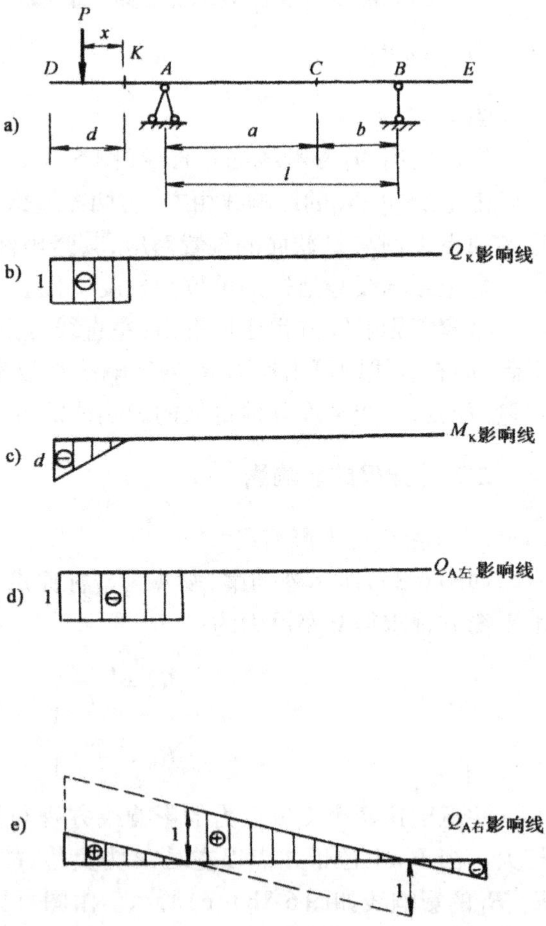

图 6-9

当 $P=1$ 在 K 截面以右（KE 段）移动时，仍取 K 截面以左部分为隔离体，得

$$Q_K = 0$$

$$M_K = 0$$

由上可绘出 Q_K 和 M_K 的影响线,如图 6-9b)、c)所示。

对于支座处截面的剪力影响线,需分别就支座左、右两侧的截面进行讨论,因为这两侧的截面分别属于外伸梁部分和跨内部分。例如支座 A 左侧截面的剪力 $Q_{A左}$ 的影响线,可由 Q_K 的影响线使截面 K 趋于截面 A 左而得到,如图 6-9d)所示。而支座 A 右侧截面的剪力 $Q_{A右}$ 的影响线,则应由 Q_C 的影响线(图 6-8d)使截面 C 趋于截面 A 右而得到,如图6-9e)所示。

三、内力影响线与内力图的区别

前面两节,我们讨论了影响线的定义,以及单跨静定梁反力、内力影响线的绘制方法。这里要特别注意:不要把内力影响线与内力图的概念混淆起来。为了说明它们的区别,现以简支梁为例对它们进行比较。

如图 6-10 所示,a)图表示简支梁在 C 点作用有集中荷载 P 时的弯矩图,b)图表示简支梁 C 截面的弯矩影响线。从外形上看,两图非常相似,但它们的含义截然不同,图中纵、横坐标所表示的定义也完全不同。图 6-10a)弯矩图表示简支梁在集中荷载 P 作用下各截面弯矩的分布规律,其横坐标表示截面的位置,纵坐标表示在固定荷载 P 作用下,该截面的弯矩大小。如图 6-10a),D 点的纵坐标 y_D 表示 C 截面作用有固定荷载 P 时截面 D 的弯矩大小。图 6-10b) M_C 影响线则表示在单位移动荷载 $P=1$ 作用下 C 截面的弯矩变化规律。横坐标表示荷载 $P=1$ 的作用位置,纵坐标表示荷载 $P=1$ 作用到该点时,C 截面的弯矩大小,如图 6-10b)中,D 点纵坐标 y_D 表示单位荷载 $P=1$ 作用于 D 截面时,C 截面的弯矩大小。读者在学习时,应注意它们的本质区别。

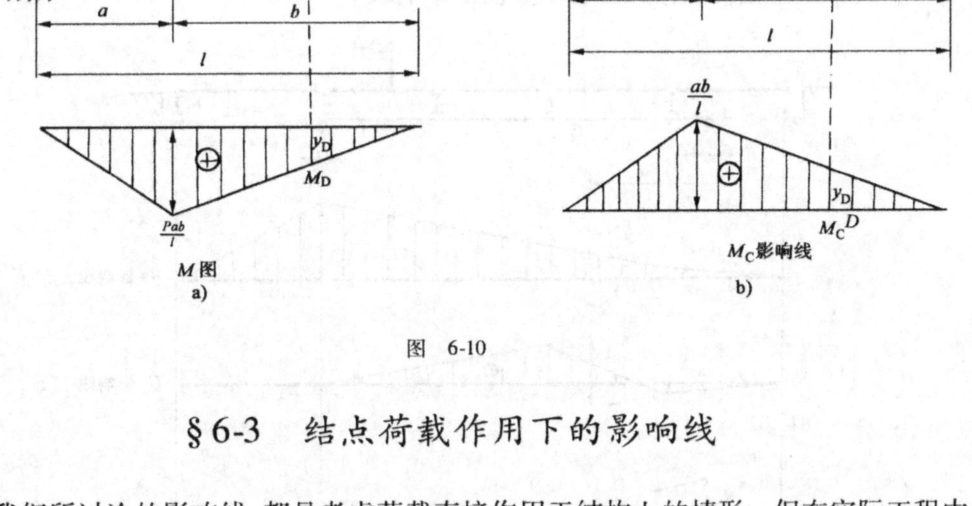

图 6-10

§6-3 结点荷载作用下的影响线

前面我们所讨论的影响线,都是考虑荷载直接作用于结构上的情形。但在实际工程中,有时荷载并不直接作用于我们研究的结构上。如图 6-11a)所示桥梁结构中纵横梁系统及主梁简图。我们在计算主梁时,通常假定纵梁简支在横梁上,横梁简支在主梁上。荷载直接作用在纵梁上,再通过横梁传递到主梁,主梁只在各横梁处(结点处)受到集中荷载作用。对主梁来说，这种荷载称为结点荷载。下面我们以主梁上截面 C 的弯矩为例，来说明结点荷载作用下影响线的绘制方法。

首先，考虑荷载 $P=1$ 移动到各结点处时的情况。显然此时与荷载直接作用在主梁上的情况完全相同。因此，我们可先作出直接荷载作用下主梁 M_C 的影响线（图6-11b），而在此影响线中，对于结点荷载来说，各结点处的纵坐标都是正确的。

其次，我们考虑荷载 $P=1$ 在任意两相邻结点间的纵梁上移动时的情况。当荷载 $P=1$ 在相邻结点 D、E 间的纵梁上移动时，主梁在 D、E 处分别受到结点荷载 $\frac{d-x}{d}$ 及 x/d 的作用（图 6-11c）。设直接荷载作用下 M_C 影响线在 D、E 处的竖坐标分别为 y_D 和 y_E，则根据影响线的定义和叠加原理可知，在上述两结点荷载作用下 M_C 值应为

$$y=\frac{d-x}{d}y_D+\frac{x}{d}y_E$$

上式为 x 的一次式，说明在 DE 段内 M_C 随 x 成直线变化，且由

当 $x=0$ 时　　$y=y_D$

当 $x=d$ 时　　$y=y_E$

可知，此直线就是连接纵坐标 y_D 和 y_E 的直线（图 6-11b）。

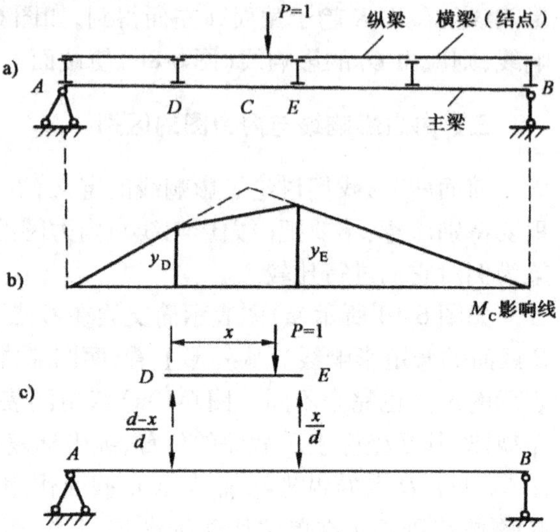

图 6-11

上面的结论，实际上适用于结点荷载作用下任何量值的影响线。由此可知，在结点荷载作用下影响线的基本特点是：任意两相邻结点间影响线成直线变化。

下面我们将结点荷载作用下影响线的绘制方法总结如下：

（1）首先作出直接荷载作用下所求量值的影响线。

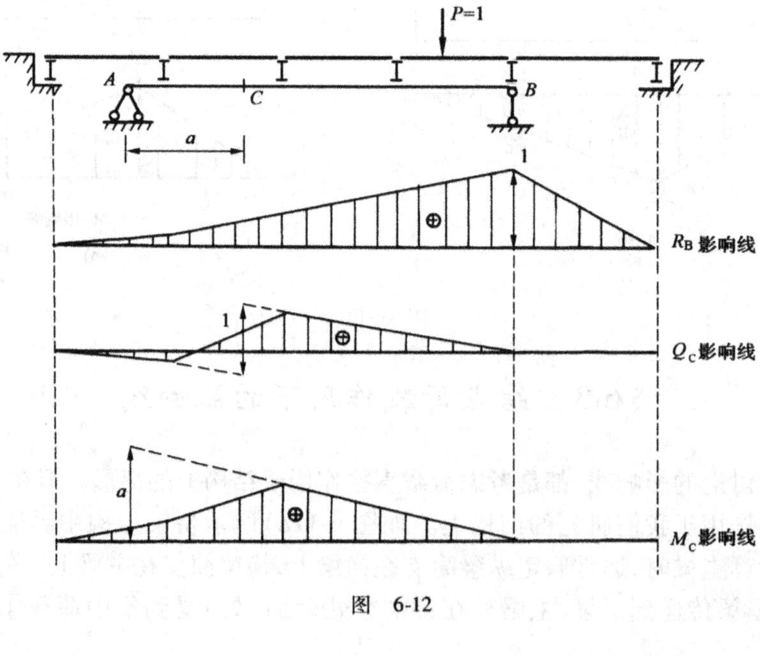

图 6-12

(2)过各结点引竖向线与影响线相交,得各结点处影响线竖坐标。

(3)将相邻结点的影响线竖坐标以直线相连。

图 6-12 所示为另一结点荷载作用下影响线的例题,读者可自行校核。

§6-4 多跨静定梁的反力内力影响线

对于多跨静定梁,只需分清它的基本部分和附属部分及这些部分之间的传力关系,再利用单跨静定梁的已知影响线,便可将多跨静定梁的影响线顺利绘制出来。例如图 6-13a)所示多跨静定梁,由基本部分 AC 和附属部分 CD 所组成。我们先来绘制附属部分 CD 上截面 E 的弯矩影响线。当荷载 $P=1$ 在 AC 上移动时,附属部分 CD 不受力,显然,在 AC 段 M_E 的影响线纵坐标为零;当荷载 $P=1$ 在 CD 上移动时,取 CD 梁为隔离体(图 6-13d),可见其受力情况与简支梁无异,所以,M_E 的影响线在 CD 段与相应简支梁相同(图 6-13b)。

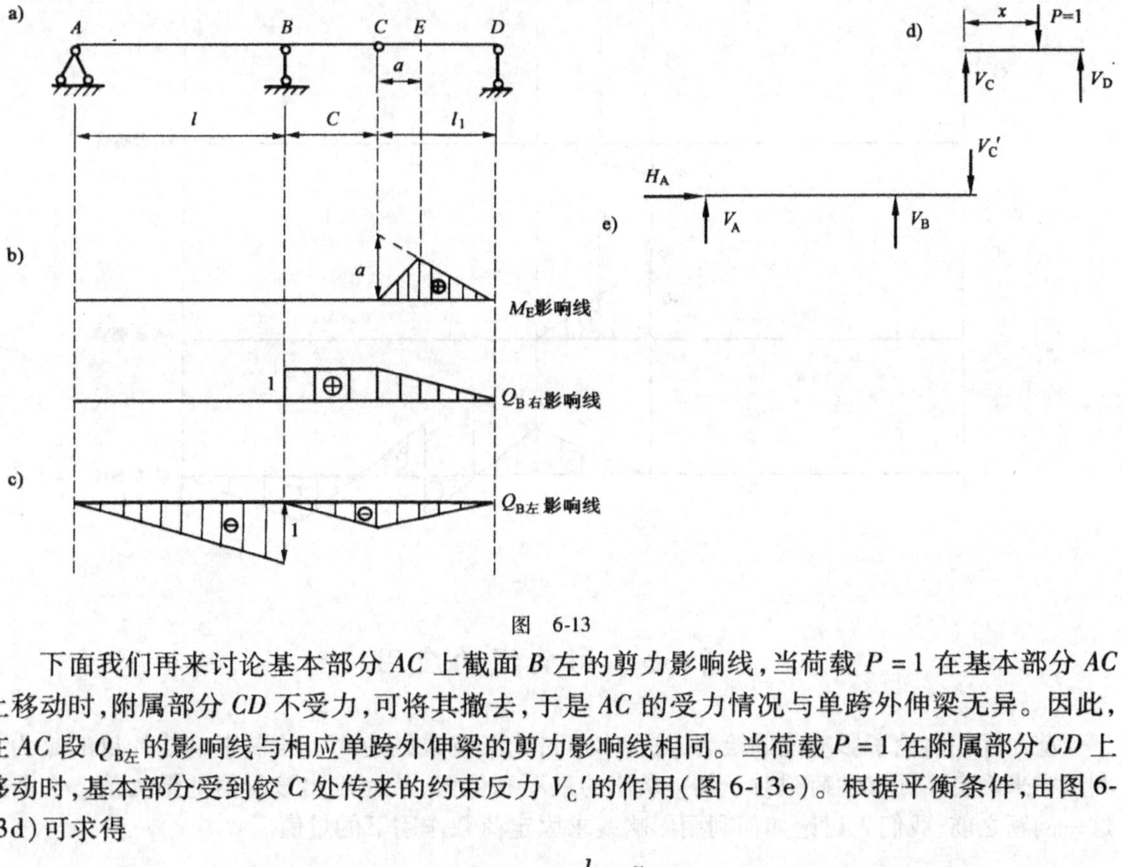

图 6-13

下面我们再来讨论基本部分 AC 上截面 B 左的剪力影响线,当荷载 $P=1$ 在基本部分 AC 上移动时,附属部分 CD 不受力,可将其撤去,于是 AC 的受力情况与单跨外伸梁无异。因此,在 AC 段 $Q_{B左}$ 的影响线与相应单跨外伸梁的剪力影响线相同。当荷载 $P=1$ 在附属部分 CD 上移动时,基本部分受到铰 C 处传来的约束反力 V_C'的作用(图 6-13e)。根据平衡条件,由图 6-13d)可求得

$$V_C' = V_C = \frac{l_1 - x}{l_1}$$

因 V_C'是 x 的一次函数,可知此时 AC 段梁上的各种量值都是 x 的一次函数。所以 $Q_{B左}$ 的影响线在 CD 段必为一直线,只需定出两点即可将其绘出。当 $P=1$ 作用于铰 C 时 $Q_{B左}$ 的纵坐标已由 AC 段的影响线得出;$P=1$ 作用于支座 D 处时,$Q_{B左}=0$,于是可绘出 $Q_{B左}$ 的整个影响线,如图 6-13c)所示。

由上可得出结论:

(1)位于附属部分的量值的影响线，只限于附属部分，且可按相应单跨静定梁绘出，基本部分范围的影响线竖坐标为零。

(2)位于基本部分的量值的影响线，不限于该基本部分，还涉及其附属部分，且在附属部分该量值的影响线为直线。

图6-14a)所示多跨静定梁，按上述结论不难绘出 R_A、M_1、M_2、Q_3 的影响线，如图6-14b)、c)、d)、e)所示。读者可自行校核。

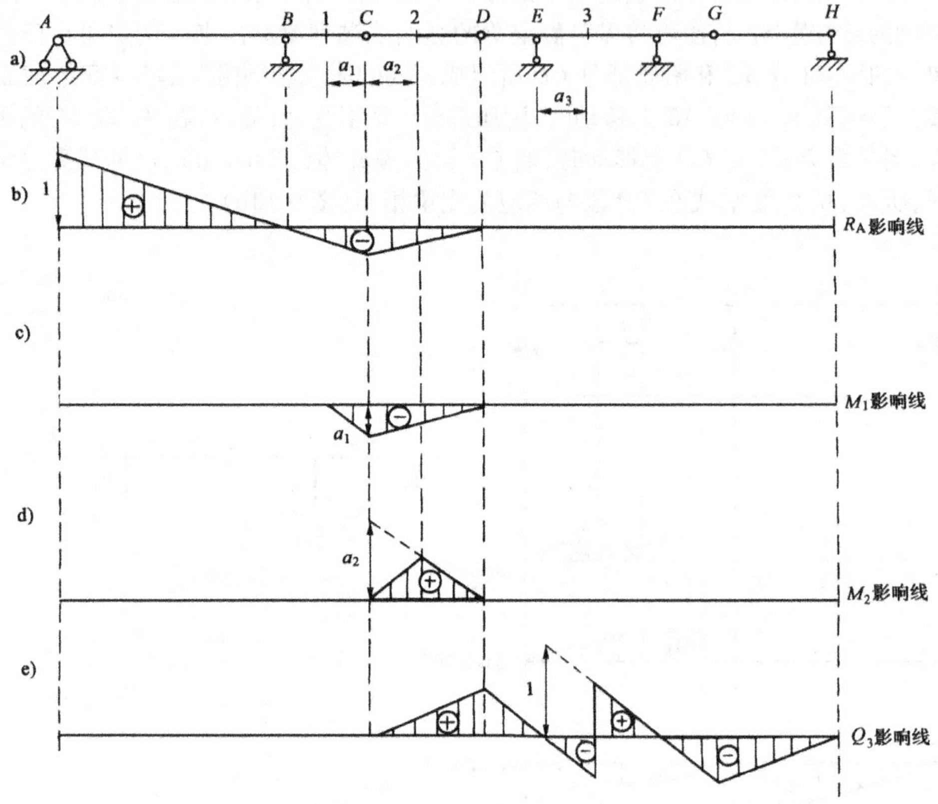

图 6-14

§6-5 影响线的应用

前面我们讨论了影响线的绘制方法，本节讨论影响线的应用。绘制影响线的目的是为了利用它来确定实际移动荷载对于某一量值的最不利位置，从而求出该量值的最大值。在研究这一问题之前，我们先讨论如何利用影响线求固定荷载作用下的量值。

一、利用影响线求固定荷载作用下的量值

(一)固定集中荷载作用

设某量值 S 的影响线已绘出，如图6-15所示。现有若干竖向集中荷载 P_1、P_2、…、P_n 作用于已知位置，各荷载对应于影响线上的竖坐标分别为 y_1、y_2、…、y_n，现求由于这些集中荷载作用所产生的量值 S 的大小。

我们知道，影响线上的竖坐标 y_1 代表荷载 $P=1$ 作用于该处时量值 S 的大小，若荷载不是1而

是 P_1，则 S 应为 P_1y_1。因此，当有若干集中荷载作用时，根据叠加原理可知，所产生的量值 S 为：

$$S = P_1y_1 + P_2y_2 + \cdots + P_ny_n = \sum P_iy_i \tag{6-1}$$

上式表明：在若干固定集中荷载作用下产生的某量值 S 等于各集中力与其作用点之下的相应影响线纵坐标的乘积的代数和。

应当指出，当若干个集中荷载作用于某一直线段范围时（图 6-16），为简化计算，可用它们的合力 R 来代替，而不会改变所求量值的数值。下面给予证明，将影响线上的直线段延长使之与基线相交于 O 点，则有

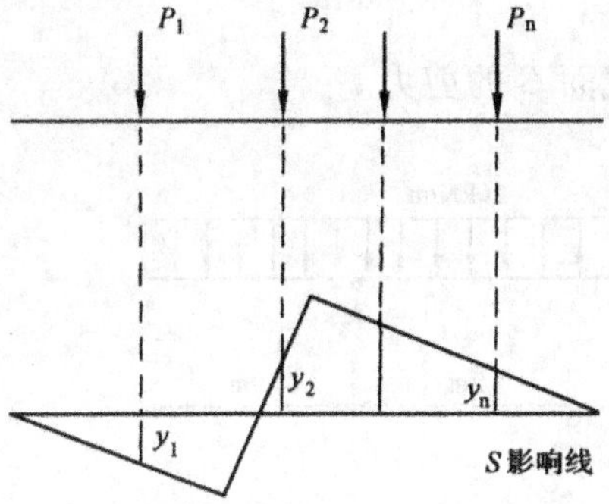

图 6-15

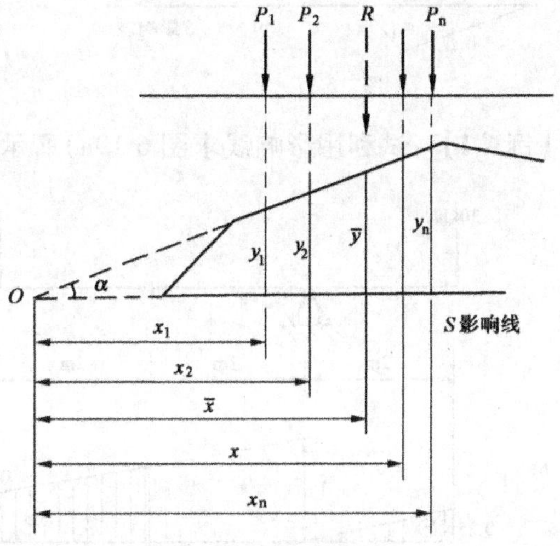

图 6-16

$$\begin{aligned} S &= P_1y_1 + P_2y_2 + \cdots + P_ny_n \\ &= (P_1x_1 + P_2x_2 + \cdots + P_nx_n)\tan\alpha = \tan\alpha \sum P_ix_i \end{aligned}$$

因为 $\sum P_ix_i$ 为各力对 O 点之矩的代数和，根据合力矩定理，它应等于合力 R 对 O 点之矩，即

$$\sum P_ix_i = R\bar{x}$$

则

$$S = R\bar{x} \cdot \tan\alpha = R\bar{y} \tag{6-2}$$

式中 $\bar{y}$ 为合力 R 所对应的影响线竖坐标。结论证毕。

（二）固定分布荷载作用

已知某量值 S 的影响线上作用有分布荷载 q_x 如图 6-17。现将分布荷载沿其长度分成许多无穷小的微段，则每一微段 dx 上的荷载 q_xdx 都可作为一集中荷载，故在 ab 区段内分布荷载所产生的量值 S 为

$$S = \int_a^b q_xy\mathrm{d}x \tag{6-3}$$

若 q_x 为均布荷载 q（图 6-18），则上式成为

$$S = q\int_a^b y\mathrm{d}x = q\omega \tag{6-4}$$

式中 ω 表示影响线在均布荷载范围 ab 内的面积。

上式表明：在均布荷载作用下产生的某量值等于该均布荷载范围所对应的影响线面

积乘以荷载集度 q。但应注意,在计算面积 ω 时,若影响线有正有负,则应为正负面积的代数和。

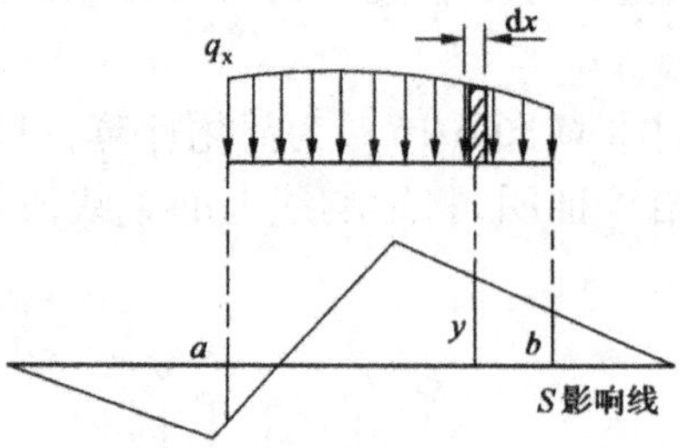

图 6-17

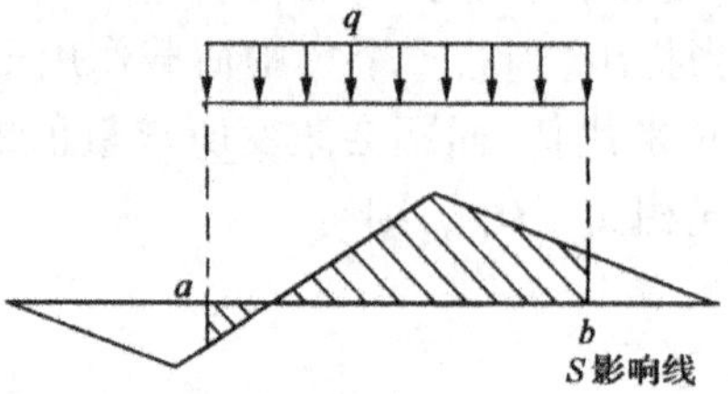

图 6-18

【**例 6-1**】 试利用影响线求图 6-19a)所示外伸梁截面 C 的剪力。

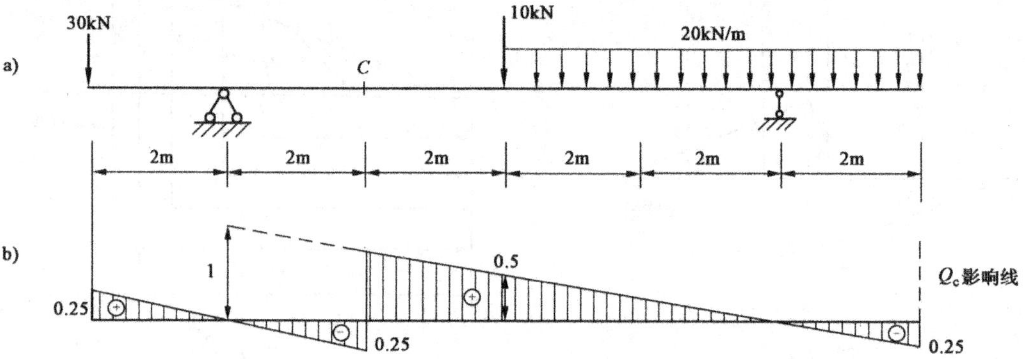

图 6-19

解:绘制 Q_C 影响线如图 6-19b)所示,根据比例关系求出各集中荷载作用点,均布荷载两端点对应的影响线纵坐标。根据式(6-1)和式(6-4)得 C 截面剪力为

$$Q_C = 0.25 \times 30 + 0.5 \times 10 + (1/2 \times 0.5 \times 4 - 1/2 \times 0.25 \times 2) \times 20 = 27.5\text{kN}$$

二、利用影响线确定最不利荷载位置

如前所述,在移动荷载作用下结构上的各种量值均将随荷载的位置而变化,设计时必须求出各种量值的最大值(包括最大正值和最大负值,最大负值也称最小值)作为设计的依据。为此,必须先确定使某一量值发生最大(或最小)值的荷载位置,即最不利荷载位置。只要所求量值的最不利荷载位置一经确定,则其最大(最小)值便可按前述方法算出。影响线的一个重要用途,就是用它来确定最不利荷载位置。下面我们就讨论如何利用影响线确定最不利荷载位置。

(一)均布荷载作用情况

1. 长度不定可以任意布置的均布荷载

这种长度不定可以任意断续布置的均布荷载(也称可动均布荷载,如人群、货物等),由式(6-4)易知:将荷载布满对应影响线所有正面积的部分,则产生 S 的最大值;反之,将荷载布满对应影响线所有负面积的部分,则产生 S 的最小值。

2. 定长的均布荷载

这里讨论定长均布荷载通过三角形影响线的情况。显然,为使所研究的量值达到最大,应使均布荷载范围对应的影响线面积 ω 最大。通过直观判断(也可用数学方法证明),将均布荷载置于两端点对应的影响线纵坐标（y_A和y_B）恰好相等时，荷载所对应的影响线面积最大（图6-20a）。该位置即是图示定长均布荷载的最不利荷载位置。若影响线为直角三角形，则可将荷载直接布置在影响线纵距较大的一侧即可，如图6-20b）。

（二）集中荷载作用情况

1. 一个移动集中荷载

单个集中荷载作用时，其最不利荷载作用位置凭直观判断即可确定。如图6-21，显然，将P置于S影响线的最大竖坐标处即可产生S最大值，而将P置于最小竖坐标处则产生S最小值。

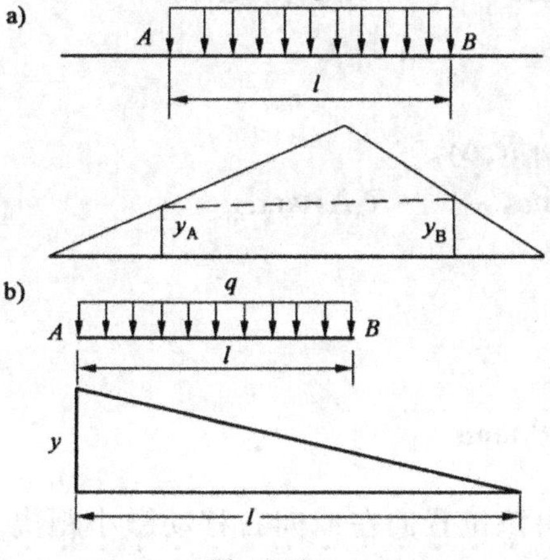

图 6-20

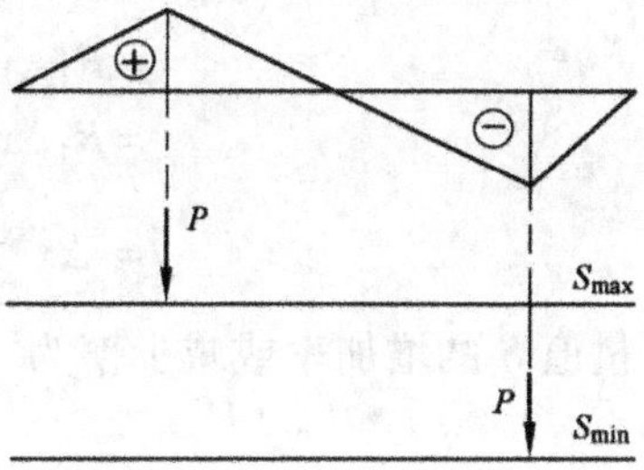

图 6-21

2. 行列荷载

所谓行列荷载是指一系列间距不变的移动集中荷载（也包括均布荷载），如汽车车队、中-活载等。由于这类荷载的荷载数目较多，最不利荷载位置无法通过直观确定。通常，我们是用高等数学中求函数最大、最小值的方法来求解的。一般步骤是：

（1）求出使所研究的量值S产生极值的荷载位置，这个荷载位置称为临界荷载位置。

（2）从临界荷载位置中选出最不利荷载位置，也就是从S的极大值中选出最大值，从极小值中选出最小值。

下面我们以图6-22所示折线形影响线为例，说明临界荷载的位置及判定方法。

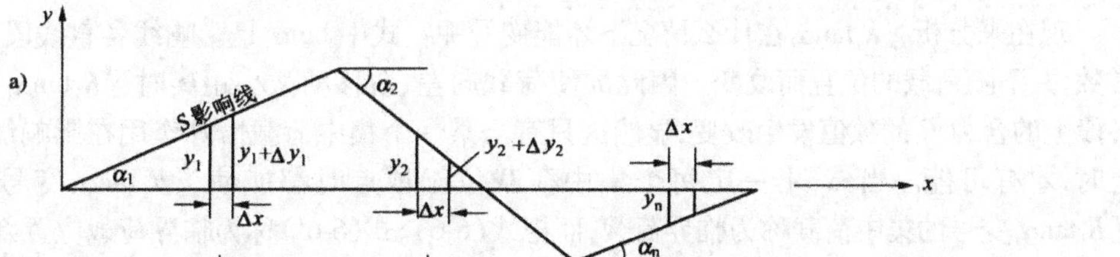

图 6-22

根据临界荷载位置的定义可知，当荷载移动到该位置使所求量值 S 为极大值时，行列荷载由该位置无论向左或向右移动一微小距离，S 值均将减小。

设图 6-22a）所示影响线各直线段的倾角分别为 α_1、α_2、…、α_n，取坐标轴 x 向右为正，y 向上为正，倾角 α 以逆时针方向为正。现有一组集中荷载处在图 6-22b）所示位置，所产生的量值以 S_1 表示。若每一直线段范围内各荷载的合力分别为 R_1、R_2、…、R_n，则

$$S_1 = R_1 y_1 + R_2 y_2 + \cdots + R_n y_n$$

当整个行列荷载向右移动一微小距离 Δx 时［图 6-22c）］，相应的量值 S_2 为

$$S_2 = R_1(y_1 + \Delta y_1) + R_2(y_2 + \Delta y_2) + \cdots + R_n(y_n + \Delta y_n)$$

故 S 的增量

$$\begin{aligned}\Delta S &= S_2 - S_1 \\ &= R_1 \Delta y_1 + R_2 \Delta y_2 + \cdots + R_n \Delta y_n \\ &= R_1 \Delta x \tan\alpha_1 + R_2 \Delta x \tan\alpha_2 + \cdots + R_n \Delta x \tan\alpha_n \\ &= \Delta x \sum_{i=1}^{n} R_i \tan\alpha_i\end{aligned}$$

量值 S 的增加率或减少率为

$$\frac{\Delta S}{\Delta x} = \sum_{i=1}^{n} R_i \tan\alpha_i \tag{6-5}$$

显然，使 S 成为极大值的条件是：无论荷载由该位置向左或向右移动微小距离，S 均将减小，即 $\Delta S < 0$。由于荷载左移时 $\Delta x < 0$，而右移时 $\Delta x > 0$，故 S 为极大值时应有

$$\left.\begin{aligned}&\text{荷载左移，} \sum R_i \tan\alpha_i > 0 \\ &\text{荷载右移，} \sum R_i \tan\alpha_i < 0\end{aligned}\right\} \tag{6-6}$$

也就是当荷载先稍向左、后稍向右移动时，$\sum R_i \tan\alpha_i$ 由正变负，S 才可能为极大值。

同理，$\sum R_i \tan\alpha_i$ 由负变正，则 S 在该位置为极小值，即 S 为极小值时应有

$$\left.\begin{aligned}&\text{荷载左移，} \sum R_i \tan\alpha_i < 0 \\ &\text{荷载右移，} \sum R_i \tan\alpha_i > 0\end{aligned}\right\} \tag{6-6′}$$

综上所述，可知，当荷载从某一位置向左、右移动微小距离时，若 $\sum R_i \tan\alpha_i$ 变号，则该荷载位置为产生极值的位置，也就是临界荷载位置。

现在来分析 $\sum R_i \tan\alpha_i$ 在什么情况下才能变号呢？式中 $\tan\alpha_i$ 是影响线各直线段的斜率，它们是常数，并不随荷载的位置而改变。因此欲使荷载向左、右移动微小距离时 $\sum R_i \tan\alpha_i$ 变号，就必须是各段上的合力 R_i 的数值发生改变，显然这只有当某一个集中荷载恰好作用在影响线的某一个顶点上时，才有可能。当然，不一定每个集中荷载位于顶点时都能使 $\sum R_i \tan\alpha_i$ 变号。我们把能使 $\sum R_i \tan\alpha_i$ 变号的集中荷载称为临界荷载，而把式(6-6)、式(6-6′)称为临界荷载位置判别式。

确定临界荷载位置一般通过试算，即先将行列荷载中的某一集中荷载置于影响线的某一顶点，然后令荷载分别向左、右移动，计算相应的 $\sum R_i \tan\alpha_i$ 值，看其是否变号。应当注意：当荷载左移时，此集中荷载应作为该顶点左边直线段上的荷载，右移时则应作为右边直线段上的荷载。如果此时判别式变号则说明该荷载是临界荷载。此时荷载位置即为一临界荷载位置。若判别式不变号，则说明此荷载位置不是临界荷载位置，应换一个荷载置于顶点再行试算。在一般情况下，临界荷载位置可能不止一个，这就需将与各临界荷载位置相应的 S 极值均求出，再从中选出最大（最小）值，而其相应的荷载位置即为最不利荷载位置。

为了减少试算次数，可先大致估计最不利荷载位置。为此，应将行列荷载中数值较大且较

为密集的部分置于影响线纵坐标最大的区段，同时应注意位于同符号影响线范围内的荷载应尽可能的多，因为这样才可能产生较大的 S 值。

【例 6-2】 试求图 6-23a)所示简支梁在车辆荷载作用下截面 K 的最大弯矩。

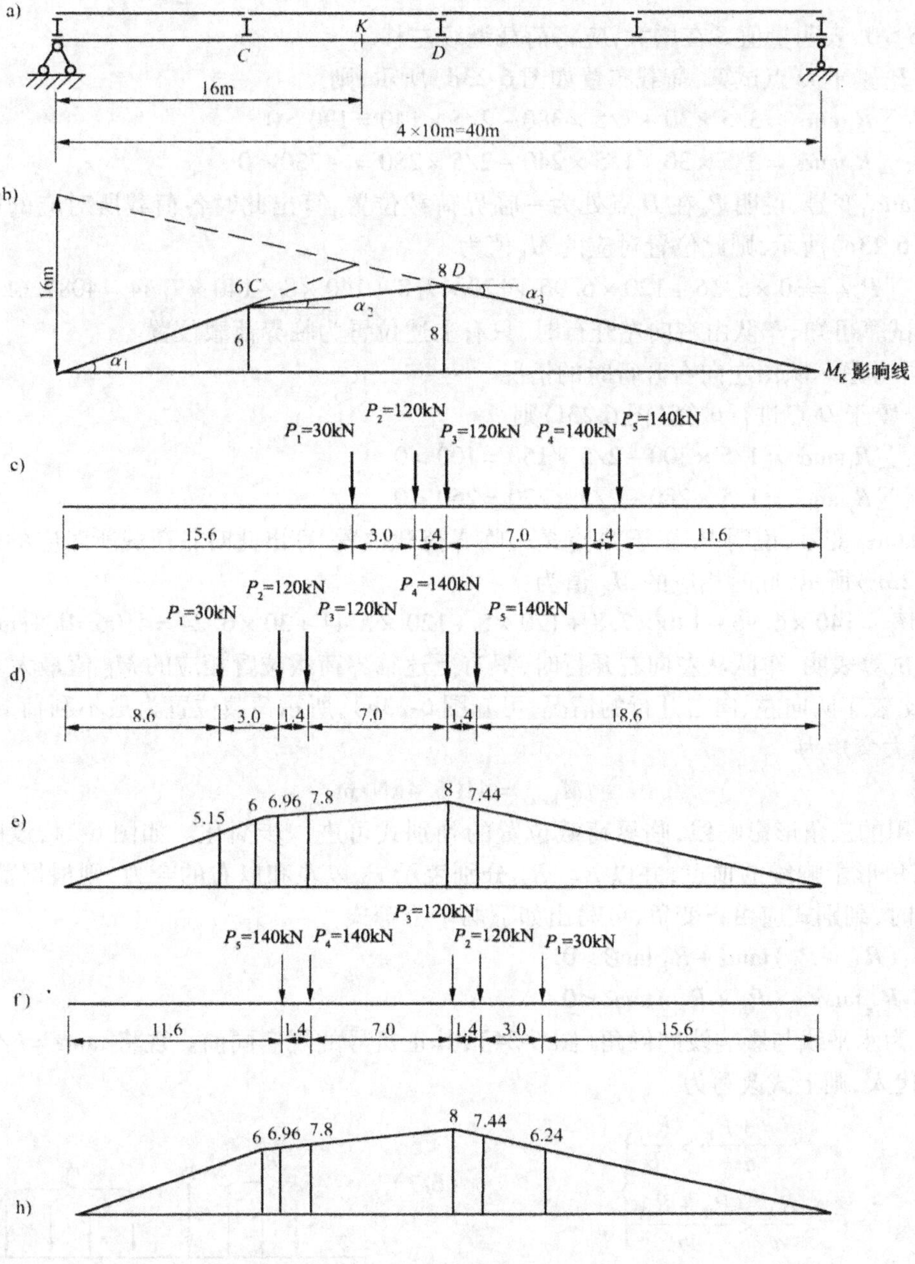

图 6-23

解：先绘制 M_K 的影响线，如图 6-23b)所示，各直线段的斜率为

$$\tan\alpha_1 = 3/5 \qquad \tan\alpha_2 = 1/5 \qquad \tan\alpha_3 = -2/5$$

然后根据判别式(6-6)，通过试算来确定临界荷载位置。

(1)首先考虑车队由右向左开行时的情况

将 P_3 置于 D 点进行试算，荷载布置如图 6-23c)所示，则左移：$\sum R_i \tan\alpha_i = 1/5 \times 270 - 2/5 \times 280 = -290 < 0$

右移：$\sum R_i \tan\alpha_i = 1/5 \times 150 - 2/5 \times 400 = -650 < 0$

$\sum R_i \tan\alpha_i$未变号，说明 P_3在 D 点处不是临界位置。同时，由左移$\frac{\Delta S}{\Delta x} = \sum R_i \tan\alpha_i < 0$ 可知，$\Delta x < 0, \Delta S > 0$，表明量值 S 在增大，应将荷载继续左移。

现将 P_4置于 D 点试算，荷载布置如图 6-23d）所示，则

左移：$\sum R_i \tan\alpha_i = 3/5 \times 30 + 1/5 \times 380 - 2/5 \times 140 = 190 > 0$

右移：$\sum R_i \tan\alpha_i = 3/5 \times 30 + 1/5 \times 240 - 2/5 \times 280 = -230 < 0$

$\sum R_i \tan\alpha_i$变号，说明 P_4在 D 点处为一临界荷载位置，算出此时各荷载所对应的影响线竖坐标如图 6-23e）所示，则此位置对应的 M_K值为

$M_K = \sum P_i y_i = 30 \times 5.16 + 120 \times 6.96 + 120 \times 7.8 + 140 \times 8 + 140 \times 7.44 = 4087.6\text{kN}\cdot\text{m}$

继续试算可知，车队由右向左开行时，只有上述位置为临界荷载位置。

（2）再考虑车队由左向右开行时的情况

将 P_3 置于 D 点进行试算（图 6-23f）则

左移：$\sum R_i \tan\alpha_i = 1/5 \times 400 - 2/5 \times 150 = 100 > 0$

右移：$\sum R_i \tan\alpha_i = 1/5 \times 280 - 2/5 \times 270 = 260 < 0$

$\sum R_i \tan\alpha_i$ 变号，说明 P_3 置于 D 点是一临界荷载位置，算出此时各荷载所对应的影响线竖标如图 6-23h）所示，此时相应的 M_K 值为：

$$M_K = 140 \times 6.96 + 140 \times 7.8 + 120 \times 8 + 120 \times 7.44 + 30 \times 6.24 = 4106.4\text{kN}\cdot\text{m}$$

继续试算表明，车队从左向右开行时，只有上述临界荷载位置相应的 M_K 值最大。

（3）比较车队向左、向右开行的情况，可知图 6-23h），所示荷载位置为最不利荷载位置，截面 K 的最大弯矩为

$$M_{KMax} = 4106.4\text{kN}\cdot\text{m}$$

对常用的三角形影响线，临界荷载位置的判别式可进一步简化。如图 6-24，设临界荷载 P_K处于三角形影响线的顶点，并以 $R_{左}$、$R_{右}$分别表示 P_K以左和以右的合力，则根据荷载向左、向右移动时，判别式应由正变负，可写出如下两个不等式

左移：$(R_{左} + P_K)\tan\alpha + R_{右}\tan\beta > 0$

右移：$R_{左}\tan\alpha + (P_K + R_{右})\tan\beta < 0$

式中 α、β 为水平线与影响线间倾角（图 6-24），其正负号的规定同前。现将 $\tan\alpha = h/a$ 和 $\tan\beta = -h/b$ 代入，则上式改写为

$$\left.\begin{aligned} \frac{R_{左} + P_K}{a} &> \frac{R_{右}}{b} \\ \frac{R_{左}}{a} &< \frac{P_K + R_{右}}{b} \end{aligned}\right\} \qquad (6\text{-}7)$$

这就是三角形影响线上临界荷载位置的判别公式。对这两个不等式可以这样形象的理解：把临界荷载 P_K归到顶点的哪一边，哪一边的“平均荷载”就大些。

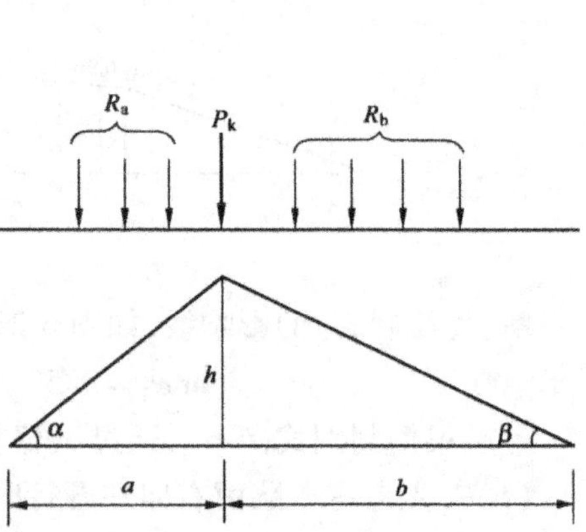

图 6-24

对于均布荷载跨过三角形影响线顶点的情况

(图6-25)，可由$\frac{dS}{dx}=\sum R_i\tan\alpha_i=0$的条件来确定临界位置。由

$$\sum R_i\tan\alpha_i=R_{左}\frac{h}{a}-R_{右}\frac{h}{b}=0$$

得

$$\frac{R_{左}}{a}=\frac{R_{右}}{b} \tag{6-8}$$

即左、右两边平均荷载相等。

最后必须指出，对于直角三角形，判别式(6-6)、(6-6′)、(6-7)均不再适用。此时的最不利荷载位置，一般可由直观判定。例如图6-26，对中-活载，显然当第一轮位于影响线顶点时所产

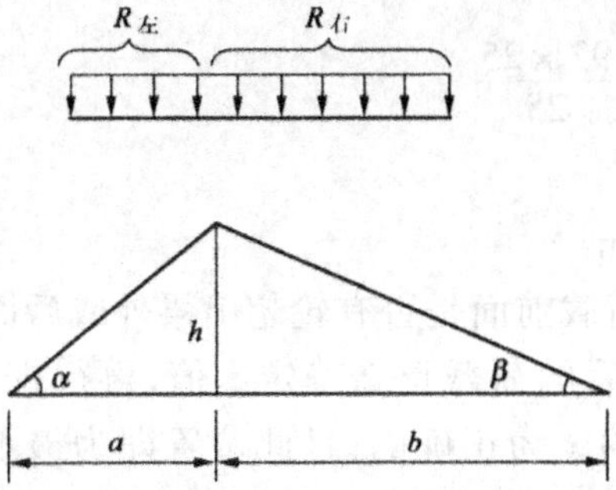

图 6-25

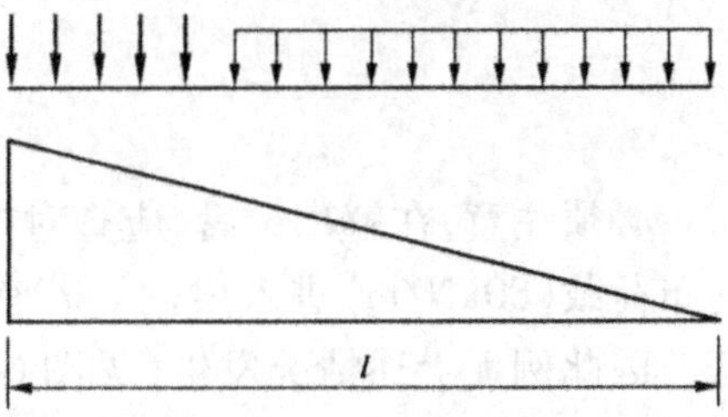

图 6-26

生的量值S最大，所以此为最不利荷载位置。

【例6-3】 试求图6-27a)所示简支梁截面C的最大弯矩：在中-活载作用下。

解：作出M_C的影响线如图6-27b)所示。

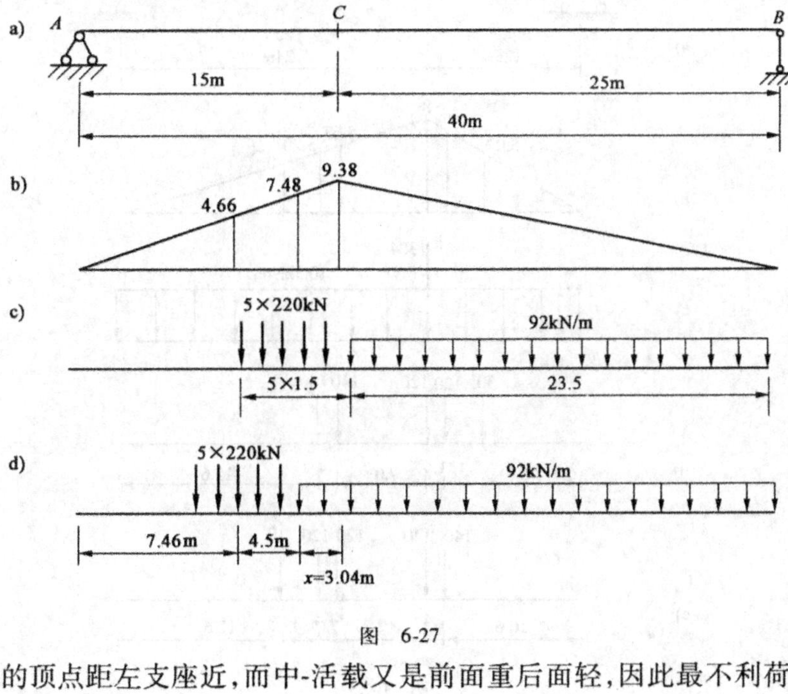

图 6-27

此影响线的顶点距左支座近，而中-活载又是前面重后面轻，因此最不利荷载位置必然发

生在列车由右向左开行时的情况。因为这样才使梁上所受荷载较多且使较重的荷载位于顶点附近，故只需对此种情况进行讨论。

将第五个车轮置于顶点处试算（图 6-27e），有

$$\frac{5\times 220}{15} < \frac{92\times 23.5}{25}$$

$$\frac{4\times 220}{15} < \frac{220+92\times 23.5}{25}$$

可见此处不是临界荷载位置，且将第五个轮子算入左边时，左边的平均荷载尚比右边的小，故还应将荷载继续左移。

设均布荷载左端跨过顶点的距离为 x 时的点为临界荷载位置（图 6-27f），则根据公式(6-8)有

$$\frac{5\times 220+92x}{15} = \frac{92\times 25}{25}$$

得

$$x = 3.04\text{m}$$

必须注意，在解出 x 后，应查对按此 x 布置的荷载前面是否有轮超出梁外或后面有第二段均布荷载(80kN/m)进入梁内。若有，则应按变更后的荷载重新确定 x 值，再行查对，直至相符。因此例无上述情况发生（见图 6-27f），故所求的 x 为正确的，且此位置即为最不利荷载位置，相应的 M_C 值为

$$M_{C(\max)} = 5\times 220\times 4.46 + 92\times\left[\frac{3.04}{2}\times(9.38+7.48)+\frac{9.38\times 25}{2}\right] = 18271\text{kN}\cdot\text{m}$$

【例 6-4】 试求图 6-28 所示简支梁在公路—Ⅰ级车道荷载和车辆荷载作用下截面 c 的最

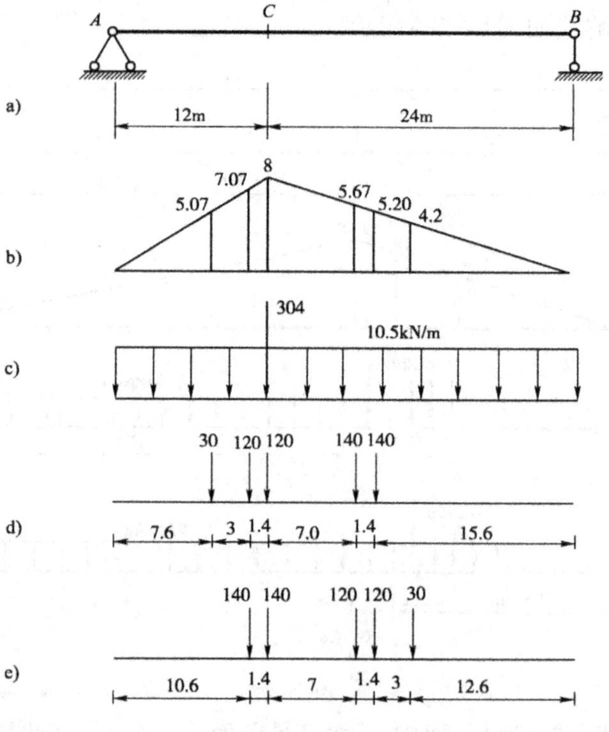

图 6-28

大弯矩值。

解:作出 M_C 的影响线和公路—Ⅰ级车道荷载位置如图 6-28 b)、c)所示。

1. 公路—Ⅰ级车道荷载作用时,桥梁计算跨径为36m 时

$$P_K = 180 + \frac{(360-180)}{(50-5)}(36-5) = 304\text{kN}$$

$$M_C = q\omega + P_k y = 10.5 \times \frac{1}{2} \times 36 \times 8 + 304 \times 8 = 3\,944\text{kN·m}$$

2. 公路—Ⅰ级车辆荷载作用时

(1)首先考虑车队由右向左开行的情况,荷载布置如图 6-28 d)

$$\frac{30+120+120}{12} > \frac{140+140}{24}$$

$$\frac{30+120}{12} < \frac{120+140+140}{24}$$

可见此处是临界荷载位置。

利用相似三角形能求出各荷载对应的纵坐标如图 6-28 b)

$$M_C = 30 \times 5.07 + 120 \times 7.07 + 120 \times 8 + 140 \times 5.67 + 140 \times 5.2 = 3\,482.3\text{kN·m}$$

(2)再考虑车队由左向右开行的情况,荷载布置如图 6-28 e)

$$\frac{140+140}{12} > \frac{120+120+30}{24}$$

$$\frac{140}{12} < \frac{140+120+120+30}{24}$$

可见此处是临界荷载位置。

利用相似三角形能求出各荷载对应的纵坐标如图 6-28 b)

$$M_C = 140 \times 7.07 + 140 \times 8 + 120 \times 5.67 + 120 \times 5.2 + 30 \times 4.2 = 3\,540.2\text{kN·m}$$

比较车队向左、向右开行的情况,可知图 6-28 e)所示荷载位置为最不利荷载位置。

截面 C 的最大弯矩值

$$M_{C(\max)} = 3\,540.2\text{kN·m}$$

§6-6 简支梁的绝对最大弯矩和简支梁的内力包络图

一、简支梁的绝对最大弯矩

在移动荷载作用下,利用前述方法,不难求出简支梁上任一指定截面的最大弯矩。但是在梁的所有各截面的最大弯矩中,又有最大的,称为绝对最大弯矩。显然,当简支梁受移动荷载作用时,应该用绝对最大弯矩来设计等截面梁的截面尺寸。

要确定简支梁的绝对最大弯矩,必须解决两个问题:(1)绝对最大弯矩将发生在哪一个截面?(2)此截面发生最大弯矩时的荷载位置?也就是说,此时截面位置与荷载位置都是未知的。要解决这一问题,虽然可用前述方法把所有各截面的最大弯矩一一求出,从中找出最大值来,但这个方法是行不通的。因为梁的截面有无限多个,无法一一加以比较。因此,必须寻求其他可行的途径。

当梁上作用的移动荷载都是集中荷载时,绝对最大弯矩的求解可以得到简化。我们知道,

在集中荷载组作用下(图6-29),梁的弯矩图的顶点总是在集中荷载作用点处。随着荷载组的移动,这些顶点的位置及弯矩都在改变。由此可见,在集中荷载组移动过程中,梁上的绝对最大弯矩必定出现在某个集中荷载作用点的截面,为确定它究竟发生在哪一个荷载的作用点处及该点位置,可采取如下办法来解决。即先任选一个集中荷载作为对象,研究它在什么位置时会使荷载作用点截面产生最大弯矩;按相同的方法,求得发生在其他集中荷载作用点截面的最大弯矩,然后经比较即可确定绝对最大弯矩。

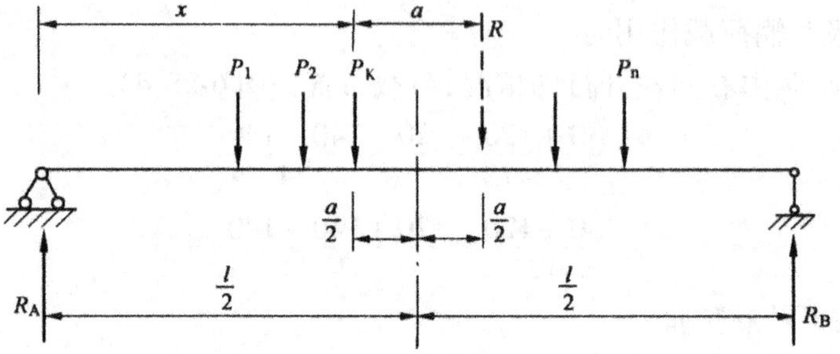

图 6-29

如图6-29,试取某一集中荷载P_K,它至左支座A的距离x,梁上荷载的合力R至P_K的距离为a,则左支座反力由$\sum M_B=0$求得

$$R_A=\frac{R}{l}(l-x-a)$$

P_K作用点截面的弯矩M_K'为

$$M_K'=R_Ax-M_K=\frac{R}{l}(l-x-a)x-M_K$$

式中M_K表示P_K以左梁上荷载对P_K作用点的力矩总和,它是一个与x无关的常数。当M_K为极大值时,根据极值条件

$$\frac{dM_K}{dx}=\frac{R}{l}(l-2x-a)=0$$

得

$$x=\frac{l}{2}-\frac{a}{2}$$

这表明,当P_K与合力R对称作用于梁的中点时,P_K之下截面的弯矩达到最大值,其值为

$$M_{C(\max)}=\frac{R}{l}\left(\frac{l}{2}-\frac{a}{2}\right)^2-M_K$$

注意:当合力R位于P_K左侧时

$$x=\frac{l}{2}+\frac{a}{2}$$

利用上述结论,我们可以将各个荷载作用点截面的最大弯矩找出,将它们加以比较而得出绝对最大弯矩。不过,当荷载数目较多时,这仍是较麻烦的。实际计算中,宜事先估计发生绝对最大弯矩的临界荷载。因为简支梁的绝对最大弯矩总是发生在梁的中点附近,因此可设想,使梁中点截面产生最大弯矩的临界荷载,也就是发生绝对最大弯矩的临界荷载。经验表明,这种设想在通常情况下都是正确的。

综上所述,计算简支梁绝对最大弯矩的步骤为:

(1)用6-5节所述方法确定使梁中点截面发生最大弯矩的临界荷载P_K；

(2)移动荷载组，使P_K与梁上全部荷载的合力R对称梁的中点（即$x = L/2 - a/2$）；

(3)计算该荷载位置时P_K所在截面的弯矩，即为绝对最大弯矩。

值得注意的是，R为梁上实有荷载的合力。在安排P_K与R的位置时，梁上实有荷载的个数可能会有增减，这时，就需要重新计算合力R的数值和位置。合力R作用线的位置，可用理论力学中已学过的合力矩定理确定。

【例6-5】 试求图6-30a)所示简支梁在图示行列荷载作用下的绝对最大弯矩，并与跨中截面最大弯矩比较。

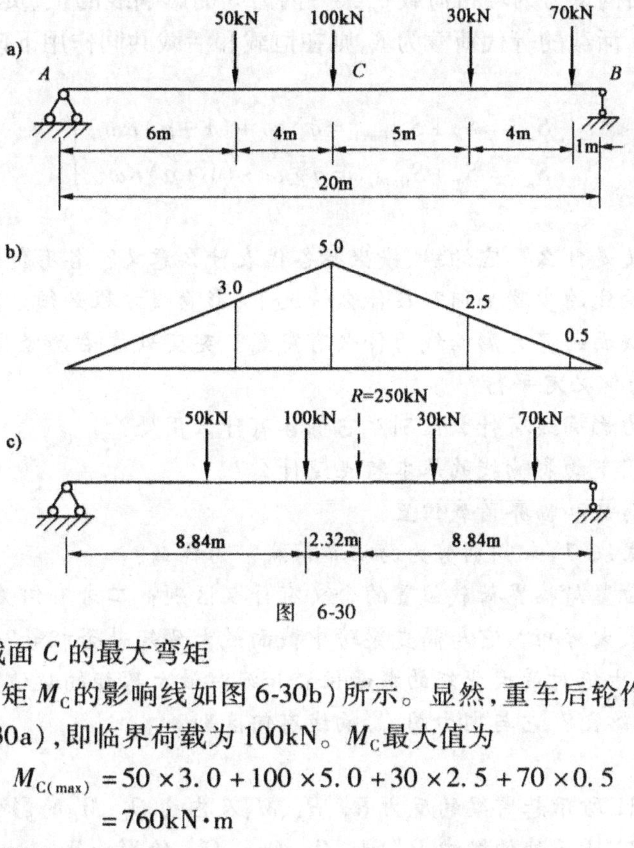

图 6-30

解：(1)求跨中截面C的最大弯矩

绘出跨中截面弯矩M_C的影响线如图6-30b)所示。显然，重车后轮作用于影响线定点时为最不利位置（图6-30a)，即临界荷载为100kN。M_C最大值为

$$M_{C(max)} = 50 \times 3.0 + 100 \times 5.0 + 30 \times 2.5 + 70 \times 0.5 = 760\text{kN}\cdot\text{m}$$

(2)求绝对最大弯矩

设发生绝对最大弯矩时梁上有4个荷载，其合力为

$$R = 50 + 100 + 30 + 70 = 250\text{kN}$$

R至临界荷载（100kN）的距离a由合力矩定理（以100kN作用点为矩心）求得

$$a = \frac{30 \times 5 + 70 \times 9 - 50 \times 4}{250} = 2.32\text{kN}$$

使100kN与R对称于梁的中点，荷载安排如图6-30c)所示，此时梁上荷载与求合力时相符，且合力位于P_K的右侧，则

$$M_{max} = \frac{250}{20} \times \left(\frac{20}{2} - \frac{2.23}{2}\right)^2 - 50 \times 4 = 777\text{kN}\cdot\text{m}$$

由上述计算结果知，绝对最大弯矩比跨中最大弯矩大2.2%，在实际工作中，有时也用跨

中最大弯矩来近似代替绝对最大弯矩。

二、简支梁的内力包络图

在钢筋混凝土结构设计中，为了配置钢筋，通常需要求出在结构重力和活载共同作用下各截面的最大、最小内力值，以此作为设计或验算的依据。连接各截面最大、最小内力的图形，称为内力包络图。

在实际工程中，对于活载还须考虑其冲击力的影响（即动力影响），这通常是将静活载所产生的内力值乘以冲击系数 $1+\mu$ 来考虑的。冲击系数的确定详见有关规范。

设梁所承受的结构重力为均布荷载 q，某一内力 S 的影响线的正、负面积及总面积分别用 ω_+、ω_- 及 $\sum\omega$ 表示。活载的等代荷载为 K，则在恒载和活载共同作用下该内力的最大、最小值的计算式可写为

$$\left.\begin{aligned}S_{\max}&=S_q+S_{K(\max)}=q\sum\omega+(1+\mu)K\omega_+\\S_{\min}&=S_q+S_{K(\min)}=q\sum\omega+(1+\mu)K\omega_-\end{aligned}\right\}\qquad(6\text{-}9)$$

复习思考题

1. 影响线的含义是什么？它的纵、横坐标各代表什么意义？各有什么样的单位？
2. 静力法作影响线的步骤如何？在什么情况下，影响线方程必须分段列出？
3. 简支梁任一截面的剪力影响线为什么有突变？突变处左右两竖坐标各代表什么含义？突变处两侧的线段为何必定平行？
4. 内力图和内力影响线有什么区别？它们各有什么用处？
5. 结点荷载作用下的影响线的基本特点是什么？
6. 什么是临界荷载和临界荷载位置？
7. 能否利用公式(6-7)来判别剪力的临界荷载？为什么？
8. 最不利荷载位置与临界荷载位置的含义有什么区别？二者有何关系？
9. 什么是绝对最大弯矩？它与简支梁跨中截面最大弯矩是否相等？
10. 如何确定产生绝对最大弯矩的截面位置和绝对最大弯矩的数值？
11. 何谓内力包络图？它与内力图、影响线有何区别？

习题

6-1 试作图6-31所示悬臂梁的反力 R_A、H_A、M_A 及内力 Q_C、M_C 的影响线。

6-2 试作图6-32所示外伸梁中 R_A、M_C、Q_C、$Q_{B左}$、$Q_{B右}$ 的影响线。

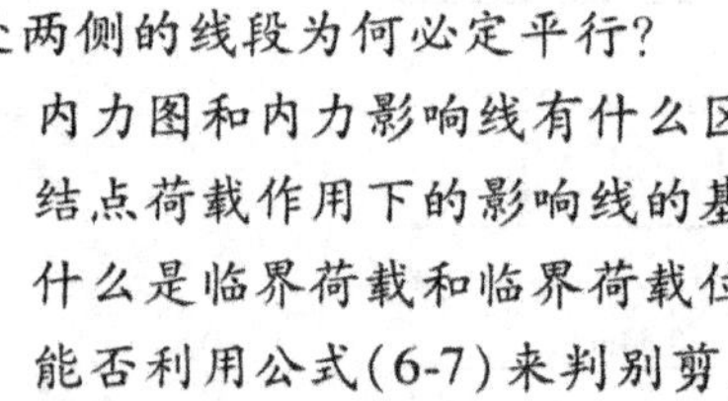

图 6-31

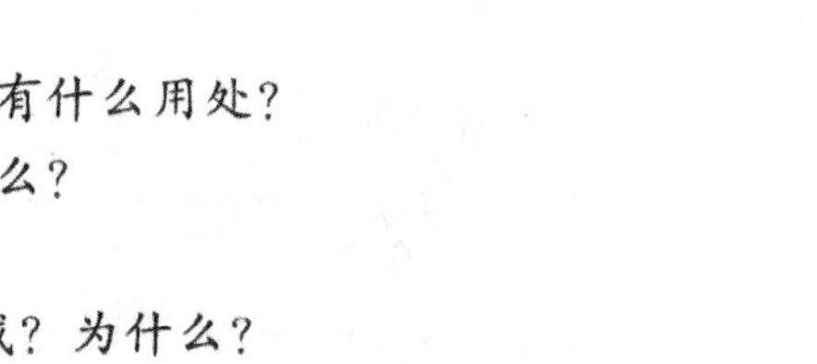

图 6-32

6-3 试作图6-33所示斜梁 V_A、V_B、R_B、M_C、Q_C、N_C 的影响线。

6-4 试作图6-34所示梁 R_B、M_C、Q_C 的影响线。

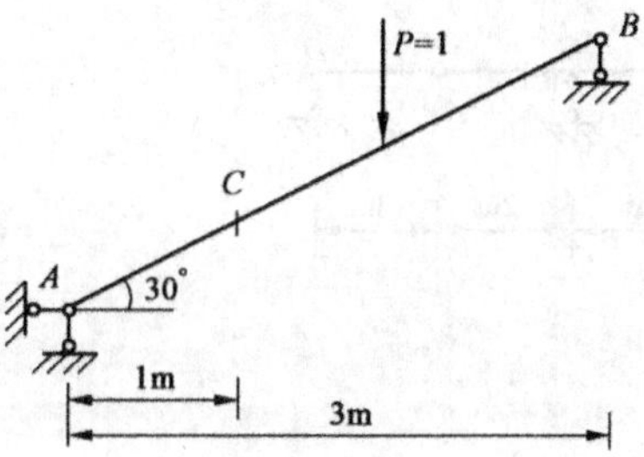

图 6-33

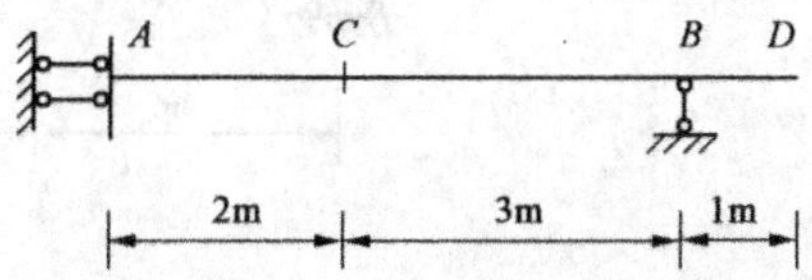

图 6-34

6-5 作图 6-35 所示主梁 R_B、M_C、Q_C、M_D、$Q_{D左}$、$Q_{D右}$ 的影响线。

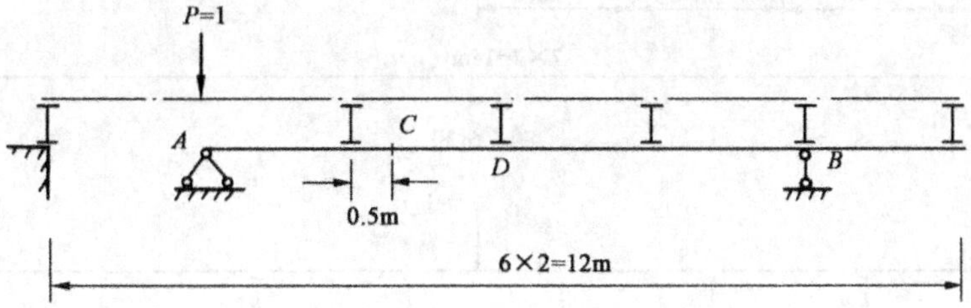

图 6-35

6-6 作图 6-36 所示主梁 V_A、R_B、M_C、Q_C、M_D 和 Q_D 的影响线。

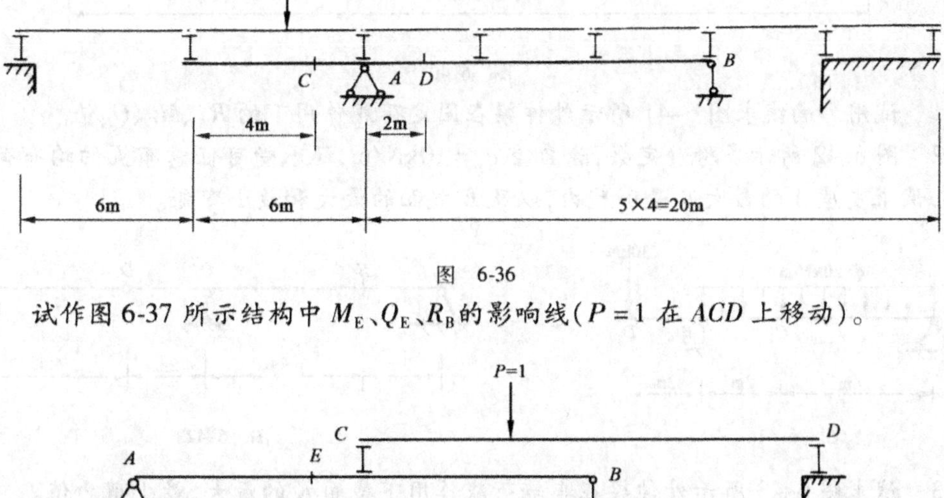

图 6-36

6-7 试作图 6-37 所示结构中 M_E、Q_E、R_B 的影响线（$P=1$ 在 ACD 上移动）。

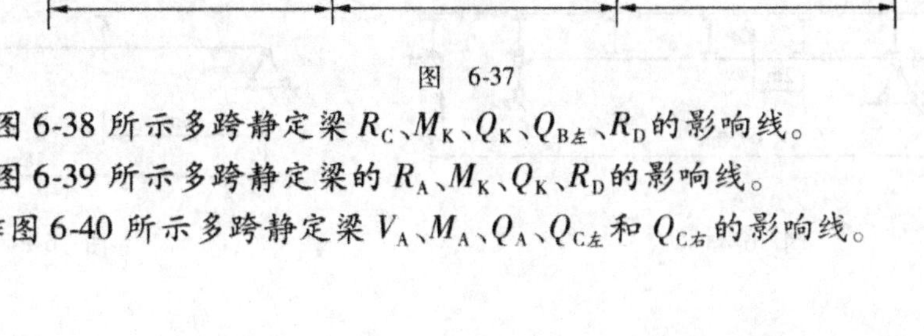

图 6-37

6-8 试作图 6-38 所示多跨静定梁 R_C、M_K、Q_K、$Q_{B左}$、R_D 的影响线。

6-9 试作图 6-39 所示多跨静定梁的 R_A、M_K、Q_K、R_D 的影响线。

6-10 试作图 6-40 所示多跨静定梁 V_A、M_A、Q_A、$Q_{C左}$ 和 $Q_{C右}$ 的影响线。

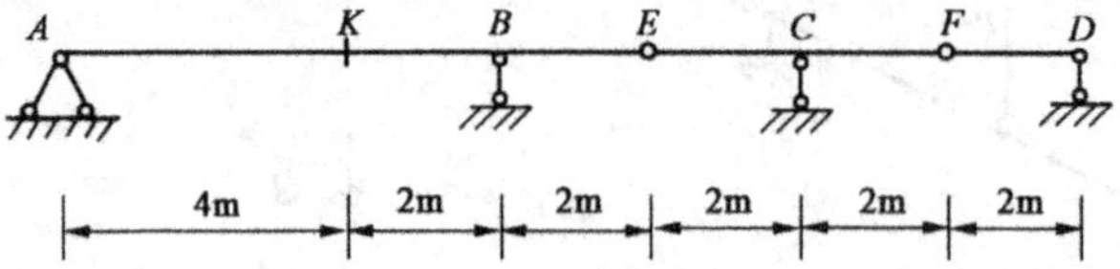

图 6-38

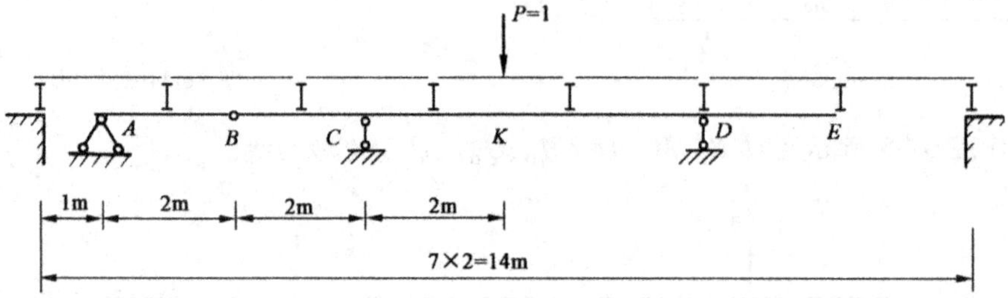

图 6-39

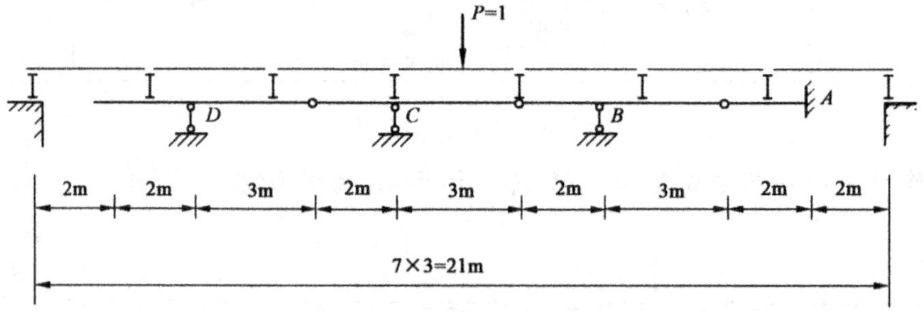

图 6-40

6-11 试用影响线求图 6-41 所示外伸梁在固定荷载作用下的 R_A、M_C、Q_C 值。

6-12 图 6-42 所示多跨静定梁，除自重 $q_1 = 10\text{kN/m}$，还承受可任意布置的均布荷载 $q_2 = 30\text{kN/m}$，试求支座 A 的最大及最小反力，以及 E 截面的最大和最小弯矩。

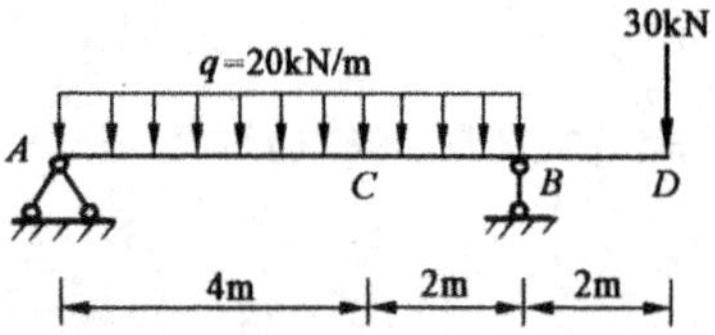

图 6-41

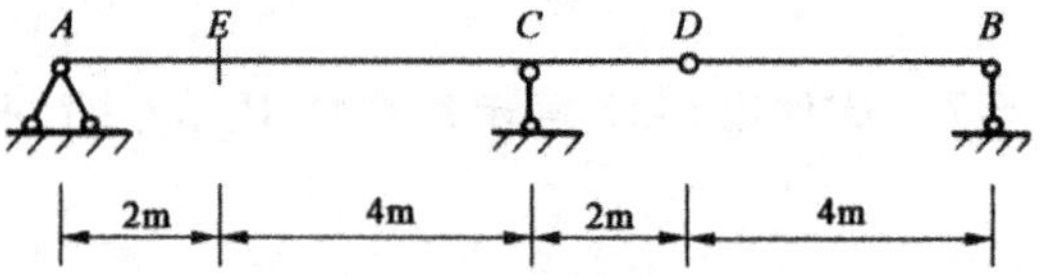

图 6-42

6-13 试求图 6-43 所示外伸梁在车辆荷载作用下截面 K 的最大、最小剪力值。

6-14 试求图 6-44 所示简支梁在公路—I 级车道荷载和车辆荷载作用下截面 K 的最大弯矩值。

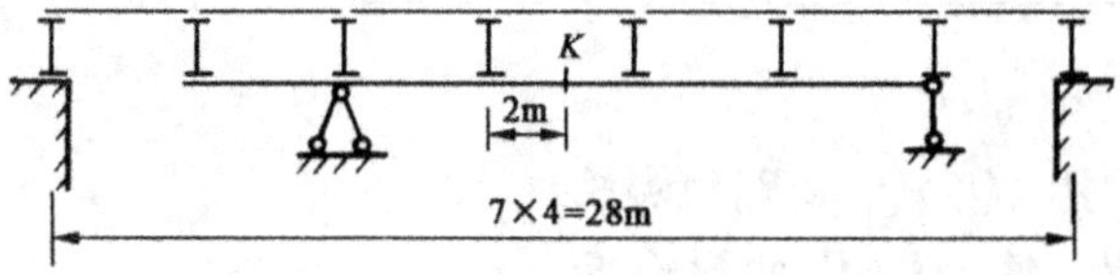

图 6-43

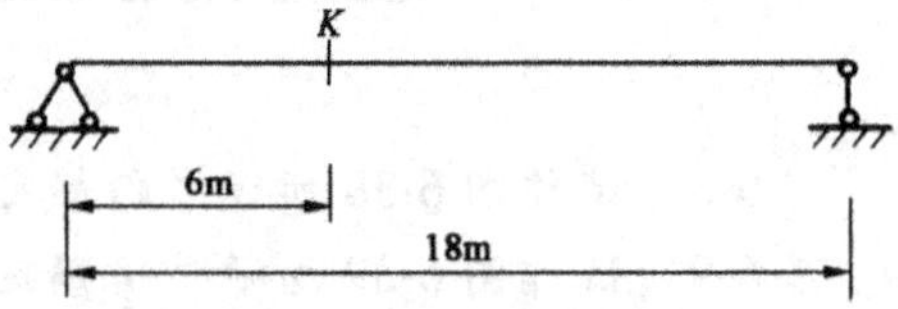

图 6-44

6-15　试求图 6-45 所示简支梁在车辆荷载作用下时 M_K 的最大值：要求按判别式确定最不利荷载位置。

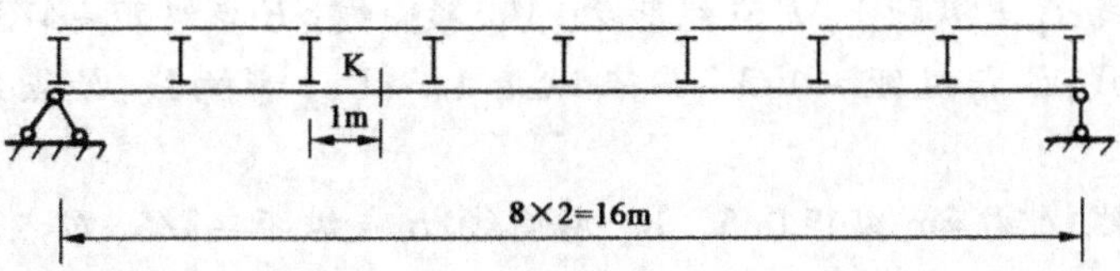

图　6-45

6-16　如图 6-46，试判定最不利荷载位置并求出图示简支梁 M_K 的最大值。在公路—II 级车道荷载作用下。

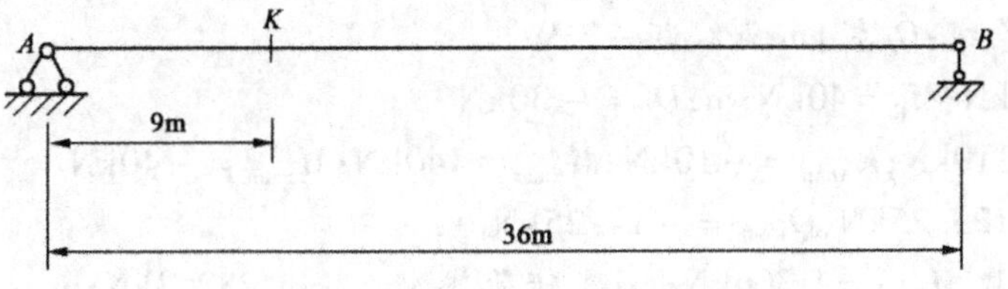

图　6-46

6-17　试求图 6-47 所示简支梁的跨中截面最大弯矩和绝对最大弯矩。

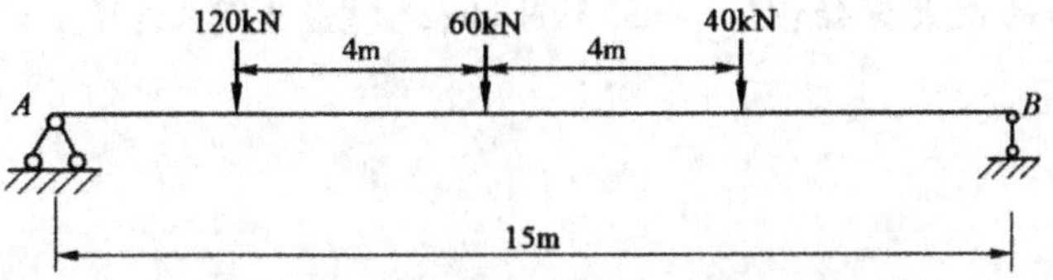

图　6-47

习题解答

6-1　$R_A=1$；$H_A=0$；$M_A=4-x$ ；$Q_C=1(0<x<1.5)$、$Q_C=0(1.5<x<4)$；

$M_C=-(1.5-x)(0\leqslant x\leqslant 1.5)$、$M_C=0(1.5\leqslant x\leqslant 4)$

6-2　$R_A=(4-x)/4\ (0\leqslant x\leqslant 6)$；$M_C=x/2(0\leqslant x\leqslant 2)$、$M_C=(4-x)/2\ (2\leqslant x\leqslant 6)$；

$Q_C=-x/4(0<x<2)$、$Q_C=(4-x)/4(2<x<6)$；

$Q_{B左}=-x/4(0<x<4)$、$Q_{B左}=(4-x)/4(4<x<6)$；$Q_{B右}=-0(0<x<4)$、

$Q_{B右}=1(4<x<6)$

6-3　$V_A=(3-x)/3\ (0\leqslant x\leqslant 3)$ 、$V_B=x/3\ (0\leqslant x\leqslant 3)$、$H_A=0\ (0\leqslant x\leqslant 3)$；

$M_C=2x/3\ (0\leqslant x\leqslant 1)$、$M_C=(3-x)/3\ (1\leqslant x\leqslant 3)$；

$Q_C=-(x\cos30°)/3(0<x<1)$、$Q_C=[(3-x)\cos30°]/3(1<x<3)$；

$N_C=(x\sin30°)/3(0<x<1)$、$N_C=-[(3-x)\sin30°]/3(1<x<3)$

6-4　$R_B=1\ (0\leqslant x\leqslant 6)$；$M_C=3\ (0\leqslant x\leqslant 2)$、$M_C=5-x\ (2\leqslant x\leqslant 6)$ ；

$Q_C=-1\ (0<x<2)$、$Q_C=0\ (2<x<6)$

6-5　R_B 影响线：B 点纵距 1；M_C 影响线：D 点纵距 1.25；Q_C 影响线：D 点纵距 0.5；

M_D 影响线：D 点纵距 2；$Q_{D左}$影响线：D 点纵距 0.5；$Q_{D右}$影响线：D 点纵距 −0.5

6-6　V_A 影响线：A 点纵距 1；R_B 影响线：B 点纵距 1；M_C 影响线：C 点左 4m 纵距 −4；

Q_C 影响线：C 点左 4m 纵距 −1；A 点右纵距 0；M_D影响线：A 右 4m 纵距 10/9；

Q_D 影响线：A 右 4m 纵距 5/9

6-7 M_E 影响线：E 点纵距 0.94；Q_E 影响线：C 点纵距 0.5；R_B 影响线：C 点纵距 0.5

6-8 R_c 影响线：C 点纵距 1，F 点纵距 2；M_K 影响线：E 点纵距 $-4/3$，F 点纵距 4/3；Q_K 影响线：E 点纵距 $-1/3$，F 点纵距 1/3；$Q_{B左}$ 影响线：E 点纵距 $-1/3$，F 点纵距1/3

6-9 R_A 影响线：A 右 4m 纵距 0.5，M_K 影响线：B 点纵距 $-3/5$，E 点纵距 $-4/5$；Q_K 影响线：B 点纵距 1/5，E 点纵距 $-2/5$；R_D 影响线：B 点纵距 $-2/5$，E 点纵距7/5

6-10 V_A 影响线：B 左 2m 点纵距 $-2/3$，M_A 影响线：B 左 2m 点纵距 4/3；
Q_A 影响线：B 左 2m 点纵距 2/3，$Q_{C左}$ 影响线：D 右 2m 点纵距 $-4/3$；
$Q_{C右}$ 影响线：D 左 1m 点纵距 $-2/9$

6-11 $R_A = 50kN$；$M_C = 40kN \cdot m$；$Q_C = -30kN$

6-12 $R_{Amax} = 110kN$；$R_{Amin} = -10kN$；$M_{Emax} = 140kN$；$M_{Emin} = -40kN$

6-13 $Q_{Kmax} = 129.25kN$，$Q_{Kmin} = -14.25kN$

6-14 车道荷载 $M_{Kmax} = 1\ 306kN \cdot m$；车辆荷载 $M_{Kmax} = 1\ 282.3kN \cdot m$

6-15 $M_{Kmax} = 965.875kN \cdot m$

6-16 车道荷载 $M_{Kmax} = 2\ 495.81kN \cdot m$

6-17 跨中截面的最大弯矩：$M_{c_{max}} = 555kN \cdot m$；绝对最大弯矩：$M_{max} = 568.34kN \cdot m$

第七章　静定结构的位移计算

本章学习要点：理解结构位移的概念，了解弹性结构的虚功原理及位移计算的一般公式；掌握单位荷载法计算结构在荷载作用下的位移，其中对图乘法计算梁和刚架的位移要求熟练掌握；并掌握单位荷载法计算结构因温度改变、支座移动等引起的位移。

§7-1　概　　述

任何工程结构都是由可变形的固体材料组成的，在荷载作用下会产生变形和位移。这里，所谓变形是指结构（或其一部分）形状的改变；位移则是指结构各处位置的移动。例如图7-1a）所示的刚架在荷载作用下产生如虚线所示的变形，使截面 A 的形心 A 点移到了 A' 点，线段 AA' 称为 A 点的线位移，记作 Δ_A，它也可以用水平线位移 Δ_{AX} 和竖向线位移 Δ_{AY} 两个分量来表示（图7-1b）。同时还使截面 A 旋转了一个角度，称为截面 A 的角位移，用 φ_A 表示。又如图7-2所示刚架，在荷载作用下发生虚线所示的变形，截面 A 的角位移为 φ_A（顺时针方向），截面 B 的角位移为 φ_B（反时针方向），这两个截面方向相反的角位移之和，就构成截面 A、B 的相对角位移，即 $\varphi_{AB}=\varphi_A+\varphi_B$。同样，$C$、$D$ 两点的水平线位移分别为 Δ_C（向右）和 Δ_D（向左），这两个指向相反的水平位移之和就称为 C、D 两点的水平相对线位移，即 $\Delta_{CD}=\Delta_C+\Delta_D$。

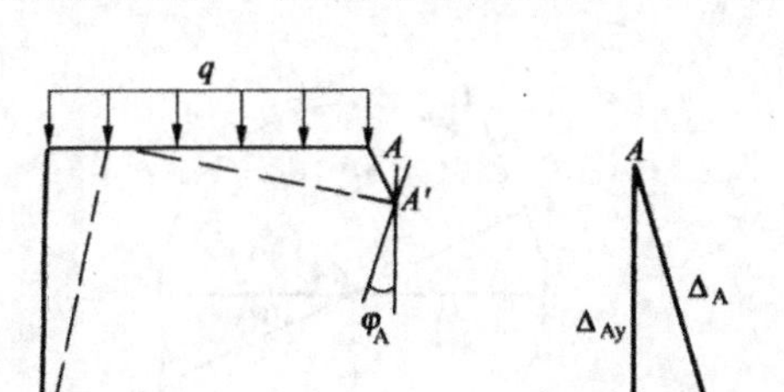

图　7-1

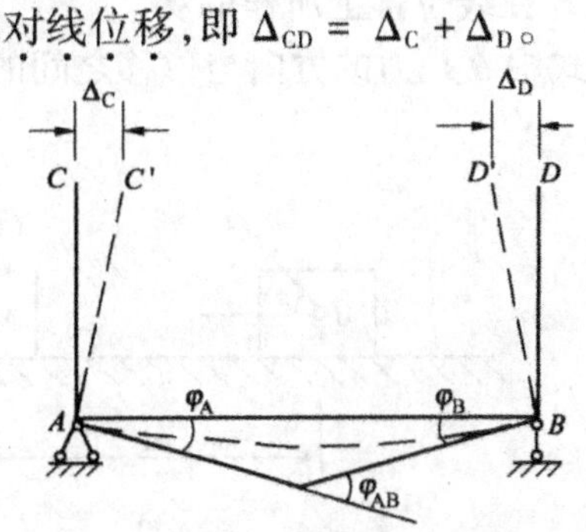

图　7-2

除荷载以外，温度改变、支座移动、制造误差、材料收缩等因素，也能使结构产生位移。

计算结构位移的目的之一是为了校核结构的刚度。我们知道，结构在荷载作用下如果变形太大，也就是没有足够的刚度，则即使不破坏也是不能正常使用的。例如列车通过桥梁时，若桥梁的挠度（即竖向线位移）太大，则线路将不平顺，以致引起过大的冲击、振动，影响行车。

其次，在结构的施工过程中，也常常需要知道结构的位移。例如图 7-3 所示三孔钢桁梁，进行悬臂拼装时，在梁的自重、临时轨道、吊机等荷载作用下，悬臂部分将下垂而发生竖向位移 f_A，若 f_A 太大，则吊机容易滚走，同时梁也不能按设计要求就位。因此，必须先行计算 f_A 的数值，以便采取相应措施，确保施工安全和拼装就位。

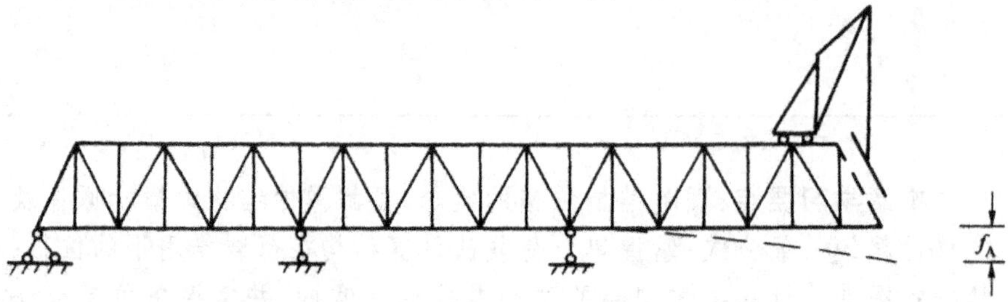

图 7-3

计算结构位移还有一个重要目的，就是为分析超静定结构打下基础。因为超静定结构的内力单凭静力平衡条件还不能全部确定，还必须考虑变形条件，而建立变形条件时必须计算结构的位移。

此外，在结构的动力计算和稳定计算中，也需要计算结构的位移。可见，结构的位移计算在工程上具有重要的意义。

结构力学中计算位移的一般方法是以虚功原理为基础的。本章将先介绍变形体系的虚功原理，然后讨论静定结构的位移计算。

§7-2 虚功原理和位移计算的一般公式

我们在物理课中已学过功的概念，即功是由力和位移两个因素组成，功的大小是力与力的方向上位移的乘积。例如图 7-4a）所示，设物体上 M 点受恒力 P 作用，如 M 点发生了线位移 Δ，则乘积

$$W = P\Delta \cdot \cos\theta \tag{7-1}$$

称为力 P 在线位移上所作的功。

上式中 θ 是力的方向与位移之间的夹角。

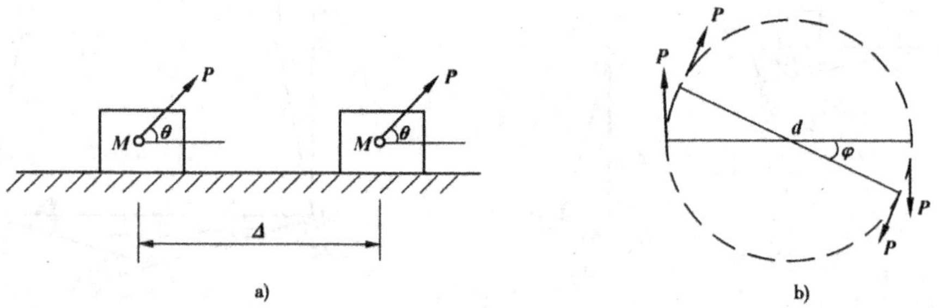

图 7-4

设物体受力偶 $M = P \times d$ 作用，如果物体在力偶作用平面内，沿力偶转动方向转过角位移 φ，图 7-4b）所示，则力偶作的功可以用构成力偶的两个力所作功的和来计算

$$W = 2P \cdot \frac{d\varphi}{2} = Pd\varphi \tag{7-2}$$

即常力偶所作的功等于力偶矩与角位移的乘积。

功是代数量，当力与位移的方向相同时，功为正值；当力与位移的方向相反时，功为负值；当力与位移相互垂直时，功为零。

作功的力可以是一个集中力，也可以是一个力偶，有时也可能是一个力系。我们将力或力偶作功用一个统一的公式表示

$$W = P\Delta \tag{7-3}$$

式中 P 称为广义力，既可代表力，也可代表力偶。Δ 称为广义位移，即可代表角位移，也可代表线位移，它与广义力相对应，如 P 为集中力时，Δ 代表线位移，P 为力偶时，Δ 代表角位移。

在功的定义中，只有力和位移两个因素，并未规定位移是什么原因引起的。也就是说无论位移是力本身引起的还是其他原因引起的，功的定义都是正确的。如果位移 Δ 是做功的力本身引起的，这个力做的功称为实功。如果位移是别的原因引起的，而不是做功的力本身引起的，这个力做的功称为虚功。例如图 7-5 所示简支梁受力 P_K 作用，待其达到实线表示的曲线平衡位置后，如果另外的原因 P_i 作用使梁继续发生微小的变形达到虚线表示的曲线位置。这时，力 P_K 在相应位移 Δ_{Ki} 上所做的功称为外力虚功。即

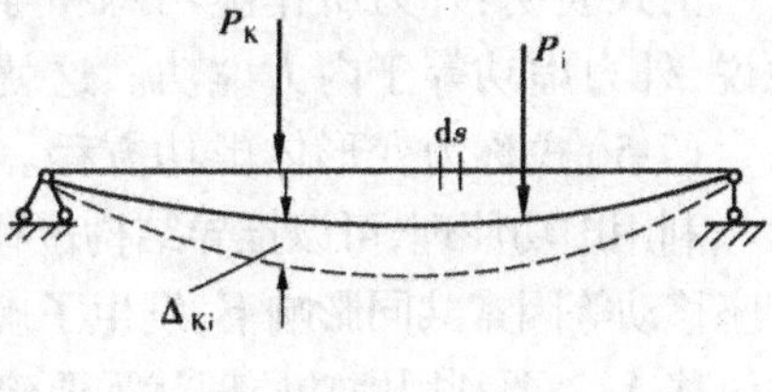

图 7-5

$$W_{外} = P_K\Delta_{Ki}$$

图 7-5 所示简支梁在 P_K 力作用下各微段上（图 7-6a）两侧的内力为 M_K、Q_K、N_K（注意：这些力对整个结构而言是内力，对于所取微段而言则是外力，由于习惯，同时也为了与整个结构的外力即荷载相区别，这里仍称这些力为内力）。同样在 P_i 力作用下的内力为 M_i、Q_i、N_i，它们所引起的相应变形分别为 $d\varphi_i$、$\gamma_i ds$、du_i（图 7-6b）所示），则 P_K 引起的内力 M_K、Q_K 和 N_K，在 P_i 产生的内力引起的变形 $d\varphi_i$、$\gamma_i ds$、du_i 所做的虚功称为内力虚功，其微功表达式为

$$dW_{内} = M_K d\varphi_i + N_K du_i + Q_K\gamma_i ds$$

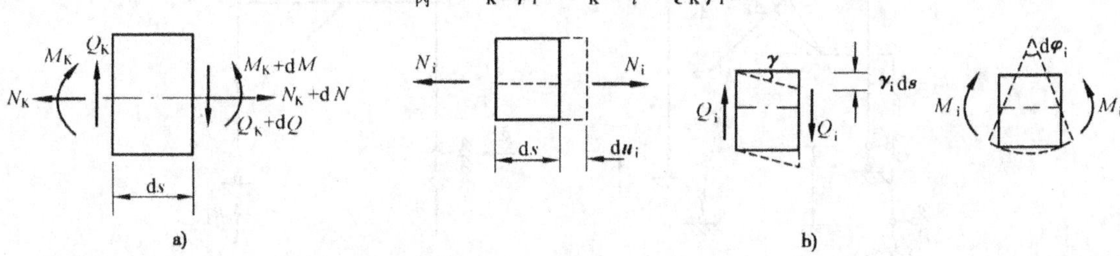

图 7-6

对于整个变形体而言

$$W_{内} = \int M_K d\varphi_i + \int N_K du_i + \int Q_K\gamma_i ds$$

对于平面杆系结构

$$W_{内} = \sum\int M_K d\varphi_i + \sum\int N_K du_i + \sum\int Q_K\gamma_i ds \tag{7-4}$$

我们将这个功称为内力虚功。

此处要说明两点：

（1）功的虚并不是虚无的意思，而是强调作功的力与产生位移的原因无关；

（2）Δ_{Ki} 有两个脚标，第一个脚标 K 表示位移发生的位置和方向，第二个脚标 i 表示引起位

移的原因。

根据能量转变和守恒定律，可推导出外力虚功等于内力虚功（关于教学推导及充分性的证明读者可参阅其他教材）。

即

$$W_{外} = W_{内}$$

或

$$W_{外} = \sum \int M_K \mathrm{d}\varphi_i + \sum \int N_K \mathrm{d}u_i + \sum \int Q_K \gamma_i \mathrm{d}s \tag{7-5}$$

上式表明：外力所作虚功总和等于各微段上的内力在其变形上所做的虚功总和，或者简单地说，外力虚功等于内力虚功。这就是虚功原理。

(7-5)式称为变形体虚功方程。

利用虚功原理，可以推导结构位移计算公式。以图 7-7a）所示结构为例，设在荷载、温度改变和支座移动等因素共同影响下，发生了虚线所示变形，现在要计算其上任一点 K 沿任一方向 $k—k$ 上的位移 Δ_K。要利用虚功原理就需要建立第一、第二两个状态，由于这里引起结构位移的实际原因是荷载 P，所以应以此为结构的第二状态，并称之为实际状态。由于第一状态和第二状态无关，所以完全可以根据我们的需要假设。为了使第一状态的外力能够在第二状态的位移 Δ_K 上作虚功。需要在 K 点沿拟求位移方向（即 k-k 方向）加一个集中力 P_K。为计算方便，可令 $P_K=1$，如图 7-7b）所示。因为 $P_K=1$ 是为了计算实际状态位移 Δ_K 而虚拟的，所以称为虚拟单位荷载。与此相应，我们把第一状态称为虚拟状态。计算内力虚功时，设虚拟状态的内力用 $\bar{N}$、$\bar{M}$、$\bar{Q}$ 表示，实际状态各微段相应的变形用 $\mathrm{d}u_i$、$\mathrm{d}\varphi_i$、$\gamma_i \mathrm{d}s$ 表示。下面先计算虚拟状态的外力和内力在实际状态相应的位移和变形上所做的虚功。然后根据虚功原理推导荷载位移公式。

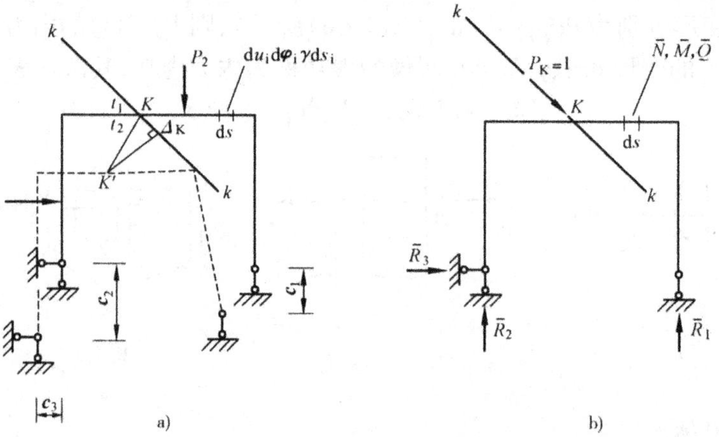

图 7-7

a）实际状态（第二状态）；b）虚拟状态（第一状态）

我们由前面的叙述可知，外力所作的虚功总和应包括外力作用处引起结构的位移与外力乘积，以及由该外力产生的支座反力与支座处发生相应位移的乘积。

即外力虚功为

$$W_{外} = P_K \Delta_K + \bar{R}_1 C_1 + \bar{R}_2 C_2 + \bar{R}_3 C_3 = 1 \cdot \Delta_K + \sum \bar{R} C \tag{7-6}$$

式中：R——由于 P_K 的作用，结构各支座处产生的反力；

C——结构各支座反力引起相应的位移；

其他符号意义同前。

由变形体虚功方程可得

$$\Delta_K + \sum \bar{R}C = \sum \int \bar{M} d\varphi_i + \sum \int \bar{N} du_i + \sum \int \bar{Q}\gamma_i ds \tag{7-7}$$

$$\Delta_K = \sum \int \bar{M} d\varphi_i + \sum \int \bar{N} du_i + \sum \int \bar{Q}\gamma_i ds - \sum \bar{R}C \tag{7-8}$$

可以看到,外力虚功的数值上恰好等于所要求的位移,当结构仅在一种实际外因作用下时,只需将上式中微段的变形 du_i、$d\varphi_i$、$\gamma_i ds$ 具体求出后代入公式即可。这就是位移计算的一般公式。

公式(7-8)具有普遍意义:它既可同时考虑荷载、温度改变和支座移动等因素的影响,又可同时考虑轴向变形、弯曲变形和剪切变形的影响;既适用于各种形式的静定结构,又适用于各种形式的超静定结构。

关于超静定结构的位移计算问题,我们将在下一章中加以说明。

§7-3 荷载作用下的位移计算

本节讨论静定结构在荷载作用下位移计算,且假设材料是弹性的。

在荷载作用下应用式(7-8)计算位移时,应根据材料是弹性的特点计算荷载作用下各截面的应变。计算时,从结构上截取长度为 ds 的微段。在虚拟状态中由单位荷载 $P_K = 1$ 引起的此微段两端截面上的内力用 $\bar{N}$、$\bar{M}$ 和 $\bar{Q}$ 表示;在实际状态中,由荷载 P 引起的此微段两端截面上的内力用 N_P、M_P 和 Q_P 表示,微段的变形为 du_P、$d\varphi_P$ 和 $\gamma_P ds$。故虚拟状态的内力在实际状态相应的变形上所做的虚功为

$$W = \sum \int \bar{M} d\varphi_P + \sum \int \bar{N} du_P + \sum \int \bar{Q}\gamma_P ds \tag{a}$$

显然,当 $\bar{N}$、$\bar{M}$、和 $\bar{Q}$ 与各自相应的 du_P、$d\varphi_P$ 和 $\gamma_P ds$ 方向一致时,上式右端各项内力虚功应为正值;反之应取负值。亦即,当 $\bar{N}$、$\bar{M}$ 和 $\bar{Q}$ 与各自相应的 N_P、M_P 和 Q_P 符号一致时,内力虚功为正值,反之为负值。

根据虚功原理可得

$$\Delta_{KP} = \sum \int \bar{M} d\varphi_P + \sum \int \bar{N} du_P + \sum \int \bar{Q}\gamma_P ds \tag{b}$$

对于弹性结构,因

$$du_P = \frac{N_P ds}{EA}$$

$$d\varphi_P = \frac{M_P ds}{EI}$$

$$\gamma_P ds = K\frac{Q_P ds}{GA}$$

代入公式(b),得

$$\Delta_{KP} = \sum \int \frac{\bar{N} N_P ds}{EA} + \sum \int \frac{\bar{M} M_P ds}{EI} + \sum \int K\frac{\bar{Q} Q_P ds}{GA} \tag{7-9}$$

这就是结构在荷载作用下的位移计算公式。

公式(7-9)适用于由直杆组成的结构,但对于曲率不大的曲杆(例如通常的拱结构),也可以近似应用。当计算结果为正时,表示外力虚功为正值,此时所求位移 Δ_{KP} 的实际指向与虚拟

单位荷载 $P_K=1$ 的指向相同；当计算结果为负值时，Δ_{KP}的实际指向与 $P_K=1$ 的指向相反。

由以上可以看出，利用虚功原理来求结构的位移，关键在于虚设恰当的受力状态，而此方法的巧妙之处在于虚拟状态中只在所求位移地点沿所求位移方向加一个单位荷载，以使荷载虚功恰好等于所求位移。这种计算结构位移的方法称为单位荷载法。

综前所述用单位荷载法计算荷载位移的一般步骤为：

1. 按适当的坐标系，列出结构在实际状态的（即在实际荷载作用下的）内力方程 N_P、M_P和 Q_P。

2. 建立虚拟状态（即在拟求位移处沿拟求位移方向虚设单位荷载），按相同的坐标系列出虚拟状态的（即在单位荷载作用下的）内力方程 $\overline{N}$、$\overline{M}$、$\overline{Q}$。

3. 将荷载内力方程 N_P、M_P、Q_P和单位内力方程 $\overline{N}$、$\overline{M}$、$\overline{Q}$ 代入公式(7-6)，积分求出位移 Δ_{KP}。

实际问题中，除了计算线位移外，还需要计算角位移、相对位移等。下面讨论如何按照所求位移类型的不同，设置相应的虚拟状态。

由上已知，当要求某点沿某方向的线位移时，应在该点沿所求方向加一单位集中力（如图7-8a）。当要求某截面的角位移时，则在该截面处加一个单位力偶（如图7-8b）。有时，要求两点间的距离变化，也就是求两点沿其连线方向的相对线位移，此时应在两点沿其连线方向加一对指向相反的单位力（如图7-8c）。同理，若要求两截面的相对角位移，就在两截面处加一对方向相反的单位力偶（如图7-8d）。

在求桁架某杆的角位移时，由于桁架只受轴力，故应将单位力偶换为等效结点集中力，即在该杆两端加一对方向与杆件垂直、大小等于杆长倒数而指向相反的集中力，如图7-8e）所示。

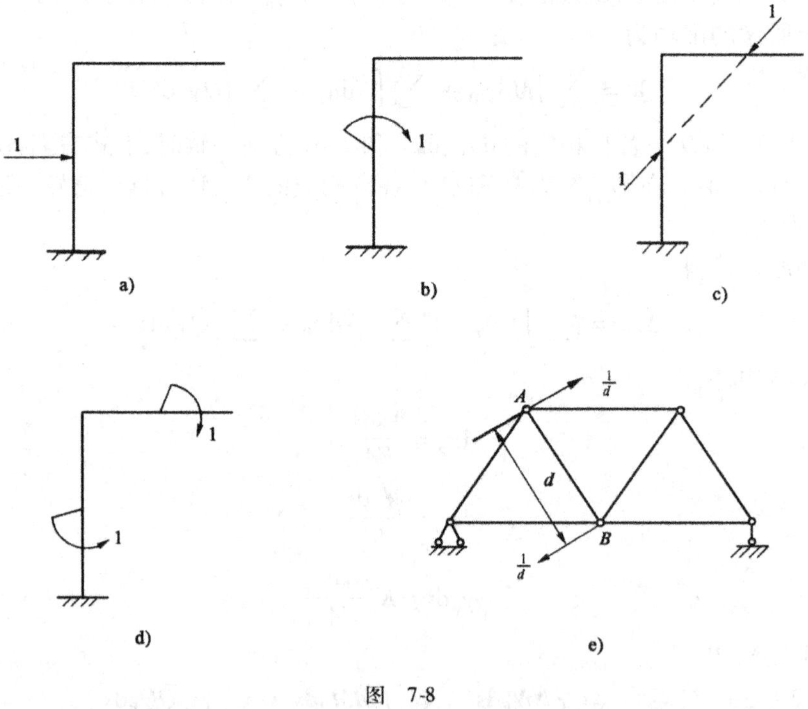

图 7-8

式(7-9)是静定结构在荷载作用下弹性位移的一般公式。其右边第一项表示轴力的影响，第二项表示弯矩的影响，第三项表示剪力的影响。对于不同的结构，这三项在位移计算结果中所占的比重各不相同，实际运用时按照略去次要影响的原则，将公式(7-9)简化可得各类结构的位移简化公式。

在梁和刚架中，位移主要是由弯矩引起的，轴力和剪力的影响很小，因此位移公式可简化为

$$\Delta_{KP}=\sum\int\frac{\overline{M}M_P}{EI}ds \tag{7-10}$$

在桁架中，各杆只受轴力，且每杆的截面面积 A 和轴力 N_K、N_P沿杆轴方向都是常数，因此位移公式可进行简化

$$\Delta_{KP}=\sum\int\frac{\overline{N}N_P}{EA}ds=\sum\frac{\overline{N}N_P}{EA}\int ds=\sum\frac{\overline{N}N_P}{EA}l$$

即

$$\Delta_{KP}=\sum\frac{\overline{N}N_P}{EA}l \tag{7-11}$$

在组合结构中，对梁式杆只计弯矩影响，对链杆只计轴力影响，故简化公式为

$$\Delta_{KP}=\sum\int\frac{\overline{M}M_P}{EI}ds+\sum\frac{\overline{N}N_P}{EA}l \tag{7-12}$$

【例 7-1】 图 7-9a)为等截面简支梁，试计算在全跨均布荷载作用下，跨度中点的竖向位移与 A 端的角位移。

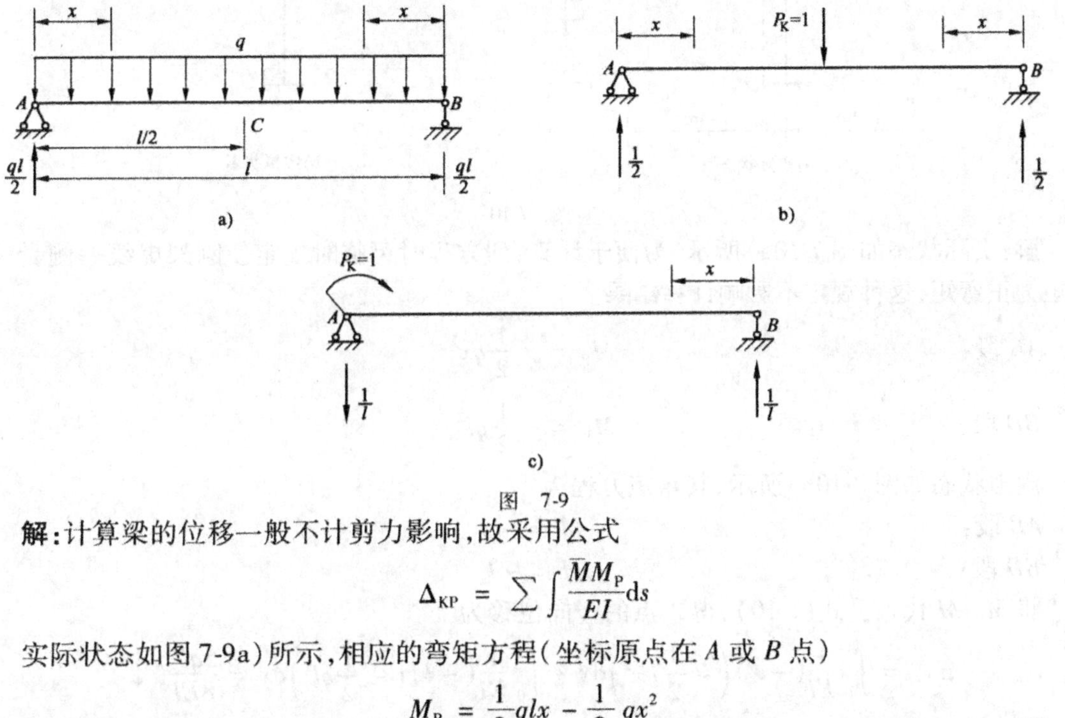

图 7-9

解：计算梁的位移一般不计剪力影响，故采用公式

$$\Delta_{KP}=\sum\int\frac{\overline{M}M_P}{EI}ds$$

实际状态如图 7-9a)所示，相应的弯矩方程(坐标原点在 A 或 B 点)

$$M_P=\frac{1}{2}qlx-\frac{1}{2}qx^2$$

(1)计算跨度中点竖向位移

虚拟状态如图 7-9b)所示。弯矩方程

$$\overline{M}=\frac{1}{2}x$$

该方程的适用范围为 AC 段，如再设坐标原点在 B 点，并规定 x 的正方向向左，则上式同样适用于 BC 段。

将以上 M_P及 $\overline{M}$ 代入公式(7-10)，由于对称，沿杆件全长积分可改为沿半长积分的 2 倍，于是

$$\Delta_{CY}=2\int_0^{\frac{l}{2}}\frac{1}{2}x\cdot\left(\frac{1}{2}qlx-\frac{1}{2}qx^2\right)\frac{dx}{EI}=\frac{5ql^4}{384EI}(\downarrow)$$

计算结果得正值，表示 C 点的竖向位移的真实方向与假设的 P_K 方向相同。

(2)计算 A 端的角位移

相应的虚拟状态如图 7-9c)所示。弯矩方程为

$$\overline{M}=\frac{x}{l}$$

上式适用于梁全长范围。M_P方程如前所示。根据式(7-7)得 A 端的角位移

$$\varphi_A=\int_0^l\frac{x}{l}\left(\frac{1}{2}qlx-\frac{1}{2}qx^2\right)\frac{dx}{EI}=\frac{ql^3}{24EI}(\downarrow)$$

【例 7-2】 试计算图 7-10a)所示 T 形刚架 A 点的竖向位移(设 $EI=150\times10^3\text{kN}\cdot\text{m}^2$，$l=4\text{m}$)。

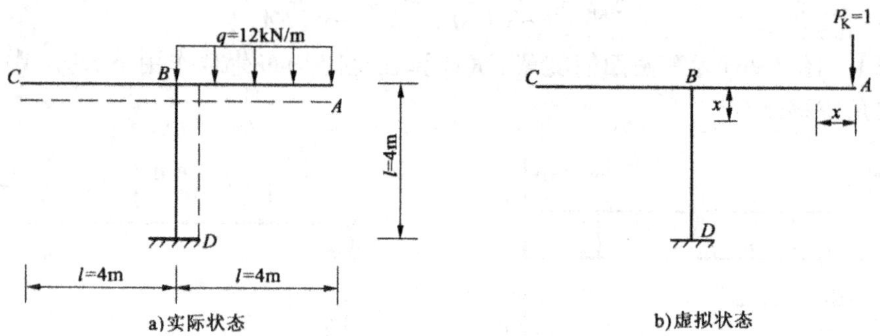

图 7-10

解:实际状态如图 7-10a)所示，为便于计算，列方程时可临时规定使刚架虚线一侧受拉的弯矩为正弯矩，这种规定不影响计算结果。

AB 段: $$M_P=-\frac{1}{2}qx^2$$

BD 段: $$M_P=-\frac{1}{2}ql^2$$

虚拟状态如图 7-10b)所示，其弯矩方程为

AB 段: $$\overline{M}=-x$$

BD 段: $$\overline{M}=-l$$

将 M_P、$\overline{M}$ 代入公式(7-10)，得 A 点的竖向位移为

$$\Delta_{AY}=\int_0^l\frac{1}{EI}(-x)\left(-\frac{1}{2}qx^2\right)dx+\int_0^l\frac{1}{EI}(-l)\left(-\frac{1}{2}ql^2\right)dx=\frac{5ql^4}{8EI}(\downarrow)$$

代入已知数据

$$\Delta_{AY}=\frac{5\times12\times4^4}{8\times150\times10^3}=0.0128\text{m}=12.8\text{mm}$$

【例 7-3】 试计算图 7-11a)所示桁架 C 点的水平位移。设材料的弹性模量 $E=2\times10^5$ kN/m²，各杆截面面积已列入表 7-1 内。

解:由桁架的位移计算公式(7-11)

$$\Delta_{KP}=\sum\frac{NN_P}{EA}l$$

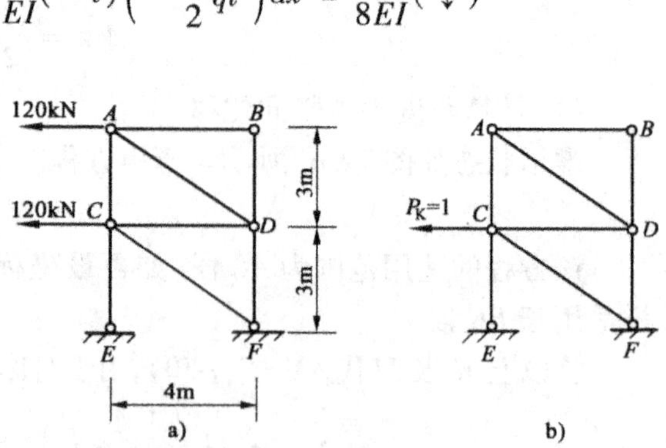

图 7-11

虚拟状态如图 7-9b)所示，为便于计算，现列表 7-1。

C 点的水平位移

$$\Delta_{CX} = \sum \frac{\overline{N}N_P}{EA}l = \frac{671.25}{200} = 0.0034\text{m}(\leftarrow)$$

表 7-1

杆件	截面积 $A(\text{m}^2)$	杆长(m)	$\overline{N}$	N_P	$\overline{N}N_P l/A$
AB	3×10^{-3}	4	0	0	0
AC	3×10^{-3}	3	0	−90	0
AD	3×10^{-3}	5	0	+150	0
BD	3×10^{-3}	3	0	0	0
CD	3×10^{-3}	4	0	−120	0
CE	3×10^{-3}	3	−0.75	−270	202.5×10^3
CF	4×10^{-3}	5	+1.25	+300	468.75×10^3
DF	4×10^{-3}	3	0	+90	0
					$\sum=671.25\times10^3$

【例 7-4】 试计算图 7-12a)所示(1/4 圆)曲梁 B 点的竖向位移(设曲梁截面均匀，其厚度与半径相比要小得多，故仍可沿用直梁的位移计算公式)，计算时略去剪力影响。

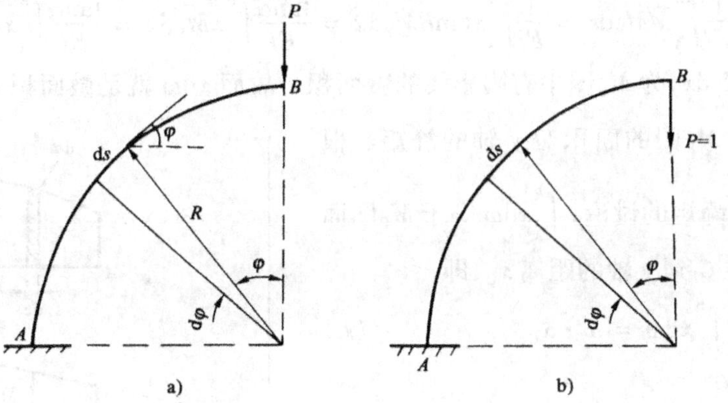

图 7-12

解:首先分别写出曲梁在实际状态(图 7-12a)和虚拟状态(图 7-12b)的弯矩和轴力方程:由 B 至 A。

$$M_P = -PR\sin\varphi \qquad \overline{M} = -R\sin\varphi$$

$$N_P = -P\sin\varphi \qquad \overline{N} = -\sin\varphi$$

根据式(7-9)，并注意到 $ds = Rd\varphi$，有

$$\Delta_{BY} = \frac{1}{EI}\int_0^{\frac{\pi}{2}}(-R\sin\varphi)(-PR\sin\varphi)Rd\varphi + \frac{1}{EA}\int_0^{\frac{\pi}{2}}(-\sin\varphi)(-P\sin\varphi)Rd\varphi$$

$$= \frac{PR^3}{EI}\int_0^{\frac{\pi}{2}}\sin^2\varphi d\varphi + \frac{PR}{EA}\int_0^{\frac{\pi}{2}}\sin^2\varphi d\varphi = \frac{\pi PR^3}{4EI} + \frac{\pi PR}{4EA} = \frac{\pi PR^3}{4EI}\left[1+\left(\frac{r}{R}\right)^2\right](\downarrow)$$

式中 $r=\sqrt{\dfrac{I}{A}}$ 为杆件截面惯性半径。括号中第一项为弯矩的影响，第二项为轴力的影响；当截面的惯性半径与半径 R 相比甚小时，可略去括号中的第二项，则 $\Delta_{BY}=\dfrac{\pi PR^3}{4EI}$。

§7-4 图 乘 法

从上节例题可以看出，用积分式(7-10)计算梁和刚架的位移时，要先列出 $\bar{M}$ 和 M_P 方程，然后进行积分运算。这在杆数目较多，荷载较为复杂的情况下，显得比较麻烦。图乘法是上述计算方法的改进，利用它可免去积分运算，使计算工作得到简化。

在实际工程中，梁和刚架的杆件大多数是等截面直杆，即对杆长而言 EI 为常量。在这种情况下，公式(7-10)右边的积分可写为

$$\frac{1}{EI}\int \bar{M}M_P \mathrm{d}s \tag{a}$$

因为 $\bar{M}$ 方程通常为 s 的一次函数，故 $\bar{M}$ 的图形多是由直线段组成。现在我们来研究这种情况下的上述积分。

图 7-13 表示某一段杆的两个弯矩图。其中由单位荷载引起的 $\bar{M}$ 图（单位弯矩图）为一直线，由荷载引起的 M_P图（荷载弯矩图）为一曲线。对于图示坐标轴，显然有 $\bar{M}=x\tan\alpha$ 代入积分式(a)，得

$$\frac{1}{EI}\int_A^B \bar{M}M_P \mathrm{d}s = \frac{1}{EI}\int_A^B x\tan\alpha M_P \mathrm{d}x = \frac{\tan\alpha}{EI}\int_A^B xM_P \mathrm{d}x = \frac{\tan\alpha}{EI}\int_A^B x\mathrm{d}\omega \tag{b}$$

式中 $\mathrm{d}\omega=M_P\mathrm{d}x$，为 M_P图中有阴影线的微面积。故而 $x\mathrm{d}\omega$ 就是微面积 $\mathrm{d}\omega$ 对 y 轴的静矩。$\int_A^B x\mathrm{d}\omega$ 就是整个 M_P图的面积对 y 轴的静矩。根据材料力学关于静矩的讨论，$\int_A^B x\mathrm{d}\omega$ 等于 M_P图面积 ω 乘以其形心 C 到 y 轴的距离 x_C，即

$$\int_A^B x\mathrm{d}\omega = \omega\cdot x_C \tag{c}$$

代入式(b)有

$$\frac{1}{EI}\int_A^B \bar{M}M_P \mathrm{d}s = \frac{1}{EI}\omega x_C\tan\alpha \tag{d}$$

因为 $x_C\cdot\tan\alpha=y_C$，这里 y_C为 M_P图的形心 C 对应的 $\bar{M}$ 图上的纵距。这样式(d)就写为

$$\int_A^B \frac{\bar{M}M_P}{EI}\mathrm{d}s = \frac{1}{EI}\omega y_C \tag{e}$$

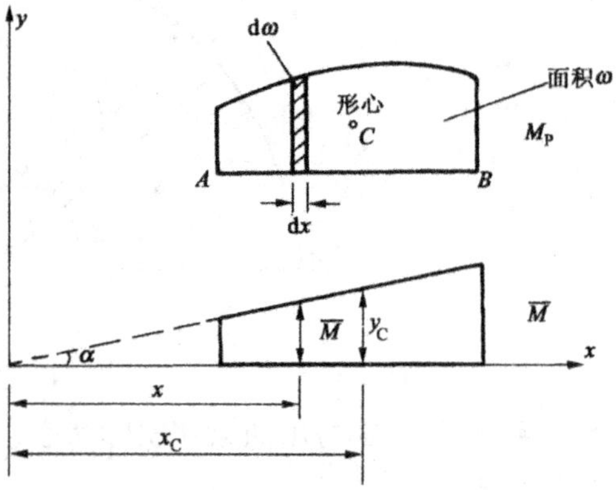

图 7-13

由此可见，计算由弯矩引起的位移，可用 M_P图的面积 ω 乘以 $\bar{M}$ 图上对应于 M_P图形心处纵距 y_C，再除以杆件的刚度 EI。其计算结果的正负号可以这样确定：若两个弯矩图在基线的同一侧，取正号；否则取负号。

若结构上所有各段杆都可用图乘，则位移公式(7-7)可写成为

$$\Delta_{KP} = \sum\frac{\omega y_C}{EI} \tag{7-13}$$

上述计算位移的方法，称为图形相乘法，简称图乘法。图乘法仍属于单位荷载法，仅免去了积分运算。为了区别，有时我们把上节中有积分运算的方法称为积分法。

必须强调，图乘法的应用是有条件的。从方法原理的叙述过程中我们可以看出，这些条件是：

1. 杆件应是等截面直杆。当满足这个条件时，EI 为常量，可以提到积分号外面；弯矩方程可用杆件截面位置 x 来表示，ds 可改为 dx。

2. 两个弯矩图中至少有一个是直线图形。只有当满足这一条件时，才能将直线图形的纵矩写成 $y = x\tan\alpha$，得出我们需要的结果。应当指出，前面我们讨论时设的是 $\overline{M}$ 为直线图形，但读者不难看出，若设 M_P 为直线图形，同样可得出公式(7-13)这个结果。因此，纵距 y_C 在 $\overline{M}$ 图上取或在 M_P 图上取均可，只要它是直线图形。

为应用方便，图 7-14 列出了几种常见图形的面积和形心的位置。在各抛物线图形中，顶点是指其切线平行于底边的点，而顶点在中点或端点者称为"标准抛物线"图形。

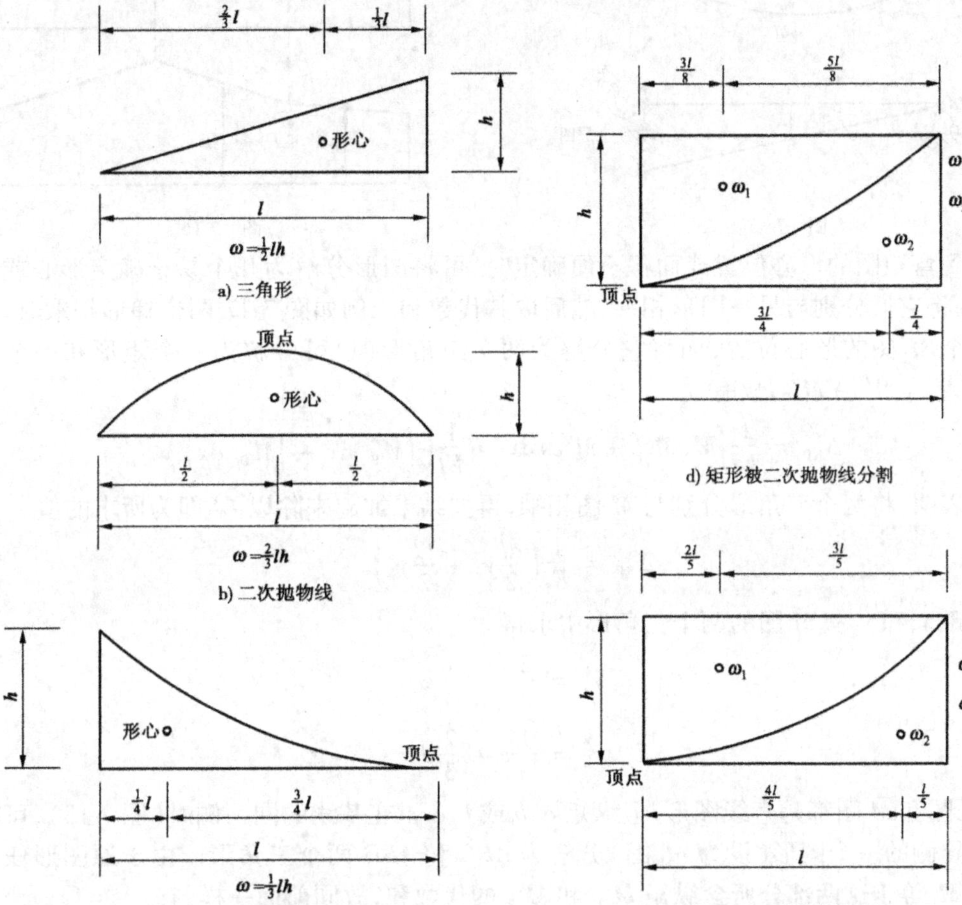

图 7-14

【例 7-5】 试用图乘法求图 7-15a)所示简支梁 B 端转角。EI = 常数。

解：实际状态的 M_P 图如图 7-15b)所示，为二次标准抛物线，顶点在跨中。虚拟状态的 $\overline{M}$ 图如图 7-15c)所示，为直线变化。

根据图乘法的要求，图形面积 ω 可取自曲线图形，而纵距 y_C 应取自直线图形，因此有

$$\varphi_B = \frac{\omega \cdot y_C}{EI} = \frac{1}{EI}\left(\frac{2}{3} \times \frac{ql^2}{8} \times l\right)\frac{1}{2} = \frac{ql^3}{24EI}(\circlearrowright)$$

下面讨论图乘法的一些计算技巧。

当 y_C 所属图形不是一段直线而是由若干段直线组成时，应该分段图乘，然后取其代数和。

例如对图 7-16 所示的情形应为

$$\Delta_{KP} = \frac{1}{EI}(\omega_1 y_1 + \omega_2 y_2 + \omega_3 y_3)$$

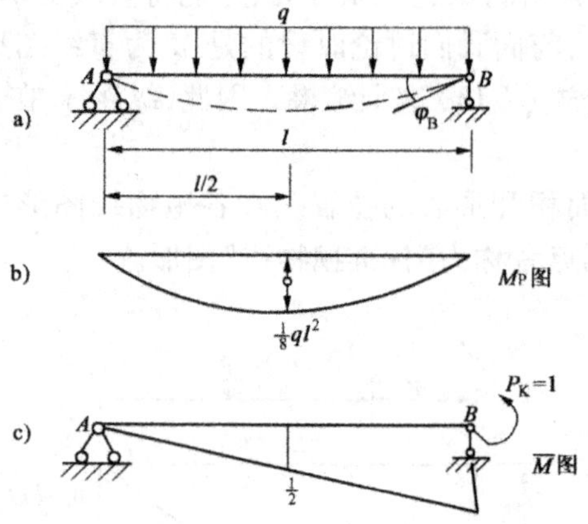

图 7-15

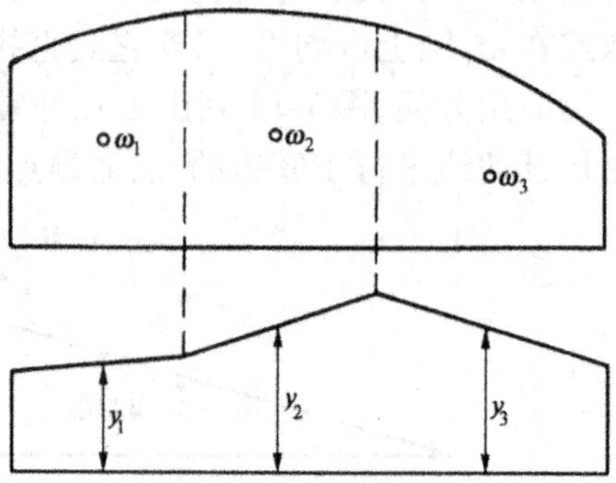

图 7-16

当遇到弯矩图的形心位置或面积不便确定时，可将图形分解为几个易于确定形心或面积的部分，并将它们分别与另一图形相乘，然后取其代数和。例如图 7-17 两个梯形相乘时，可不必定出整个 M_P图的形心位置，而将它分解为两个三角形（也可分解为一个矩形和一个三角形），此时 $M_P = M'_P + M''_P$，故有

$$\Delta_{KP} = \frac{1}{EI}\int \overline{M}(M'_P + M''_P)\,dx = \frac{1}{EI}\left(\int \overline{M}'_P\ dx + \int \overline{M}''_P\ dx\right)$$

此式表明，将两个三角形分别与 $\overline{M}$ 图相乘，再把结果加起来除以 EI 即为所求的值。于是

$$\Delta_{KP} = \frac{1}{EI}\left(\frac{al}{2}y_a + \frac{bl}{2}y_b\right)$$

其纵距 y_a和 y_b从 $\overline{M}$ 图的两个三角形中求得

$$y_a = \frac{2}{3}c + \frac{1}{3}d$$

$$y_b = \frac{1}{3}c + \frac{2}{3}d$$

当 M_P图和 $\overline{M}$ 图都是直线图形，但纵矩 a、b 或 c、d 不在基线的同一侧时（图 7-18），可将纵矩在基线异侧的一个图形（设为 M_P图）分解为 ABC 和 ABD 两个三角形。由于原图形任一截面的纵矩 M_P等于这两部分所含纵矩 M'_P 和 M''_P 的代数和，故同前面一样，有

$$\begin{aligned}\Delta_{KP} &= \frac{1}{EI}\int \overline{M}(M'_P + M''_P)\,dx \\ &= \frac{1}{EI}\left(\int \overline{M}M'_P dx + \int \overline{M}M''_P dx\right) \\ &= \frac{1}{EI}\left(\frac{al}{2}y_a + \frac{bl}{2}y_b\right)\end{aligned}$$

$$y_a = \frac{2}{3}c - \frac{1}{3}d$$

$$y_b = \frac{2}{3}d - \frac{1}{3}c$$

另外，图乘法计算结构位移时，我们还经常遇到在均布荷载作用下较复杂的弯矩图形。如

图 7-19a）所示，对于均布荷载 q 作用下的任何一段直杆 AB，其弯矩图均可化为一个梯形与一个标准抛物线图形叠加。这段直杆的弯矩图，与图 7-19b）所示相应简支梁在两端弯矩 M_A、M_B 和均布荷载 q 作用下的弯矩图是相同的。

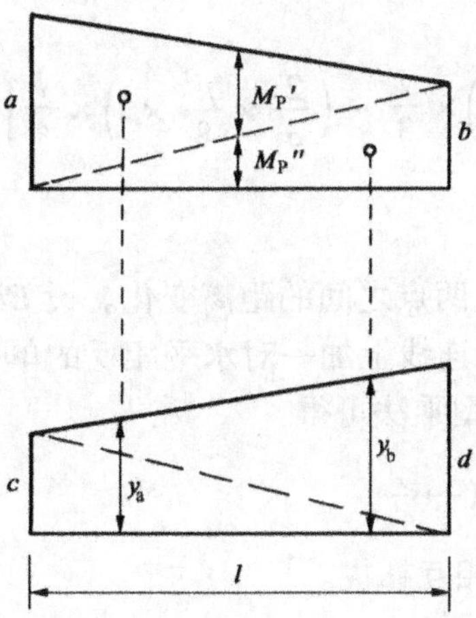

图 7-17

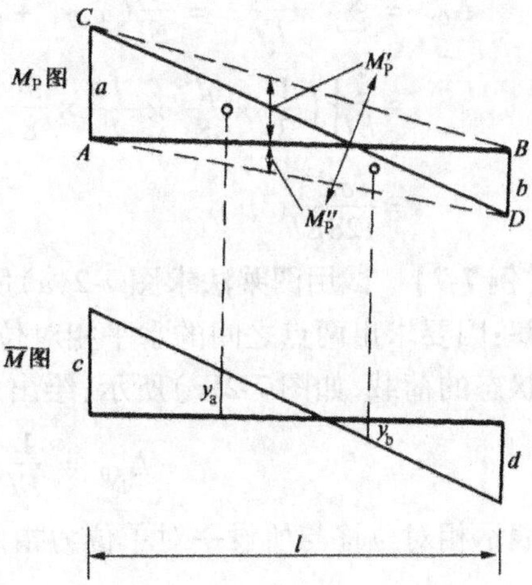

图 7-18

需要注意，所谓弯矩图叠加，是指其纵距叠加，而不是原图形的简单拼合。叠加后的抛物线图形的所有纵矩仍应为竖向的，而不是垂直于 M_A、M_B 的连线。这样，叠加后的抛物线图形与原标准抛物线形状上并不相同，但两者对应的每一条微面积都相等。由此可推知，两个图形总的面积大小和形心位置仍然是相同的。理解了这个道理，对分解复杂弯矩图形是有利的。

【例 7-6】 图 7-20a）所示外伸梁，EI = 常数，试求 C 点竖向位移 Δ_{CY}。

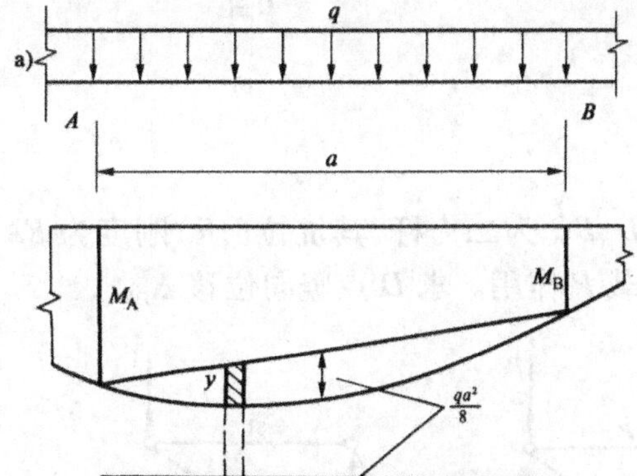

图 7-19

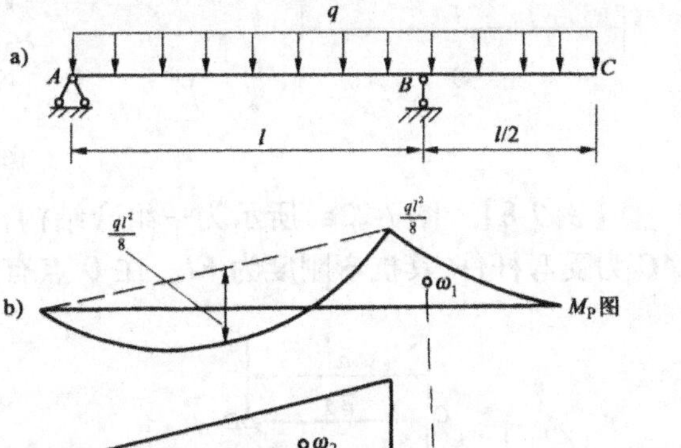

图 7-20

解：M_P、$\overline{M}$ 图分别如图 7-20b)、c) 所示。BC 段的 M_P 图是二次标准抛物线；但 AB 段的 M_P 较复杂，可将其分解为一个三角形和一个二次标准抛物线图形。把它们分别和 $\overline{M}$ 图的相应纵距相乘，然后求其总和，于是可得

$$\Delta_{CY} = \sum \frac{\omega \cdot y_C}{EI} = \frac{1}{EI}(\omega_1 y_1 + \omega_2 y_2 - \omega_3 y_3)$$

$$= \frac{1}{EI}\left[\left(\frac{1}{3} \times \frac{ql^2}{8} \times \frac{l}{2}\right) \times \frac{3l}{8} + \left(\frac{1}{2} \times \frac{ql^2}{8} \times l\right) \times \frac{l}{3} - \left(\frac{2}{3} \times \frac{ql^2}{8} \times l\right) \times \frac{l}{4}\right]$$

$$= \frac{ql^4}{128EI}(\downarrow)$$

【例 7-7】 试用图乘法求图 7-21a) 所示刚架上 A、B 两点之间的距离变化。设 EI = 常数。

解：因要求出两点之间的水平相对位移，故须沿两点连线上加一对水平相反的单位力作为虚拟状态的荷载，如图 7-21c) 所示，绘出 M_P、$\overline{M}$ 图后，由图乘法可得

$$\Delta_{AB} = \frac{1}{EI}\frac{2l}{3}\frac{ql^2}{8}a = \frac{qal^3}{12EI}(\rightarrow\leftarrow)$$

正号表示相对位移与所设一对单位力指向相同，即两点相互靠拢。

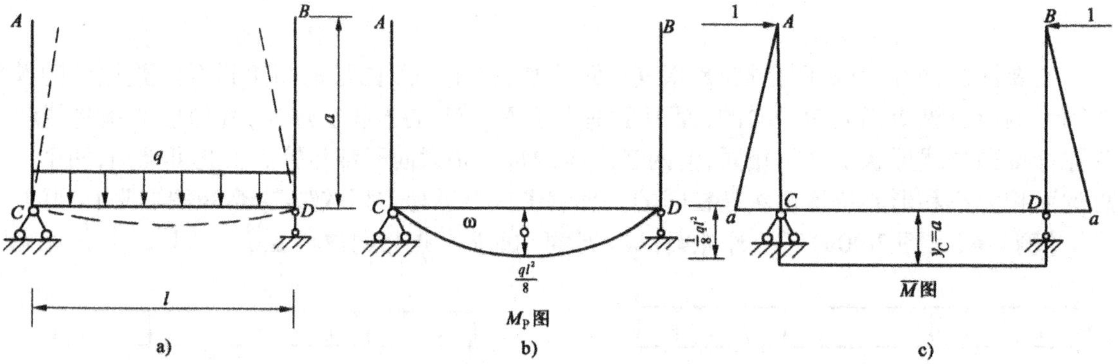

图 7-21

【例 7-8】 图 7-22a) 所示为一组合结构，其中 CD、BD 为二力杆，其抗拉(压)刚度为 EA；AC 为受弯杆件，其抗弯刚度为 EI。在 D 点有集中荷载 P 作用。求 D 点竖向位移 Δ_{DY}。

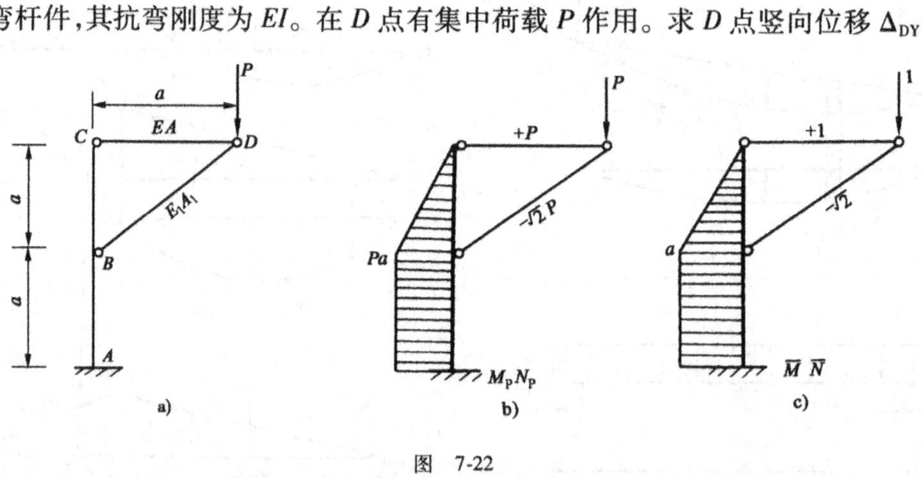

图 7-22

解：计算组合结构在荷载作用下的位移时，对桁架杆件只计算轴力影响，对受弯杆件只计弯矩影响。现在分别求出 N_P、M_p 及 $\overline{N}$、$\overline{M}$，如图 7-22b)、c) 所示，由式(7-10)可得

$$\Delta_{DY} = \sum \frac{\overline{N}N_P l}{EA} + \sum \frac{\omega y_C}{EI}$$

$$= \frac{1}{EA}[1 \times P \times a + (-\sqrt{2})(-\sqrt{2}P)\sqrt{2}a] + \frac{1}{EI}\left[\frac{Pa \cdot a}{2} \times \frac{2a}{3} + Pa \cdot a \cdot a\right]$$

$$= \frac{(1+2\sqrt{2})Pa}{EA} + \frac{4Pa^3}{3EI}(\downarrow)$$

§7-5 温度改变和支座移动引起的位移

结构除了在荷载作用下产生位移外，温度改变、支座移动等也会引起位移。本节讨论这两种外因作用下结构位移的计算问题。

一、温度改变引起的位移

当温度改变时，静定结构虽然不产生附加内力，但由于材料产生热胀冷缩，结构会有变形位移发生。若温度均匀改变，则结构的各杆只有轴向变形；若杆件温度非均匀改变，则除了轴向变形外，尚有弯曲变形。结构因其温度改变而产生的变形称为温度变形，相应于这种变形状态下的位移称为温度位移。下面讨论温度位移的计算。

如图 7-23a）所示结构，设外缘温度升高了 t_1，内缘温度升高了 t_2，材料的线膨胀系数为 α（固体由于温度上升 1℃所引起的线度增长跟它在 0℃时线度之比值，称为它的线膨胀系数）。现在要计算由于温度改变所引起的任一点沿任一方向的位移，例如 K 点的竖向位移 Δ_{Kt}。

我们仍用虚功原理来解决这个问题。实际状态和虚拟状态分别如图 7-23a）、b）所示。

实际状态的变形取长度为 ds 的一微段。为计算方便，假设温度沿截面高度 h 按直线规律变化。这样，截面在变形之后仍将保持为平面。

当杆件截面对称于形心轴时（即 $h_1 = h_2$），形心轴的温度升高为

$$t = \frac{t_1 + t_2}{2}$$

当杆件截面不对称于形心轴时（即 $h_1 \neq h_2$），则

$$t = t_2 + (t_1 - t_2)\frac{h_2}{h} = \frac{t_1 h_2 + t_2 h_1}{h}$$

这样，微段由于温度改变所产生的轴线伸长为

$$du_t = \alpha t ds \tag{a}$$

而微段两端截面的相对转角为

$$d\varphi_t = \frac{\alpha t_1 ds - \alpha t_2 ds}{h} = \frac{\alpha(t_1 - t_2)}{h} ds = \alpha \frac{\Delta t}{h} ds \tag{b}$$

式中 $\Delta t = t_1 - t_2$ 为杆件外缘和内缘的温度改变之差。此外，温度变化并不引起微段的剪切变形。

设虚拟状态由 $P_k = 1$ 引起的微段两端截面的内力为 $\overline{N}$ 和 $\overline{M}$（高阶微量已略去）。因为实际状态无剪切变形，所以虚拟状态的剪力不做功，因此图上未标出 $\overline{Q}$。

将虚功原理应用于虚拟状态和实际状态。根据虚功原理

$$T_{12} = W_{12}$$

可得

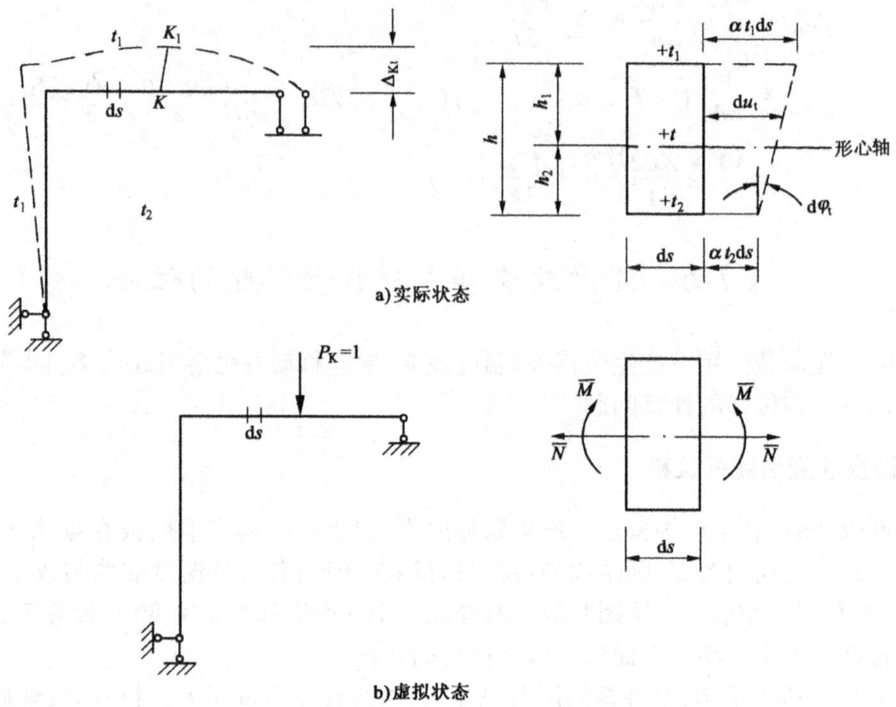

图 7-23

$$1 \cdot \Delta_{Kt} = \sum \int \bar{N} du_t + \sum \int \bar{M} d\varphi_t$$

将式(a)和(b)代入上式,得

$$\Delta_{Kt} = \sum \int \bar{N} \alpha t ds + \sum \int \bar{M} \alpha \frac{\Delta t}{h} ds \tag{7-14}$$

若各杆均为等截面杆,且温度沿杆长方向不变化,则上式可简化为

$$\Delta_{Kt} = \sum \alpha t \int \bar{N} ds + \sum \alpha \frac{\Delta t}{h} \int \bar{M} ds = \sum \alpha t \omega_{\bar{N}} + \sum \alpha \frac{\Delta t}{h} \omega_{\bar{M}} \tag{7-15}$$

式中:$\omega_{\bar{N}}$——为 $\bar{N}$ 图的面积,$\omega_{\bar{N}} = \int \bar{N} ds$;

$\omega_{\bar{M}}$——为 $\bar{M}$ 图的面积,$\omega_{\bar{M}} = \int \bar{M} ds$。

公式(7-14)和公式(7-15)即为静定结构的温度位移公式。

应用公式(7-14)和公式(7-15)计算结构位移时,应注意等式的右边是内力虚功,因此每一项都有确定正负号的问题。当温度变形与虚拟内力方向一致时,虚功取正号;相反时,虚功取负号。在实际计算中,可用比较实际状态和虚拟状态变形方向来确定正负号:若两者方向一致,取正号,两者方向相反,取负号。

和承受荷载作用时的情形不同,梁、刚架和拱在计算温度位移时,不能略去轴向变形的影响,故需采用公式(7-14)或公式(7-15)。

对于桁架,温度位移公式可简化为

$$\Delta_{Kt} = \sum \alpha t \int \bar{N} ds = \sum \bar{N} \alpha t l \tag{7-16}$$

对组合结构,温度位移公式可写成

$$\Delta_{Kt} = \sum \bar{N}\alpha tl + \sum \alpha t\omega_{\bar{N}} + \sum \alpha \frac{\Delta t}{h}\omega_{\bar{M}} \tag{7-17}$$

上式右边第一项只对链杆求和,第二、第三项只对梁式杆求和。

【例 7-9】 试求图 7-24a)所示刚架 C 点的水平位移。已知其外缘温度升高 10℃,内缘温度升高 20℃,$a=2\text{m}$,各杆截面相同且对称于形心轴,截面高 $h=0.2\text{m}$,线膨胀系数 $\alpha=5\times10^{-5}$。

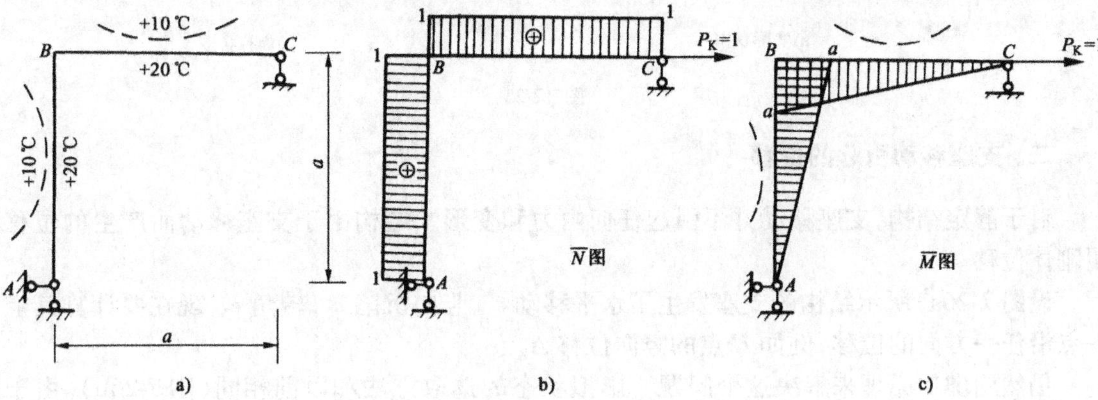

图 7-24

解:在 C 点加一水平单位力作为虚拟状态,绘出单位轴力图和单位弯矩图,如图 7-24b)、c)所示。

$$t = \left|\frac{t_1+t_2}{2}\right| = \frac{10+20}{2} = 15(\text{伸长})$$

$$\Delta t = |t_1-t_2| = |10-20| = 10(BC\text{下侧受拉},AB\text{右侧受拉})$$

$$\sum \omega_{\bar{N}} = 2(1\times a) = 2a(\text{伸长})$$

$$\sum \omega_{\bar{M}} = 2\left(\frac{1}{2}a\times a\right) = a^2(BC\text{下侧、}AB\text{右侧受拉})$$

上列各值在计算中均取绝对值,这是因为计算变形时内力虚功的正负号是用实际状态和虚拟状态变形方向是否一致来确定的。

将各值代入式(7-15)。由于温度改变和轴力 $\bar{N}$ 均使各杆伸长,变形方向一致,故轴向变形取正号。对于弯曲变形的影响,由于温度改变发生的弯曲变形和 $\bar{M}$ 所产生的弯曲方向一致(如图中虚弧线所示),故也应取正号,于是 C 点的水平位移为

$$\Delta_{CX} = \sum \alpha t\bar{\omega}_{\bar{N}} + \sum \alpha\frac{\Delta t}{h}\bar{\omega}_{\bar{M}} = \alpha\times15\times2a + \alpha\times\frac{10}{h}\times a^2 = 10\alpha a\left(3+\frac{a}{h}\right)$$

代入已知数据得

$$\Delta_{CX} = 10\times5\times10^{-5}\times2\left(3+\frac{2}{0.2}\right) = 0.013\text{m} = 13\text{mm}(\rightarrow)$$

所得结果为正值,表示 C 点的位移方向与虚拟单位力的方向相同。

【例 7-10】 图 7-25a)所示桁架,下弦各杆温度升高 10℃,试求由此产生的桁架下弦杆中点的竖向位移。已知 $\alpha=1.2\times10^{-5}$。

解:在下弦杆中点 C 加竖向单位力,求得虚拟状态下弦各杆的内力如图 7-25b)所示,其余各杆内力可不求出。根据公式(7-16),C 点的竖向位移为

$$\Delta_{CY} = \sum \bar{N}\alpha tl = 4\left(\frac{1}{2}\times1.2\times10^{-5}\times10\times2\right) = 0.000\,48\text{m} = 0.48\text{mm}(\downarrow)$$

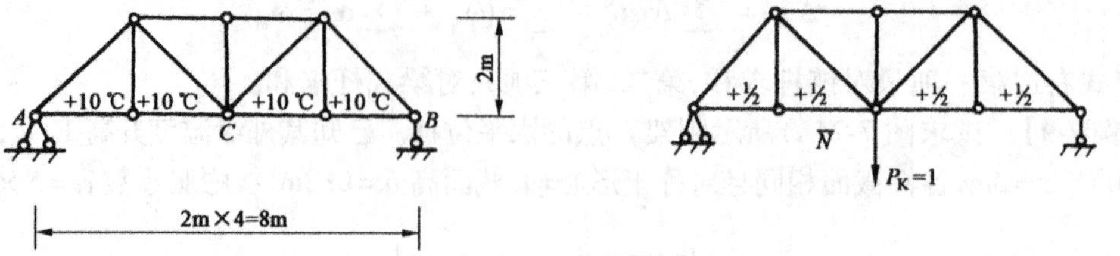

a)实际状态　　　　b)虚拟状态

图　7-25

二、支座移动引起的位移

对于静定结构,支座移动并不引起任何内力和变形。结构由于支座移动而产生的位移纯属刚体位移。

设图 7-26a)所示结构的支座发生了水平移动 c_1,竖向沉陷 c_2,转角 c_3,现在要计算其上任一点沿任一方向的位移,例如 K 点的竖向位移 Δ_{Kc}。

仍然用虚功原理来解决这个问题。虚拟状态的选取方法和以前相同(图 7-26b)。由于实际状态无变形,因此内力虚功等于零。外力虚功除单位力 $P_K=1$ 做功外,支座反力 $\overline{R}$ 也将在实际状态相应的支座移动上做功。根据虚功原理,有

$$T_{12} = 1 \cdot \Delta_{Kc} + \overline{R}_1 c_1 + \overline{R}_2 c_2 + \overline{R}_3 c_3 = \Delta_{Kc} + \sum \overline{R}c = W_{12} = 0$$

将上式移项后得

$$\Delta_{Kc} = -\sum \overline{R}c \tag{7-18}$$

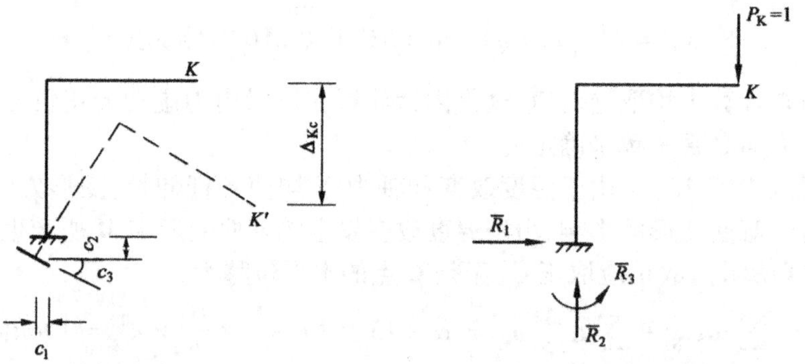

a)实际状态　　　　b)虚拟状态

图　7-26

此即静定结构支座移动时的位移公式。式中 $\sum \overline{R}c$ 为反力虚功,当 $\overline{R}$ 与 c 方向一致时取正号,方向相反时取负号。

【例 7-11】 图 7-27a)所示静定刚架,若支座 A 发生如图所示的移动,试求 C 点的水平位移和竖向位移。$c_1=10\text{mm}$,$c_2=20\text{mm}$。

解:在 C 点上分别加一水平单位力和竖向单位力,求出其支座反力,如图 7-27b)、c)所示,由公式(7-18)得 C 点的水平位移和竖向位移为

$$\Delta_{CX} = -\sum \overline{R}c = -(1 \times 10 - 1 \times 20) = 10\text{mm}(\leftarrow)$$

$$\Delta_{CY} = -\sum \bar{R}c = -1 \times 20 = -20\text{mm}(\downarrow)$$

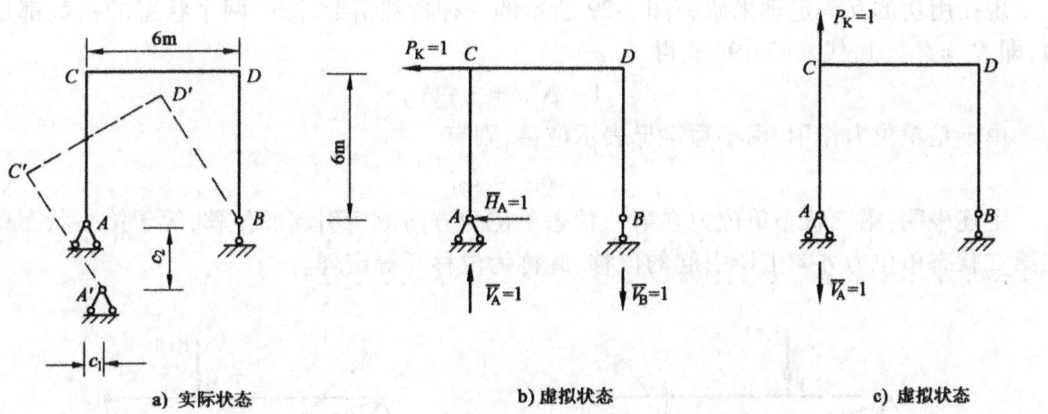

图 7-27

§7-6 弹性结构的互等定理

本节讨论弹性结构功的互等定理和由它推出的位移互等定理及反力互等定理，这些定理在计算结构的位移、解算超静定结构和进一步学习有关内容时常要用到。

(一)功的互等定理

如图 7-28 所示一简支梁分别承受 P_1、P_2作用，我们称为两个状态，图 7-28a)为第一状态，图 7-28b)为第二状态。在力 P_1作用下位置 2 产生位移 Δ_{21}，在力 P_2作用下位置 1 产生位移 Δ_{12}。如果我们计算第一状态外力和内力在第二状态相应的位移和变形上所作的虚功 T_{12}和 W_{12}，并根据虚功原理 $T_{12}=W_{12}$可得

$$P_1\Delta_{12} = \int \frac{M_1M_2}{EI}\mathrm{d}s + \int K\frac{Q_1Q_2}{GA}\mathrm{d}s + \int \frac{N_1N_2}{EA}\mathrm{d}s \tag{a}$$

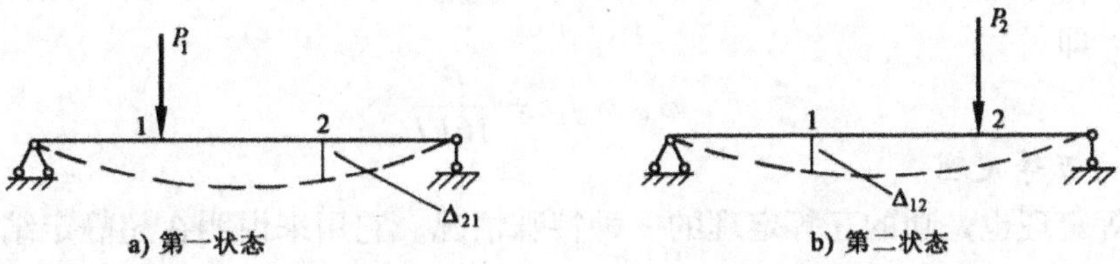

图 7-28

同理，第二状态的外力和内力在第一状态相应位移和变形上所作的虚功 T_{21}和 W_{21}，并根据虚功原理 $T_{21}=W_{21}$，则可得

$$P_2\Delta_{21} = \int \frac{M_2M_1}{EI}\mathrm{d}s + \int K\frac{Q_2Q_1}{GA}\mathrm{d}s + \int \frac{N_1N_2}{EA}\mathrm{d}s \tag{b}$$

比较(a)、(b)两式即得

$$P_1\Delta_{12} = P_2\Delta_{21} \tag{7-19}$$

或

$$T_{12} = T_{21} \tag{7-20}$$

上式表明：第一状态外力在第二状态相应位移上所做的虚功，等于第二状态外力在第一状

态相应的位移上所做的虚功,称为功的互等定理。它适用于任何形式的弹性结构。

(二)位移互等定理

现在用功的互等定理来研究图7-29所示的一种特殊情形,图中两个状态的荷载都是单位力,即 $P_1=P_2=1$,代入(7-19)式得

$$1\cdot\Delta_{12}=1\cdot\Delta_{21}$$

由于是单位力作用,用小写字母表示位移,则有

$$\delta_{12}=\delta_{21} \tag{7-21}$$

上述表明:第二状态单位力在第一状态单位力方向上所引起的位移,等于第一状态单位力在第二状态单位力方向上所引起的位移,此称为位移互等定理。

图 7-29

需要指出,位移互等定理中的单位力应理解为单位广义力,既可以是集中力,也可以是力偶,其对应的位移也应理解为线位移或角位移。

在图7-30所示的例子中,$P=1$ 是一个单位力,$M=1$ 是一个单位力偶。这样,相应的位移一个为角位移(图7-30a),另一应为线位移(图7-30b)。

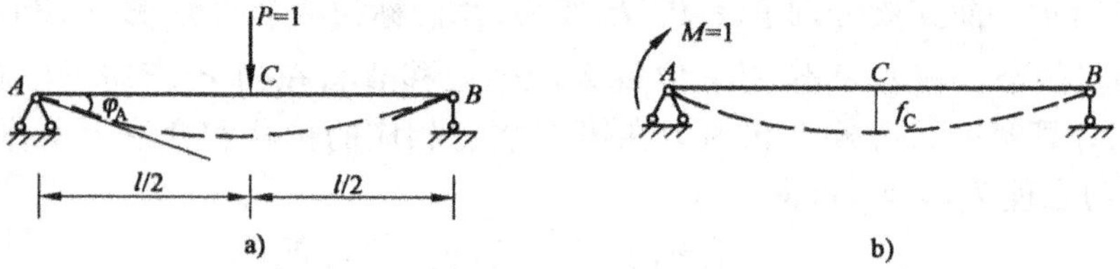

图 7-30

根据位移互等定理,应有 $\varphi_A=f_C$。这里 φ_A 和 f_C 虽然是两个不同性质的量,但它们在数值上是相等的。即

$$\varphi_A=f_C=\frac{l^2}{16EI}$$

(三)反力互等定理

反力互等定理也是功的互等定理的一种特殊情况。它用来说明在超静定结构中假设两个支座分别产生单位位移时,两个状态中反力互等关系。图7-31a)表示支座1发生单位位移的状态,此时支座2产生反力 γ_{21};图7-31b)表示的支座2发生单位位移的状态,此时支座1产生反力 γ_{12}。根据功的互等定理,应有 $\gamma_{21}\cdot\Delta_2=\gamma_{12}\cdot\Delta_1$,因为 $\Delta_1=\Delta_2=1$,则有

$$\gamma_{21}=\gamma_{12} \tag{7-22}$$

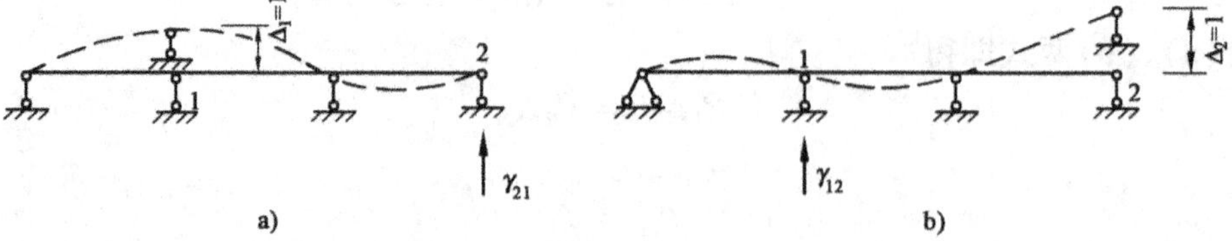

图 7-31

上式表明：支座 1 由于支座 2 单位位移所引起的反力 γ_{12}，数值上等于支座 2 由于支座 1 单位位移引起的反力 γ_{21}，称为反力互等定理。这里反力和位移都应理解为广义的。

顺便说明，在上述两个状态中，当支座 1 和支座 2 发生单位位移时，结构的两个端支座也有反力产生。只是由于它们与所研究的问题无关，所以没有在图上标出。

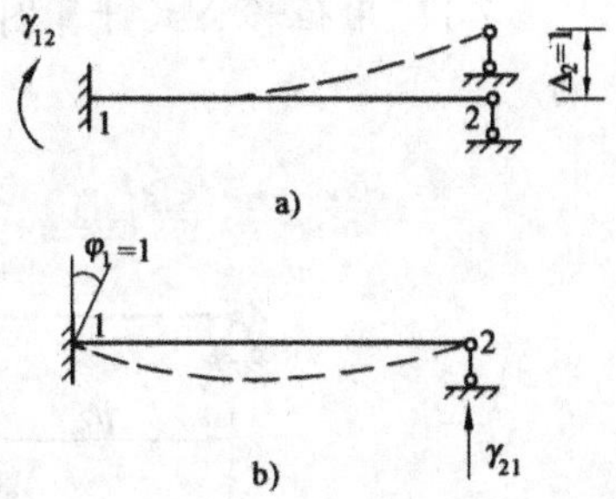

图 7-32

反力互等定理对结构上任何两个支座都适用。但必须注意，在两种状态中，同一支座的反力和位移应该是对应的，即力对应于线位移，力偶对应于角位移，两者的乘积具有功的量纲。图 7-32 所示的反力互等定理例子进一步说明了这个问题。根据反力互等定理，反力 γ_{12} 和反力偶 γ_{21} 虽然含义不同，但它们在数值上是相等的。

复习思考题

1. 试说明实功和虚功的区别。

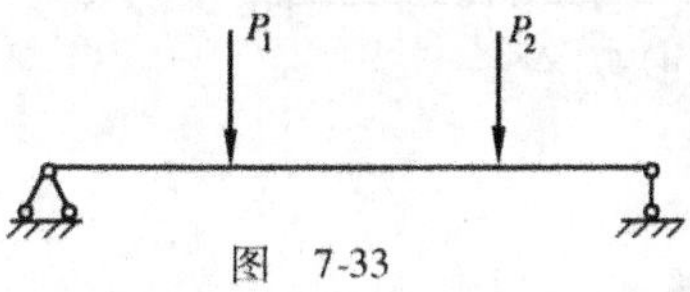

图 7-33

2. 如图 7-33，试按下列两种加载情况写出外力在加载过程中所作的功：(1) 先加 P_1，后加 P_2；(2) 先加 P_2，后加 P_1。对于弹性结构，两种情况外力所做的总功是否相等？

3. 结构上本来并没有虚拟单位荷载作用，但在计算位移时我们却加上了虚拟单位荷载，那么这样求出来的位移还会等于原来的实际位移吗？它包括了虚拟单位荷载所产生的位移没有？

4. 如图 7-34，下列图乘是否正确？如不正确请改正。

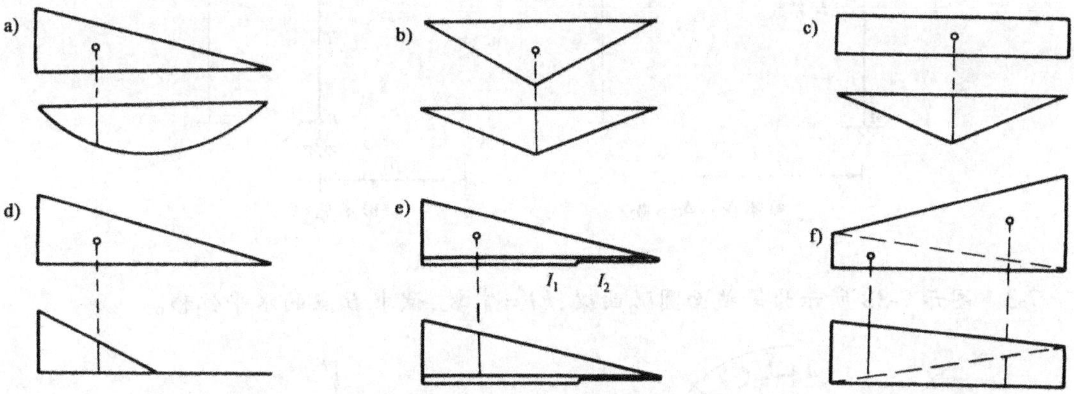

图 7-34

5. 如图 7-35 的图乘结果 $\Delta_{AY}=\dfrac{1}{EI}\left(\dfrac{1}{3}ql^2\cdot l\right)\cdot\dfrac{3}{4}l$ 是否正确？如不正确，请改正。

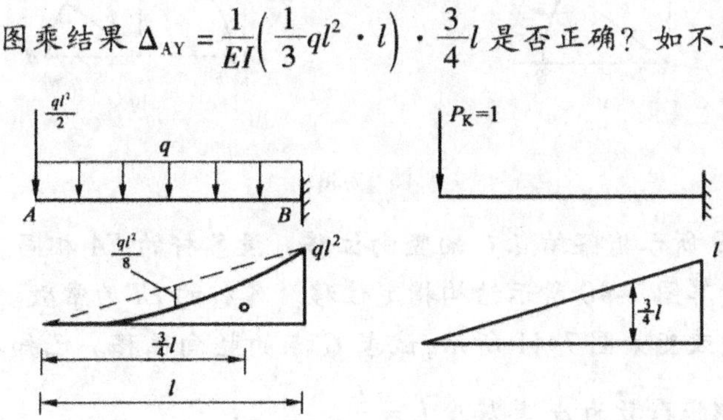

图 7-35

6. 写出静定结构的温度位移公式，并说明公式右边各项正负号的确定方法。

习题

7-1　用位移公式计算图 7-36 所示各梁中指定截面的位移。设 EI 为常数并略去剪力的影响。

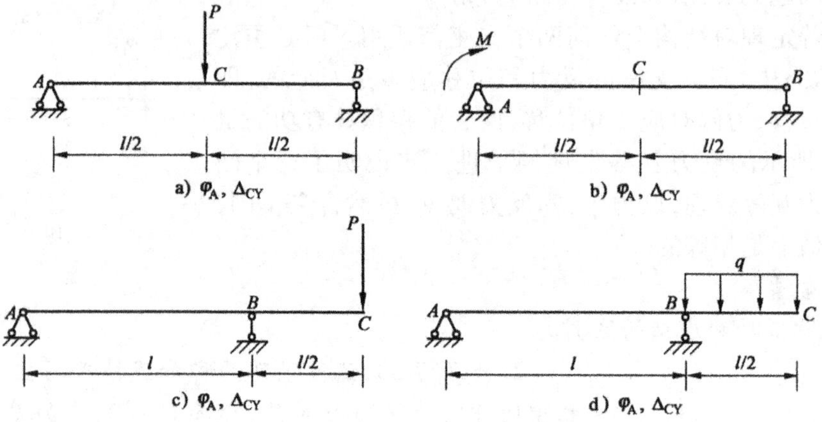

图　7-36

7-2　用位移公式计算图 7-37 所示结构中指定截面的位移。

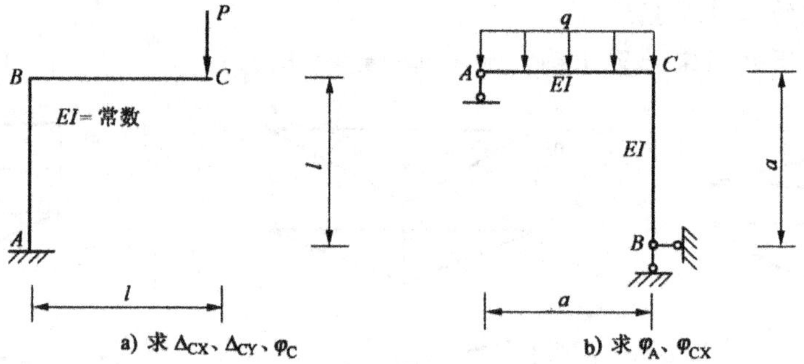

图　7-37

7-3　图示 7-38 所示为等截面圆弧曲梁，$EI=$ 常数，试求 B 点的水平位移。

图　7-38

7-4　计算图 7-39 所示桁架结点 C 的竖向位移。设各杆的 EA 相同。

7-5　用图乘法计算图 7-40 所示结构指定位移。各杆的 EI 为常数。

7-6　各杆的温度改变如图 7-41 所示，试求 C 点的竖向位移。已知各杆的截面相同且对称于形心轴，材料线膨胀系数为 α，其厚度 $h=\dfrac{l}{10}$。

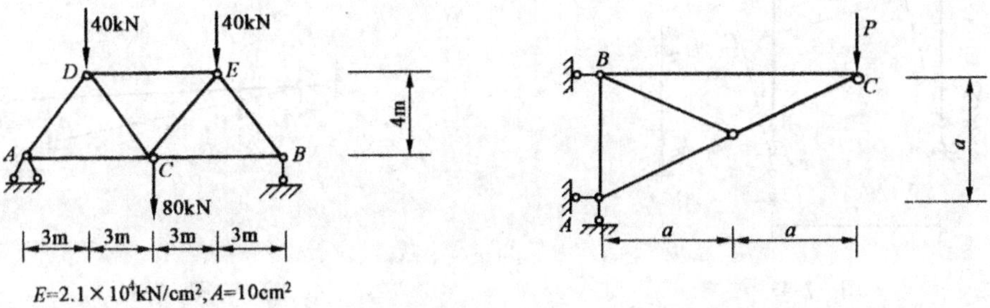

a) 求Δ_{CY}　　b) 求Δ_{CY}

图　7-39

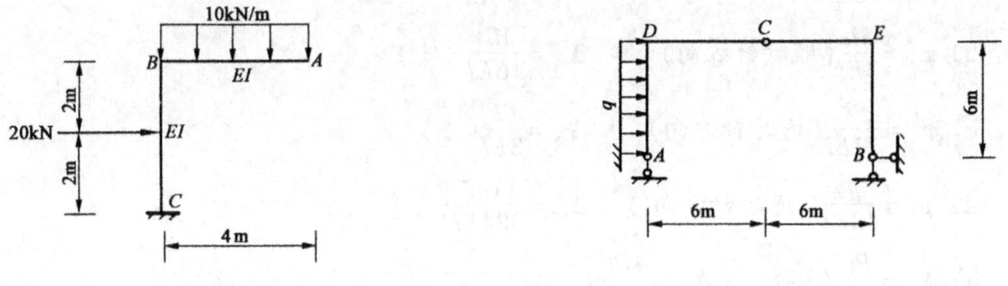

a) 求φ_A, Δ_{AY}　　b) 求Δ_{EX}, φ_B

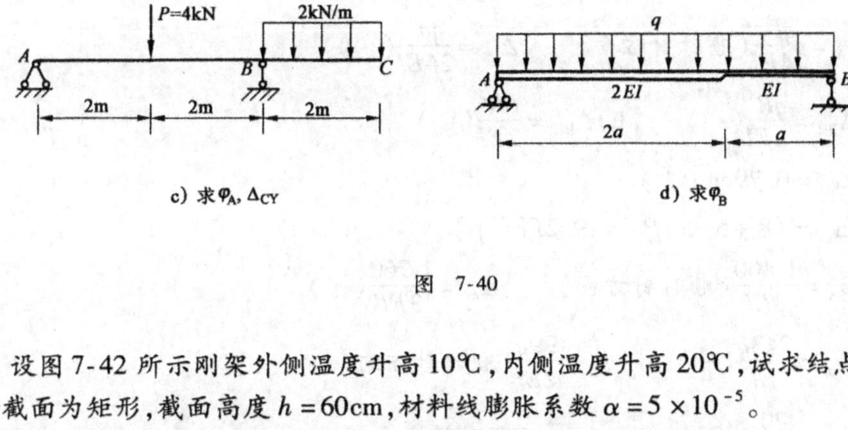

c) 求φ_A, Δ_{CY}　　d) 求φ_B

图　7-40

7-7　设图 7-42 所示刚架外侧温度升高 10℃，内侧温度升高 20℃，试求结点 C 的角位移。已知各杆截面为矩形，截面高度 $h=60$cm，材料线膨胀系数 $\alpha=5\times10^{-5}$。

7-8　图 7-43 所示简支刚架支座 B 下沉 b，试求 C 点的水平位移。

7-9　图 7-44 所示桁架，其支座 B 有竖向沉陷 c，试求杆 BC 的转角。

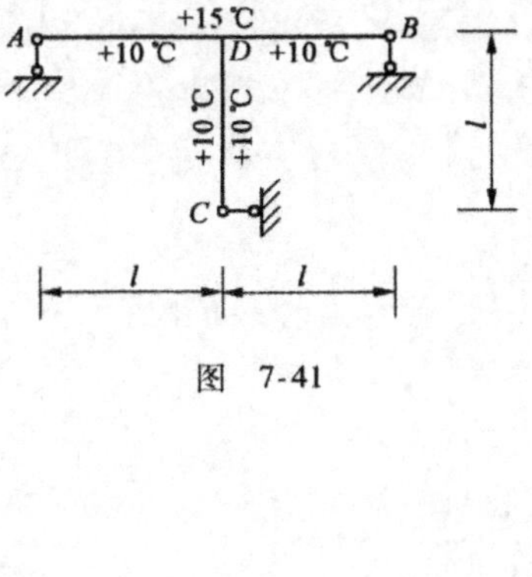

图　7-41

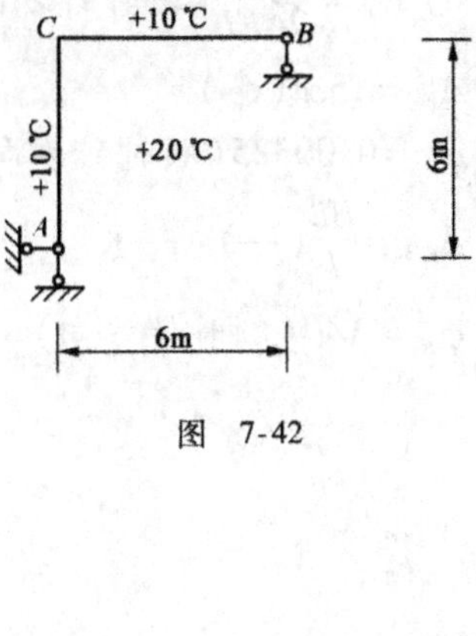

图　7-42

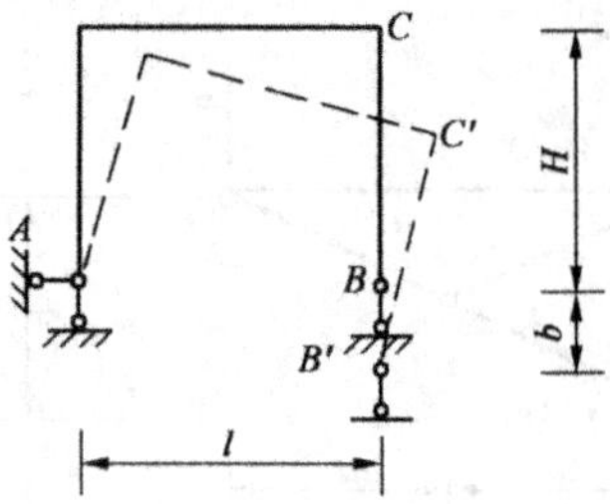

图 7-43

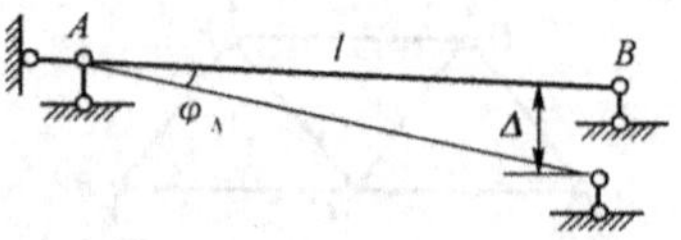

图 7-44

习题解答

7-1 a) $\varphi_A=\dfrac{Pl^2}{16EI}$(顺时针方向)　　$\Delta_{cy}=\dfrac{Pl^3}{48EI}$(↓)

b) $\varphi_A=\dfrac{Ml}{3EI}$(顺时针方向)　　$\Delta_{cy}=\dfrac{Ml^2}{16EI}$(↓)

c) $\varphi_A=\dfrac{Pl^2}{12EI}$(逆时针方向)　　$\Delta_{cy}=\dfrac{Pl^3}{8EI}$(↓)

d) $\varphi_A=\dfrac{ql^3}{48EI}$(逆时针方向)　　$\Delta_{cy}=\dfrac{11ql^4}{384EI}$(↓)

7-2 a) $\Delta_{cy}=\dfrac{Pl^3}{2EI}$(→)　　$\Delta_{cy}=\dfrac{4Pl^3}{3EI}$(↓)

$\varphi_c=\dfrac{3Pl^2}{2EI}$(顺时针方向)

b) $\varphi_A=\dfrac{ql^3}{24EI}$(顺时针方向)　　$\Delta_{cx}=\dfrac{qa^4}{24EI}$(←)

7-3 a) $\Delta_{BH}=\dfrac{qR^4}{2EI}$(←)　　b) $\Delta_{BH}=\dfrac{FR^3}{2EI}$(→)

7-4 a) $\Delta_{cy}=0.79\text{cm}$(↓)

b) $\Delta_{cy}=(8+5\sqrt{5})Pa=19.2Pa$(↓)

7-5 a) $\varphi_A=\dfrac{1\,400}{3EI}$(顺时针方向)　　$\Delta_{cy}=\dfrac{1\,760}{3EI}$(↓)

b) $\Delta_{bx}=\dfrac{243q}{EI}$(→)　　$\varphi_B=\dfrac{99q}{2EI}$(顺时针方向)

c) $\Delta_{cy}=\dfrac{20}{3EI}$(↓)　　$\varphi_A=\dfrac{4}{3EI}$(顺时针方向)

d) $\varphi_B=\dfrac{19qa^3}{24EI}$(逆时针方向)

7-6 $\Delta_{cy}=15\alpha l$(↑)

7-7 $\varphi_C=0.00325$(顺时针方向)

7-8 $\Delta_{CH}=\dfrac{Hb}{l}$(→)

7-9 $\varphi_A=\Delta/l$(顺时针方向)

第八章　力法及其应用

本章学习要点：了解超静定结构的基本概念，明确力法解超静定结构的基本思路，能较熟练地进行在荷载作用下各种一、二次超静定结构的内力计算，并能利用结构的对称性简化计算；了解温度改变、混凝土收缩、支座移动等因素对超静定结构内力的影响。

§8-1　超静定结构概述

前面各章中，我们研究了各种静定结构的计算，它们的反力和内力都只需根据静力平衡条件就能全部确定。但是，在工程实际中，还有许多结构的反力和内力只凭静力平衡条件是不能确定的，或者是不能全部确定的。例如图8-1a)所示的连续梁，其竖向反力只凭平衡条件就无法确定，因而也就无法进一步确定其内力。又如图8-2a)所示的桁架，虽然它的反力和部分杆件的内力可由静力平衡条件求得，但却不能确定其全部杆件的内力。像这样的结构，它的内力超出了静力平衡条件所能确定的范围，故称为超静定结构。

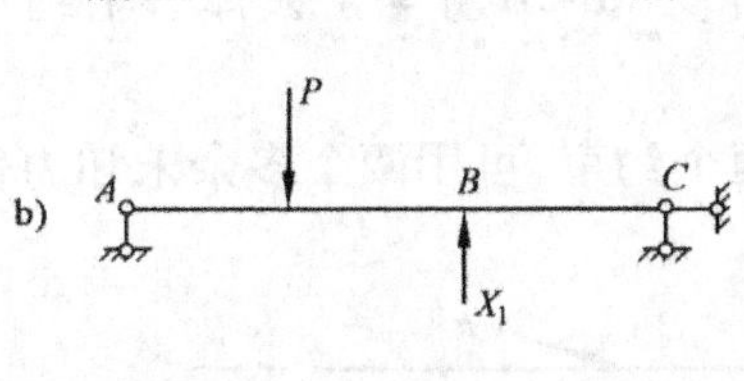

图　8-1

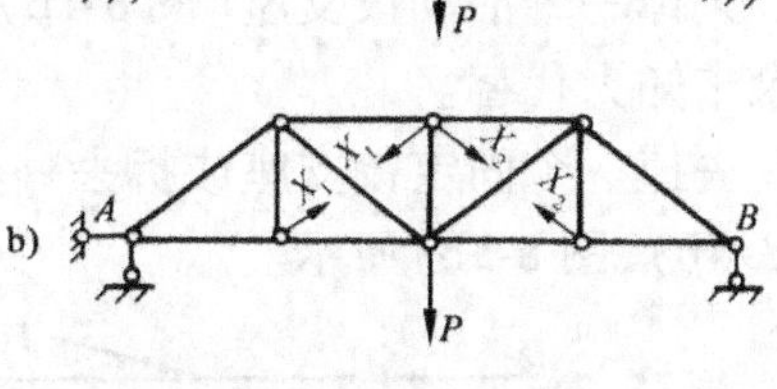

图　8-2

从几何构造方面分析一下上述两个结构，就不难察觉它们都具有多余约束。所谓"多余"，是指这些约束对保持结构的几何不变性来说，是不必要的。多余约束中产生的力称为多余未知力。

例如图8-1a)所示的连续梁中，可以把支座链杆 B 看作是多余约束，其多余未知力就是 X_1（图8-1b）。又如图8-2a)所示桁架，可以把中间两根腹杆作为多余约束，其多余未知力为 X_1 及 X_2（图8-2b）。

由此可见，超静定结构在静力方面的特征是单凭静力平衡条件不能确定其全部反力和内力，而在几何构造上的特征是具有多余约束。

常见的超静定结构类型有超静定梁［图8-1a）和图8-3a)］、超静定刚架［图8-3b)］、超静定拱［图8-3d)］、超静定桁架［图8-2a)和图8-3c)］及超静定组合结构［图8-3e)］。

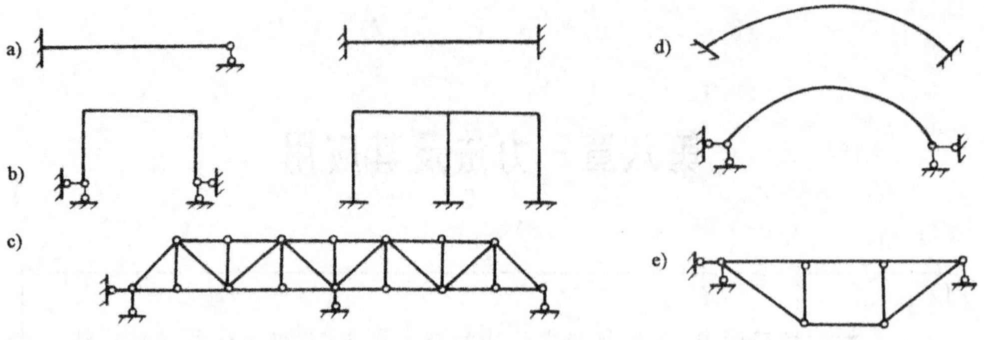

图 8-3

超静定结构的计算方法很多,就基本方法而言,有力法和位移法。这两种方法的主要区别在于基本未知量的选择。所谓基本未知量是指这样的未知量,一旦求出这些未知量后,其余未知量均可随之求出。

在力法中,以多余未知力作为基本未知量,而在位移法中,则是以结构上的某些结点位移作为基本未知量。以上两种方法,都可用渐近的方法求解,可以派生出多种渐近法。但工程上用得较多的是从位移法派生出来的力矩分配法。

§8-2 超静定次数的确定

超静定结构存在多余约束。多余联系的数目,称为超静定结构的超静定次数。例如图8-1a)所示结构有一个多余约束,为一次超静定结构,超静定次数为一次。图8-2a)所示结构有两个多余约束,为二次超静定结构,超静定次数为二次。

超静定结构有多少个多余约束,相应地便有多少个多余未知力。超静定结构在几何不变体系的前提下,去掉多余约束,用多余未知力来代替,使原结构变为一个受已知外力和多余未知力共同作用下的静定结构,这个静定结构称为原超静定结构的基本结构。原超静定结构称为原结构。例如图8-1b)为原结构图8-1a)的基本结构,图8-2b)为图8-2a)的基本结构。

将超静定结构转化为基本结构的方式,归纳起来有如下几种:

1. 去掉一个活动铰支座[图8-1b)]或切断一根链杆[图8-2b)]等于去掉一个约束,用一个多余未知力代替。

2. 去掉一个固定铰支座或拆去一个单铰等于去掉两个约束,可用两个多余未知力代替,例如图8-4b)、图8-5b)所示。

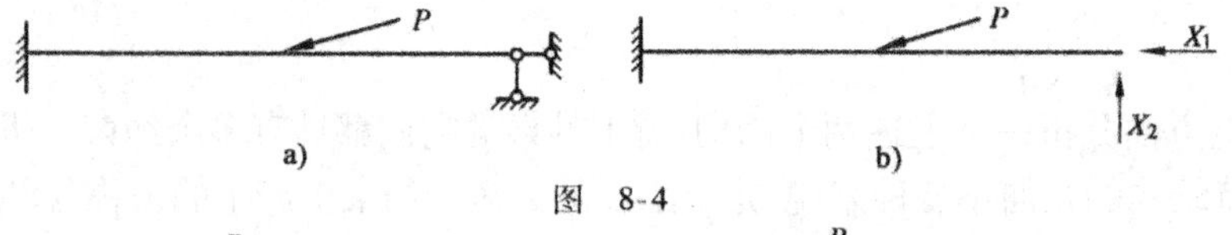

图 8-4

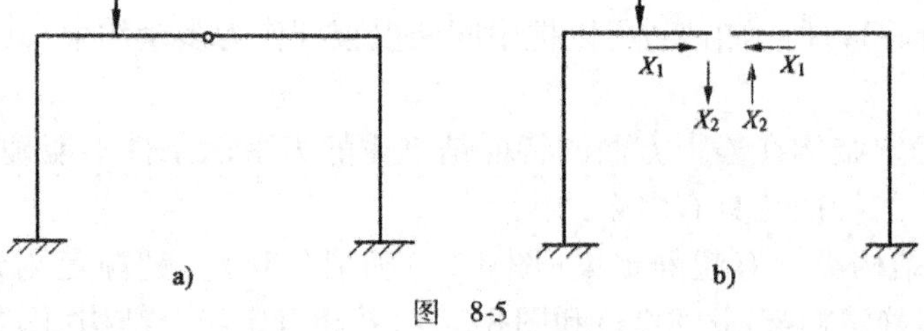

图 8-5

3. 去掉一个固定端支座或切断一根梁式杆，等于去掉三个约束，用三个多余未知力代替，如图 8-6b）和图 8-6c）所示。

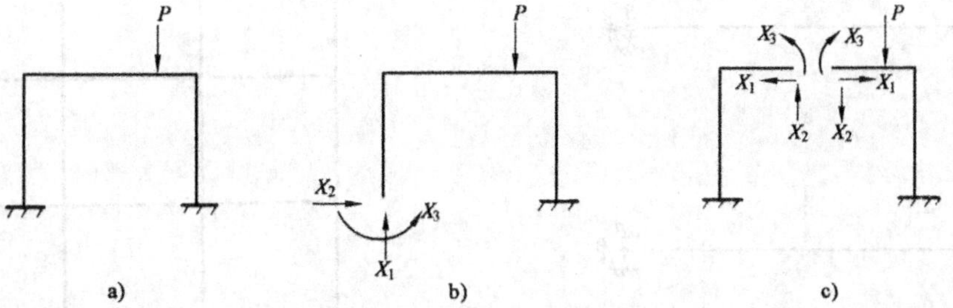

图 8-6

4. 将刚性联接改成单铰连接或将固定支座改为固定铰支座，等于去掉一个转动约束，用一个多余未知力代替，如图 8-7b）和 8-8b）所示。

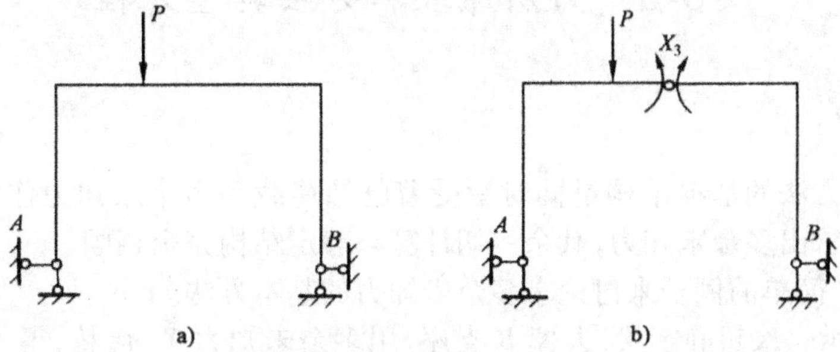

图 8-7

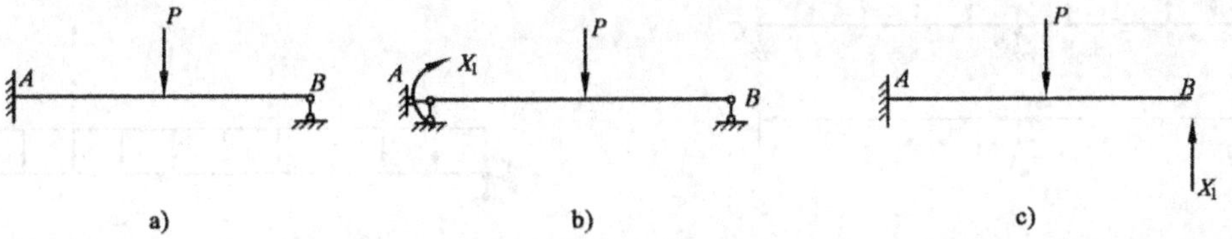

图 8-8

显然，对于同一个超静定结构，可以去掉其不同的多余约束，从而可以得到不同的基本结构，如图 8-8b）或 8-8c）两个不同的基本结构。但是，所去掉的多余约束的数目都应相等，所得到的基本结构也都必须是几何不变体系，即为了保证结构的几何不变性，某些约束是绝对不能去掉的，如图 8-9a）所示连续梁 A 支座的水平链杆就是不能去掉的，否则基本结构就要变成几何可变体［图 8-9b）］。又如图 8-10a）所示超静定梁，竖向链杆不能作为多余约束去掉，否则基本结构就变成瞬变体系［8-10b）］。

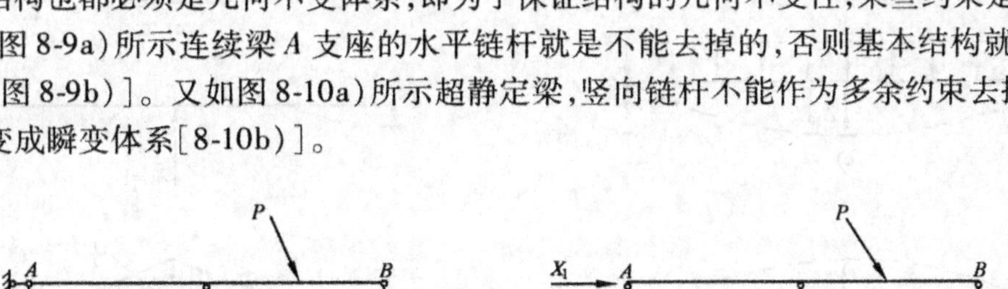

图 8-9

对于封闭框格结构，一个封闭的无铰框格是三次超静定［图 8-6a）］，若有 n 个封闭框格就是

$3n$ 次超静定。如图 8-11 所示封闭框格结构，有 8 个封闭框格，其超静定次数为 $3\times8=24$ 次。

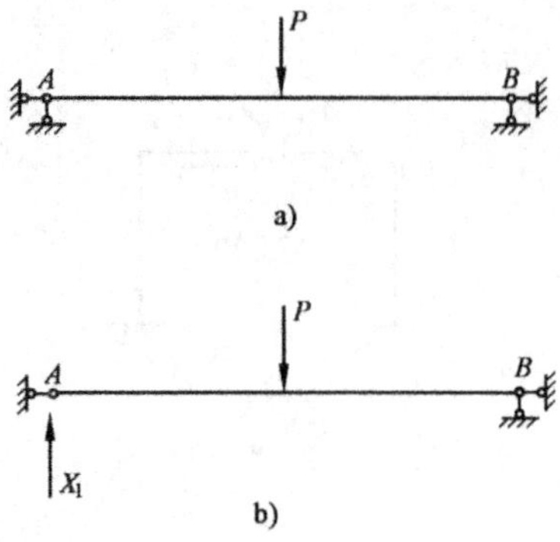

图 8-10

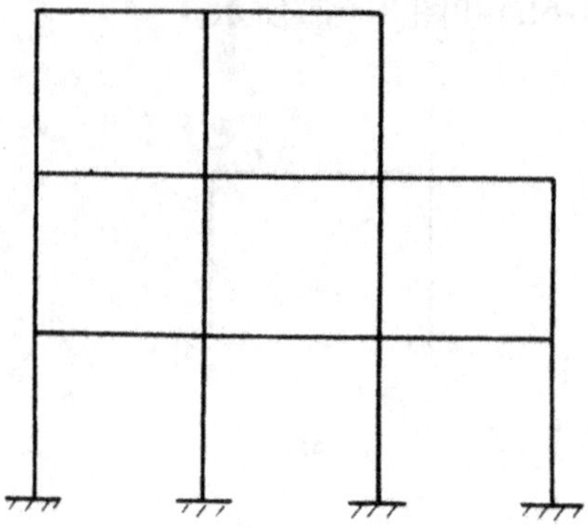

图 8-11

§8-3　力法原理和力法典型方程

一、力法原理

由上节可知，力法的基本结构是同时承受着已知荷载和多余未知力作用下的静定结构。显然，只要能设法求出多余未知力，其余一切计算与静定结构完全相同。

下面通过一个简单的例子来讨论求多余未知力的基本方法。

如图 8-12 所示一次超静定梁，去掉 B 支座，用多余未知力 X_1 代替，得如图8-12b）的基本

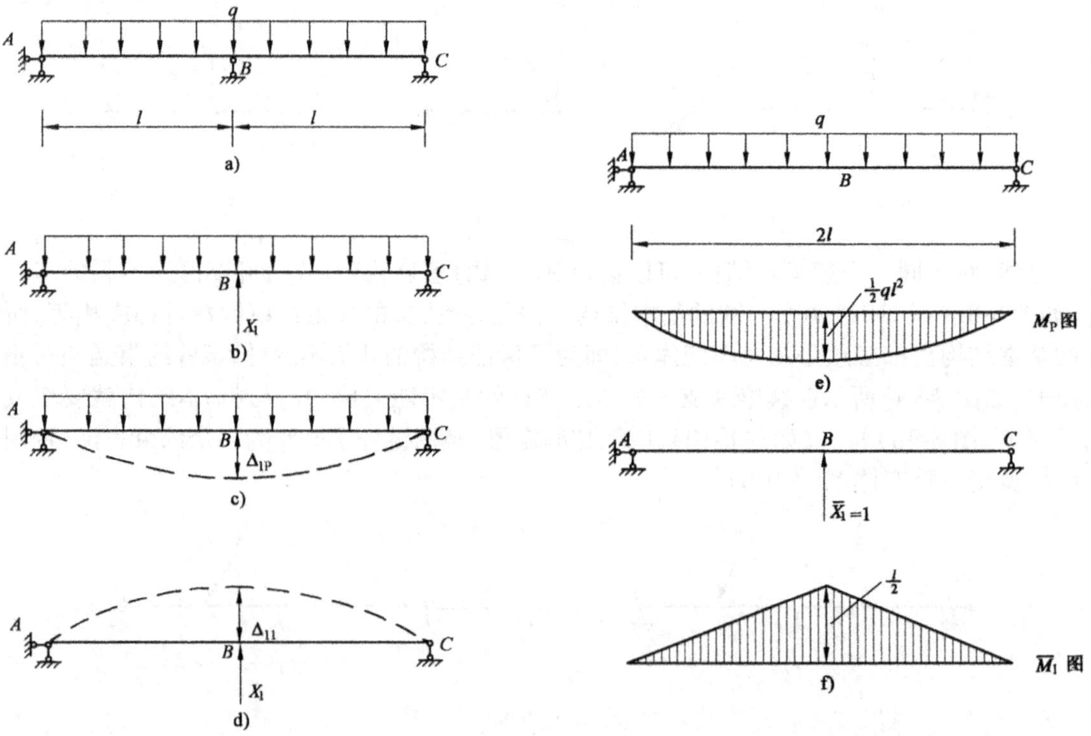

图 8-12

结构。但仅靠平衡条件是无法求出 X_1，因为在基本结构中除 X_1 外还有三个支座反力，故平衡方程数目少于未知力数，其解答是不定的。若多余未知力 X_1 是任意数值，则 X_1 的作用点将发生相应的位移 Δ_1。实际上原结构在支座 B 处由于受到竖向链杆的约束，B 点的竖向位移应为零。虽然基本结构中该多余约束已去掉，但 X_1 的数值恰与原结构 B 支座实际产生的反力相等时，基本结构在 q 和 X_1 共同作用下，B 点的竖向位移才能等于零。也就是基本结构的位移与原结构的位移应一致，为此多余未知力的数值（即沿 X_1 方向的位移）应满足 Δ_1 等于零的条件。即

$$\Delta_1 = 0 \tag{a}$$

此条件称为位移协调条件。

设以 Δ_{11} 和 Δ_{1P} 分别表示多余未知力 X_1 和荷载 q 单独作用在基本结构上时，B 点沿 X_1 方向的位移（图 8-12c、d），其符号都以沿假定的 X_1 方向为正。根据叠加原理，式(a)可写成

$$\Delta_1 = \Delta_{11} + \Delta_{1P} = 0 \tag{b}$$

再令 δ_{11} 表示 X_1 为单位力（$\bar{X}_1 = 1$）时 B 点沿 X_1 方向的位移，则有 $\Delta_{11} = \delta_{11}X_1$，于是上述位移条件(b)可写成

$$\delta_{11}X_1 + \Delta_{1P} = 0 \tag{8-1}$$

由于 δ_{11} 和 Δ_{1P} 都是静定结构在已知力作用下的位移，完全可以用第七章所述方法求得，于是多余未知力即可由式(8-1)求得。为了计算 δ_{11} 和 Δ_{1P}，分别作基本结构在荷载作用下的弯矩图 M_P 和单位力 $\bar{X}_1 = 1$ 作用下的弯矩图 $\bar{M}_1$，如图 8-12e)、f)所示。

用图乘法可求得

$$\Delta_{1P} = \frac{2}{EI}\left[\frac{2}{3} \times \frac{1}{2}ql^2 \times l\left(-\frac{5}{8} \times \frac{l}{2}\right)\right] = -\frac{5ql^4}{24EI}$$

$$\delta_{11} = \frac{2}{EI}\left[\frac{1}{2} \times \frac{l}{2} \times l \times \frac{2}{3} \times \frac{l}{2}\right] = \frac{l^3}{6EI}$$

代入式(8-1)得

$$X_1 = -\frac{\Delta_{1P}}{\delta_{11}} = \frac{5ql^4}{24EI} \times \frac{6EI}{l^3} = \frac{5}{4}ql(\uparrow)$$

所得结果为正，表明 X_1 与原假设方向相同。X_1 是原结构 B 支座的反力，求得 X_1 后，原结构的内力图可以按静定结构求内力图的方法求得。也可以利用已绘出的 $\bar{M}$ 图和 M_P 图相叠加绘出。即

$$M = \bar{M}_1X_1 + M_P \tag{8-2}$$

用式(8-2)求得各控制截面的弯矩后，绘出 M 图，如图 8-13 所示。

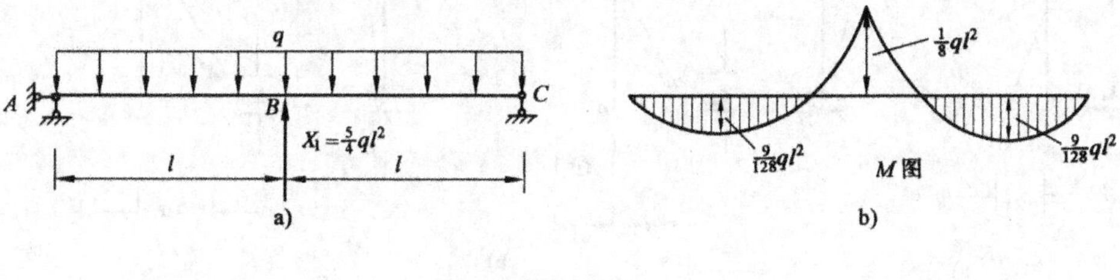

图 8-13

综上所述，去掉超静定结构的多余约束，用多余未知力代替而得到静定的基本结构，根据基本结构应与原结构位移相同而建立位移条件，以位移条件建立力法方程；首先求出多余未知

力，然后由平衡条件计算其反力和内力的方法称为力法。

这里，整个计算过程都是在基本结构上进行的，这就把超静定结构的计算问题转化为静定结构的计算问题。所以力法是分析超静定结构的最基本方法，可以分析任何类型的超静定结构。

二、力法的典型方程

以上我们用一次超静定结构的计算说明了力法基本原理。由此可见，用力法计算超静定结构的关键，在于根据位移条件建立力法方程求出多余未知力。对于多次超静定结构，其计算方法也完全相同。

图 8-14a)为二次超静定刚架，如去掉 A 支座两个多余约束，并用多余未知力 X_1、X_2代替，得基本结构，如图 8-14b)所示。由于原结构在 A 点的水平位移和竖向位移为零，因此基本结构在荷载和多余未知力共同作用下，A 点沿 X_1、X_2方向的相应位移也都应该为零，即位移条件为

$$\Delta_1 = 0$$
$$\Delta_2 = 0$$

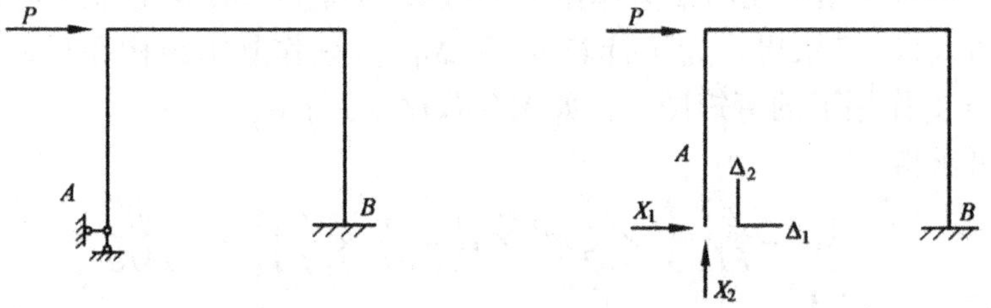

a) 原结构　　b) 基本结构

图 8-14

这里 Δ_1是基本结构沿 X_1方向的位移，即 A 点的水平位移；Δ_2是基本结构沿 X_2方向的位移，即 A 点的竖向位移。为了计算 Δ_1和 Δ_2，首先分别计算基本结构在各单位力 $\overline{X}_1 = 1$、$\overline{X}_2 = 1$ 和荷载 P 作用下的位移：

$\overline{X}_1 = 1$ 单独作用时，沿 X_1方向位移为 δ_{11}，沿 X_2方向位移 δ_{21}(图 8-15a)；

$\overline{X}_2 = 1$ 单独作用时，沿 X_2方向位移为 δ_{22}，沿 X_1方向位移 δ_{12}(图 8-15b)；

荷载单独作用时，沿 X_1方向位移为 Δ_{1P}，沿 X_2方向位移为 Δ_{2P}(图 8-15c)。

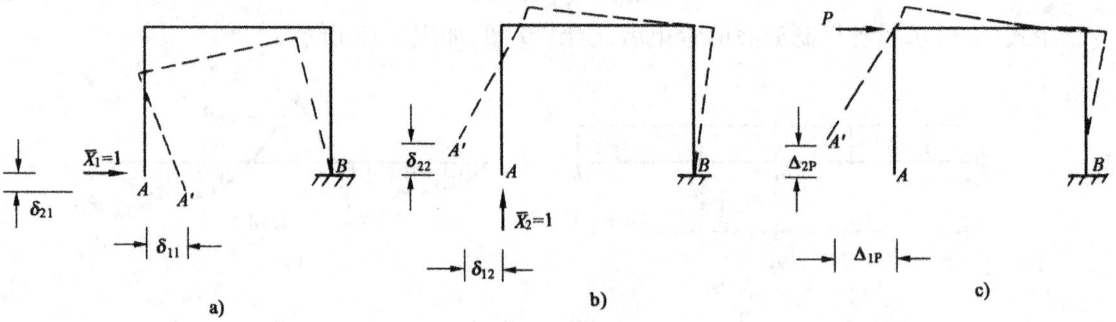

图 8-15

位移中第一个脚标代表位移的地点和方向，第二脚标代表产生的原因。

则根据叠加原理，(a)式的位移条件可写为

$$\left.\begin{aligned}\Delta_1 &= \delta_{11}X_1 + \delta_{12}X_2 + \Delta_{1P} = 0\\ \Delta_2 &= \delta_{21}X_1 + \delta_{22}X_2 + \Delta_{2P} = 0\end{aligned}\right\} \tag{8-3}$$

求解这组方程可求得多余未知力 X_1、X_2。

上式可写成矩阵形式

$$\begin{bmatrix}\delta_{11} & \delta_{12}\\ \delta_{21} & \delta_{22}\end{bmatrix}\begin{Bmatrix}X_1\\ X_2\end{Bmatrix}+\begin{Bmatrix}\Delta_{1P}\\ \Delta_{2P}\end{Bmatrix}=\begin{Bmatrix}0\\ 0\end{Bmatrix} \tag{8-4}$$

式(8-3)的力法方程是表示位移条件，故又称为结构的柔度方程，式(8-4)称为柔度矩阵。

对于 n 次超静定结构来说，则有 n 个多余未知力，而每一个多余未知力都对应着一个多余联系，相应也就有一个已知的位移条件，故可按此 n 个位移条件建立 n 个方程，从而可解出 n 个多余未知力。当原结构上各多余未知力作用处的位移为零时，这 n 个方程可写为

$$\left.\begin{aligned}&\delta_{11}X_1 + \delta_{12}X_2 + \cdots + \delta_{1i}X_i + \cdots + \delta_{1n}X_n + \Delta_{1P} = 0\\ &\delta_{21}X_1 + \delta_{22}X_2 + \cdots + \delta_{2i}X_i + \cdots + \delta_{2n}X_n + \Delta_{2P} = 0\\ &\delta_{31}X_1 + \delta_{32}X_2 + \cdots + \delta_{3i}X_i + \cdots + \delta_{3n}X_n + \Delta_{3P} = 0\\ &\cdots\cdots\cdots\cdots\cdots\cdots\cdots\cdots\cdots\cdots\cdots\cdots\\ &\delta_{i1}X_1 + \delta_{i2}X_2 + \cdots + \delta_{ii}X_i + \cdots + \delta_{in}X_n + \Delta_{iP} = 0\\ &\cdots\cdots\cdots\cdots\cdots\cdots\cdots\cdots\cdots\cdots\cdots\cdots\\ &\delta_{n1}X_1 + \delta_{n2}X_2 + \delta_{ni}X_i + \cdots + \delta_{nn}X_n + \Delta_{nP} = 0\end{aligned}\right\} \tag{8-5}$$

这一组方程的物理意义为：基本结构在全部多余未知力和荷载的共同作用下，在去掉各多余联系处沿各多余未知力方向的位移，应与原结构中相应的位移相等。

式中主斜线(自左上方的 δ_{11} 至右下方的 δ_{nn})上的系数 δ_{ii} 称为主系数或主位移，它是单位多余未知力 $X_i=1$ 单独作用时，沿其本身方向上所引起的位移，显然其值恒为正且不会等于零。非主斜线上的系数 δ_{ij} 则称为副系数或副位移，它是多余未知力 X_i 方向上由于单位多余未知力 $X_j=1$ 单独作用时而引起的位移。根据位移互等定理，可知 $\delta_{ij}=\delta_{ji}$。式中最后一项 Δ_{iP} 称为自由项，它是荷载 P 单独作用时，所引起的沿多余未知力 X_i 方向上所引起的位移。副系数和自由项可能为正、负或零。

上述方程在组成上具有一定规律，我们称它为力法的典型方程。也可写成矩阵形式(此处略)。

因为基本结构是静定结构，力法典型方程中的各系数和自由项，都可按第七章求位移的方法求得。对于平面结构中的梁和刚架，这些位移的计算式可写成

$$\delta_{ii} = \sum\int\frac{\overline{M}_i^2}{EI}\mathrm{d}s$$

$$\delta_{ij} = \delta_{ji} = \sum\int\frac{\overline{M}_i\overline{M}_j}{EI}\mathrm{d}s$$

$$\delta_{iP} = \sum\int\frac{\overline{M}_i M_P}{EI}\mathrm{d}s$$

系数和自由项求得后，将它们代入典型方程即求出多余未知力。然后由平衡条件求出其余未知反力和内力。在绘制最后内力图时，也可利用基本结构的单位内力图和荷载内力图按叠加法绘最后弯矩图。由下列公式计算

$$M = \overline{M}_1X_1 + \overline{M}_2X_2 + \overline{M}_3X_3 + \cdots + \overline{M}_nX_n + M_P$$

§8-4 力法计算步骤和示例

根据上节所述,用力法解算超静定结构的步骤可归纳如下:

(1)确定超静定次数,选取基本结构。解除结构的全部多余约束,得出一个静定的基本结构,并以多余未知力代替相应的多余约束的作用。在选取基本结构形式时,以使计算尽可能简单为原则。

(2)写出力法典型方程。根据基本结构在多余未知力和荷载的共同作用下,多余约束处的位移与原结构相应的位移相等的条件,建立力法典型方程。

(3)计算系数和自由项。作出基本结构的单位内力图和荷载内力图(或写出内力表达式),按照求位移的方法计算方程中的系数和自由项。

(4)解出多余未知力。将所求系数和自由项代入力法典型方程,即可求出多余未知力。

(5)计算内力并作内力图。按分析静定结构的方法,由平衡条件或叠加法绘出最后内力图。下面通过几个例题来说明如何应用力法计算超静定结构的内力。

【例 8-1】 试作图 8-16a)所示刚架的内力图,设 E 为常数。

解:这是二次超静定刚架,去掉铰支座 B 并代以多余未知力 X_1 和 X_2,得基本结构——悬臂刚架,如图 8-16b)所示。

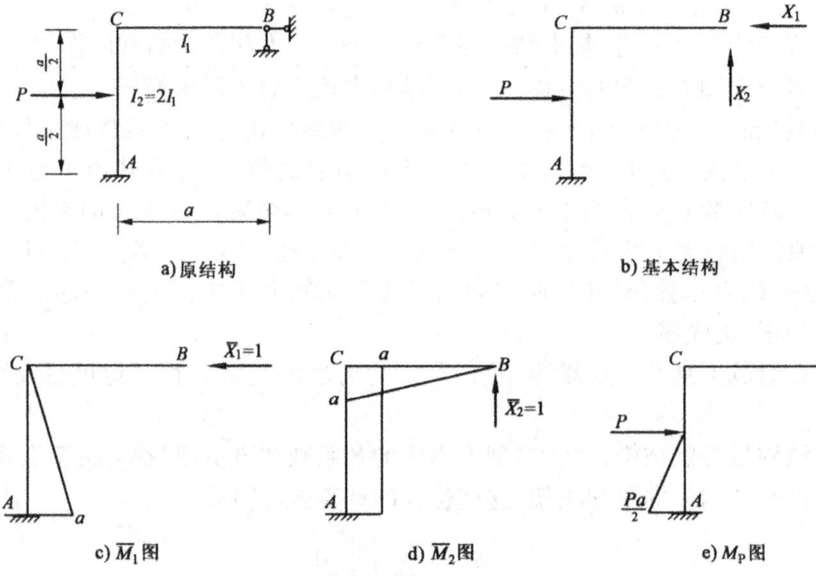

a)原结构　b)基本结构

c) $\overline{M}_1$图　d) $\overline{M}_2$图　e) M_P图

图 8-16

根据原结构 B 支座处的水平和竖向位移均为零的条件,建立典型方程。

$$\delta_{11}X_1 + \delta_{12}X_2 + \Delta_{1P} = 0$$

$$\delta_{21}X_1 + \delta_{22}X_2 + \Delta_{2P} = 0$$

绘出基本结构的各单位弯矩图和荷载弯矩图,如图 8-16c)、d)、e)所示。计算刚架位移时,通常忽略轴力和剪力的影响,而只考虑弯矩的影响,因而使计算得到简化。

利用图乘法求各系数及自由项。

$$\delta_{11}=\frac{1}{2EI_1}\cdot\frac{a^2}{2}\cdot\frac{2a}{3}=\frac{a^3}{6EI_1}$$

$$\delta_{12}=\delta_{21}=\frac{1}{2EI_1}\cdot\frac{a^2}{2}\cdot a=\frac{a^3}{4EI_1}$$

$$\delta_{22}=\frac{1}{2EI_1}\cdot a^2\cdot a+\frac{1}{EI_1}\cdot\frac{a^2}{2}\cdot\frac{2a}{3}=\frac{5a^3}{6EI_1}$$

$$\Delta_{1P}=-\frac{1}{2EI_1}\left(\frac{1}{2}\cdot\frac{Pa}{2}\cdot\frac{a}{2}\right)\cdot\frac{5a}{6}=-\frac{5Pa^3}{96EI_1}$$

$$\Delta_{2P}=-\frac{1}{2EI_1}\left(\frac{1}{2}\cdot\frac{Pa}{2}\cdot\frac{a}{2}\right)\cdot a=-\frac{Pa^3}{16EI_1}$$

将求出的系数和自由项代入典型方程,并消去$\frac{a^2}{EI_1}$后得

$$\frac{1}{6}X_1+\frac{1}{4}X_2-\frac{5}{96}P=0$$

$$\frac{1}{4}X_1+\frac{5}{6}X_2-\frac{1}{16}P=0$$

解联立方程得

$$X_1=\frac{4}{11}P,$$

$$X_2=-\frac{3}{88}P$$

从上面的计算可以看出,由于典型方程中每个系数和自由项均含有EI_1,因而可以消去。由此可知,在荷载作用下,超静定结构的内力只与各杆件的相对刚度有关,而与其绝对刚度无关;对由同一材料组成的结构,内力也与材料性质E无关,只与杆件惯性矩I的相对值有关。

多余未知力求出后,最后弯矩图按叠加法由下式计算

$$M=\bar{M}_1X_1+\bar{M}_2X_2+M_P$$

AC杆

$$M_{AC}=a\cdot\frac{4}{11}P+a\left(-\frac{3}{88}P\right)+\left(-\frac{Pa}{2}\right)=-\frac{15}{88}Pa\text{(左侧受拉)}$$

$$M_{CA}=a\cdot\left(-\frac{3}{88}P\right)=-\frac{3}{88}Pa\text{(左侧受拉)}$$

再按区段叠加法绘出AC杆的弯矩图。

CB杆

$$M_{CB}=a\cdot\left(-\frac{3}{88}P\right)=-\frac{3}{88}Pa\text{(上侧受拉)}$$

$$M_{BC}=0$$

因CB杆上无荷载,连以直线即可。最后弯矩图如图8-17a)所示。至于剪力图和轴力图,在本例情况下,根据图8-16b)所示的基本结构,直接按平衡条件作出较为简便,毋须详述,但在一般情况下,可由最后弯矩图作出剪力图,再由剪力图作出轴力图。现结合本例介绍后一种方法。

先作剪力图。根据弯矩图和荷载,取各杆件为隔离体,画内力图,由于杆端弯矩已求出,故可按力矩平衡条件求杆端剪力。

AC杆:由$\sum M_C=0$得

$$Q_{AC} = \frac{\frac{15}{88}Pa - \frac{3}{88}Pa + P \cdot \frac{a}{2}}{a} = \frac{7}{11}P$$

由 $\sum M_A = 0$ 得

$$Q_{CA} = \frac{\frac{15}{88}Pa - \frac{3}{88}Pa - P \cdot \frac{a}{2}}{a} = -\frac{4}{11}P(\text{亦可由} \sum X = 0 \text{求得})$$

同理，可求得 $Q_{CB} = Q_{BC} = \frac{3}{88}P$。求出各杆端剪力后，再结合杆上荷载情况便可绘出剪力图，如图 8-17c）所示。

再作轴力图。剪力图作出后，我们取刚架的结点为隔离体画内力图，利用投影平衡方程求杆端轴力（杆端弯矩在内力图上不必画上）。今取刚结点 C 为隔离体，剪力按真实方向画出，轴力先假定为拉力，如图 8-17d）所示。

$$\sum X = 0 \qquad N_{CB} = -\frac{4}{11}P(\text{压力})$$

$$\sum Y = 0 \qquad N_{CA} = -\frac{3}{88}P(\text{压力})$$

由于各杆上无轴向荷载，故各杆轴力为一常数，最后轴力图如图 8-17e）所示。

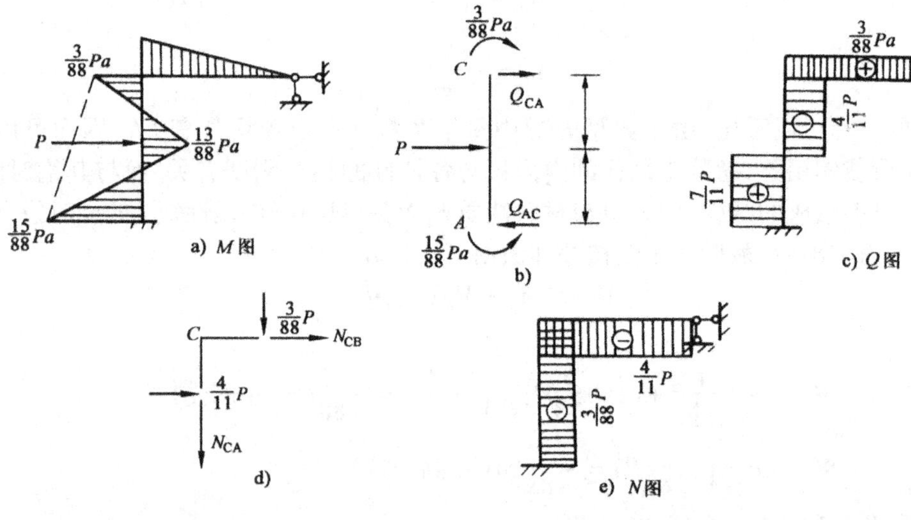

图 8-17

【例 8-2】 图 8-18a）所示桁架受一水平力 P 作用，各杆的 E、A 相等，求各杆的轴力。

解：此结构为一次内部超静定桁架。截断多余杆 BC，并在截断处代以一对未知轴力（拉力）X_1，得到图 8-18b）所示的基本结构。

基本结构在荷载及多余未知力的共同作用下，在 X_1 方向的位移，即切口处两截面的相对位移应等于零。由此而得

$$\delta_{11}X_1 + \Delta_{1P} = 0$$

由于在桁架的杆件只有轴力而无弯矩和剪力，所以 δ_{11} 和 Δ_{1P} 的计算公式为

$$\delta_{11} = \sum \frac{\overline{N}_1^2 l}{EA} \qquad \Delta_{1P} = \sum \frac{\overline{N}_1 N_P}{EA} l$$

这里 EA 代表杆件的抗拉（压）刚度，l 代表杆长。$\overline{N}_1$ 为基本结构由单位力 $\overline{X}_1=1$ 所产生的轴力（图 8-18c），N_P为基本结构由荷载 P 所产生的轴力（图 8-18d）。N_P、$\overline{N}_1$ 均以拉力为正，压力为负。

必须注意，公式中的总和号"$\sum$"包括基本结构的所有杆件，被截断的杆件也要计算在内。由图 8-18c）、d）可知，在被截断的 BC 杆中（截断不等于去掉），$\overline{N}_1=1$，$N_P=0$。

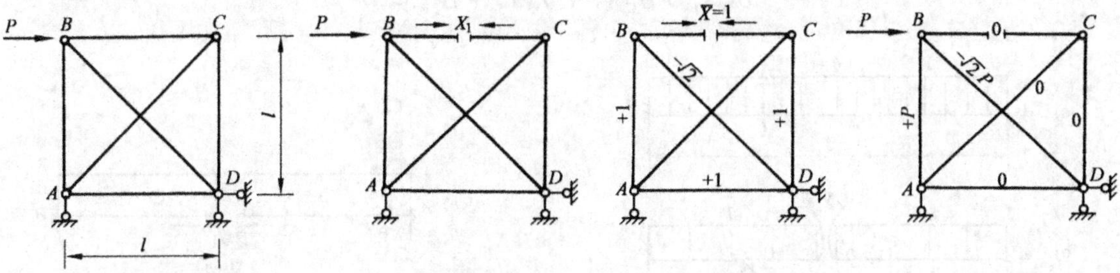

a) 原结构　　b) 基本结构　　c) N_1图　　d) N_2图

图 8-18

将求得的 δ_{11} 和 Δ_{1P}代入典型方程，解得多余未知力的值为

$$X_1=-\frac{\Delta_{1P}}{\delta_{11}}=-\frac{\sum \overline{N}_1 N_P l}{EA}\Big/\sum\frac{\overline{N}_1^2 l}{EA}$$

由于桁架杆件较多，为防止计算错误，可列表进行。从表上的计算结果，可以得出：

$$\delta_{11}=\frac{1}{EA}(4+4\sqrt{2})l \qquad \Delta_{1P}=\frac{Pl}{EA}(1+2\sqrt{2})$$

于是

$$X_1=-\frac{1+2\sqrt{2}}{4+4\sqrt{2}}P=-0.396P（压力）$$

多余未知力求得后，则桁架各杆内力按下列公式计算

$$N=\overline{N}_1X_1+N_P$$

各杆轴力见表 8-1 中最后一列。

表 8-1

杆件	$\overline{N}_1$	N_P	$\frac{l}{EA}$	$\frac{\overline{N}_1^2 l}{EA}$	$\frac{\overline{N}_1 N_P}{EA}l$	$N=\overline{N}_1X_1+N_P$
AB	1	P	$\frac{l}{EA}$	$\frac{l}{EA}$	$\frac{l}{EA}P$	$0.603P$
BC	1	0	$\frac{l}{EA}$	$\frac{l}{EA}$	0	$-0.396P$
CD	1	0	$\frac{l}{EA}$	$\frac{l}{EA}$	0	$-0.396P$
DA	1	0	$\frac{l}{EA}$	$\frac{l}{EA}$	0	$-0.396P$
AC	$-\sqrt{2}$	0	$\sqrt{2}\frac{l}{EA}$	$2\sqrt{2}\frac{l}{EA}$	0	$0.560P$
BD	$-\sqrt{2}$	$-\sqrt{2}P$	$\sqrt{2}\frac{l}{EA}$	$2\sqrt{2}\frac{l}{EA}$	$2\sqrt{2}\frac{l}{EA}P$	$-0.852P$
$\sum$				$(4+4\sqrt{2})\frac{l}{EA}$	$(1+2\sqrt{2})\frac{Pl}{EA}$	

【**例 8-3**】 试分析图 8-19a)所示两端固定梁。设 $EI=$常数。

解:此梁是三次超静定的,取对称基本结构如图 8-19b)所示。根据跨中截面处相对位移和相对角位移等于零的条件,列出典型方程。

$$\begin{aligned}\delta_{11}X_1+\delta_{12}X_2+\delta_{13}X_3+\Delta_{1P}&=0\\ \delta_{21}X_1+\delta_{22}X_2+\delta_{23}X_3+\Delta_{2P}&=0\\ \delta_{31}X_1+\delta_{32}X_2+\delta_{33}X_3+\Delta_{3P}&=0\end{aligned}$$

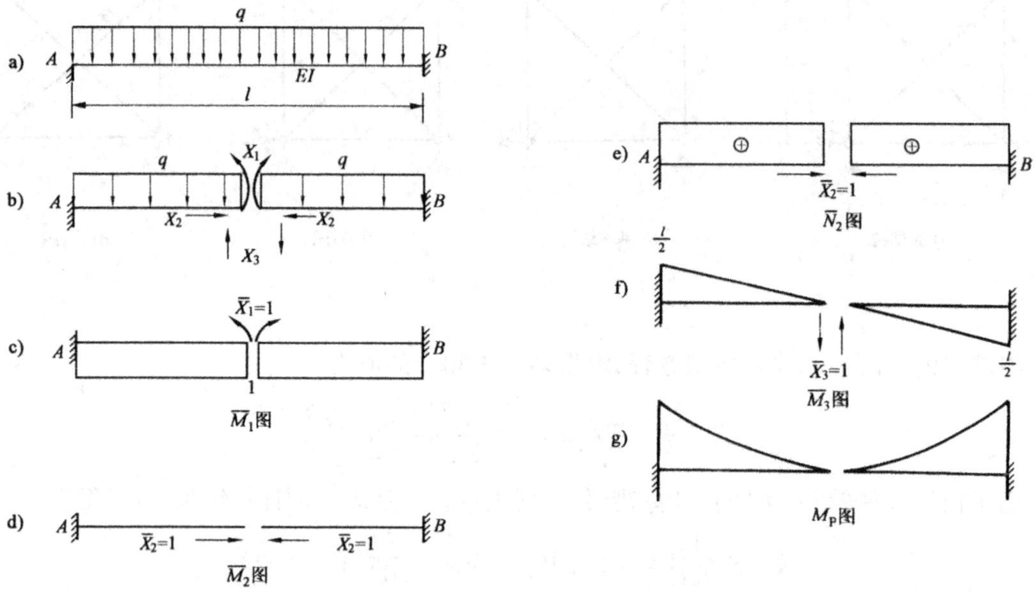

图 8-19

分别绘出单位弯矩图和荷载弯矩图,如图 8-19c)、d)、f)、g)所示。由于 $\overline{M}_2=0$,由图乘法可知:$\delta_{12}=\delta_{21}=0,\delta_{23}=\delta_{32}=0,\Delta_{2P}=0$。又由于 $\overline{M}_1$ 图和 M_P图是对称的,而 $\overline{M}_3$ 图是反对称的,所以图乘结果:$\delta_{13}=\delta_{31}=0,\Delta_{3P}=0$。这样,计算不为零的系数和自由项

$$\delta_{11}=\int\frac{\overline{M}_1^2}{EI}ds=\frac{1}{EI}\left(\frac{1}{2}l\cdot1\right)\cdot2=\frac{l}{EI}$$

$$\delta_{33}=\int\frac{\overline{M}_3^2}{EI}ds=\frac{1}{EI}\left(\frac{1}{2}\cdot\frac{l}{2}\cdot\frac{l}{2}\cdot\frac{2}{3}\cdot\frac{l}{2}\right)\cdot2=\frac{l^3}{12EI}$$

$$\Delta_{1P}=\int\frac{\overline{M}_1M_P}{EI}ds=-\frac{1}{EI}\left(\frac{1}{3}\cdot\frac{l}{2}\cdot\frac{ql^2}{8}\cdot1\right)\cdot2=-\frac{ql^3}{24EI}$$

而计算 δ_{22}时,虽然 $\overline{M}_2$ 图竖距都为零,但 δ_{22}并不为零。因为杆件中还有轴力 $\overline{N}_2=1$ 存在,它使杆件伸长。所以

$$\delta_{22}=\int\frac{\overline{M}_2^2}{EI}ds+\sum\frac{\overline{N}_2^2l}{EA}=0+2\cdot\frac{1}{EA}\cdot1\cdot\frac{l}{2}=\frac{l}{EA}$$

要注意,当在直杆中同时存在内力 M、Q 和 N 时,求位移时常略去 Q、N 的影响,这是由于相对于 M 而言,它们的影响较小而可以略去不计;但当杆件只有轴力 N 而无 M 和 Q 时,则求位移时 N 是主要因素,是不可忽视的。

将求出的系数和自由项代入典型方程得

$$\left.\begin{aligned}&\frac{l}{EI}X_1-\frac{ql^3}{24EI}=0\\&\frac{l}{EA}\cdot X_2=0\\&\frac{l}{12EI}\cdot X_3=0\end{aligned}\right\}$$

解之,可得未知内力为

$$X_1=\frac{ql^2}{24},X_2=0,X_3=0$$

应用静力平衡条件或叠加法,可求得梁的支座反力,进而作出内力图,如图8-20b)、c)、d)所示。

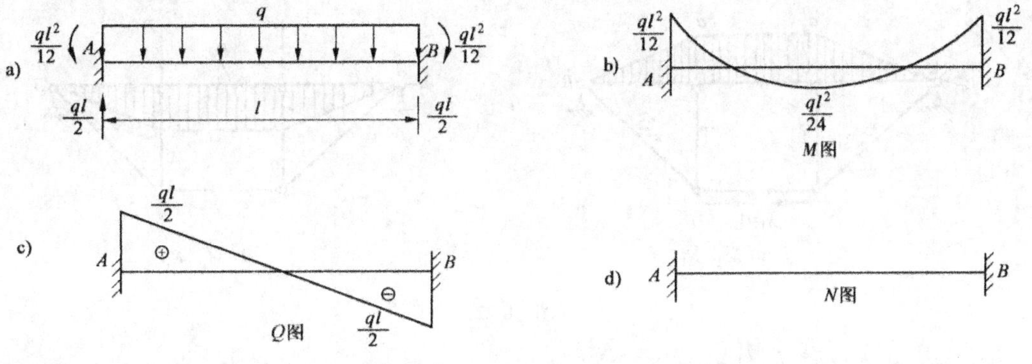

图 8-20

在本题中若选取图8-21a)、b)所示的基本结构,在计算δ_{22}时,若同时考虑弯矩和轴力的影响,同样可以得到$X_2=0$。

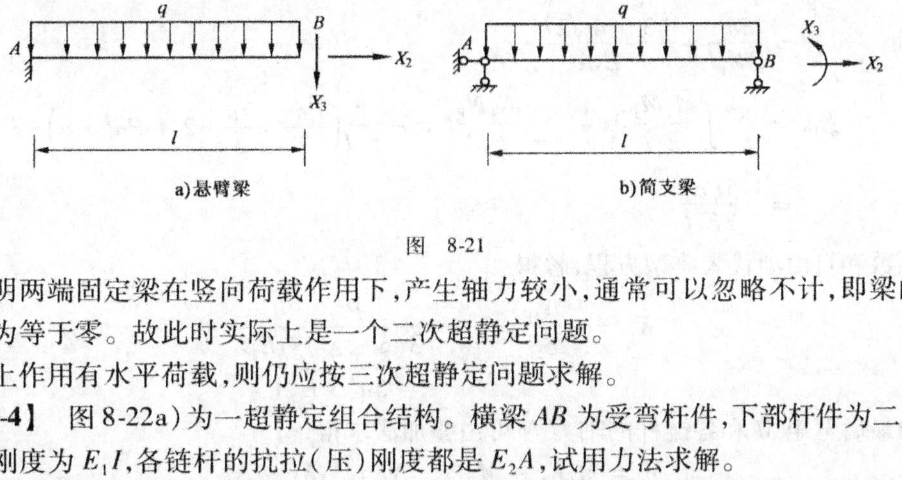

图 8-21

这表明两端固定梁在竖向荷载作用下,产生轴力较小,通常可以忽略不计,即梁的水平反力可以认为等于零。故此时实际上是一个二次超静定问题。

如梁上作用有水平荷载,则仍应按三次超静定问题求解。

【例8-4】 图8-22a)为一超静定组合结构。横梁AB为受弯杆件,下部杆件为二力杆。设梁的抗弯刚度为E_1I,各链杆的抗拉(压)刚度都是E_2A,试用力法求解。

解:此为一次超静定结构,将下面的水平拉杆截断,并用一对轴力(拉力)代替它的作用,便得到图8-22b)所示的基本结构。根据截口处两侧截面沿X_1方向的相对线位移等于零的条件,可得典型方程

$$\delta_{11}X+\Delta_{1P}=0$$

这是一个梁桁组合结构,在计算系数和自由项时,受弯杆一般只计弯矩项,拉压杆只有轴力项,故须作出$\overline{M}_1$、$\overline{N}_1$、M_P和N_P图。为了节省图幅,我们把弯矩与轴力数值绘注在同一图上,如图8-22c)、d)所示。于是由位移计算公式并注意到对称性,可求得

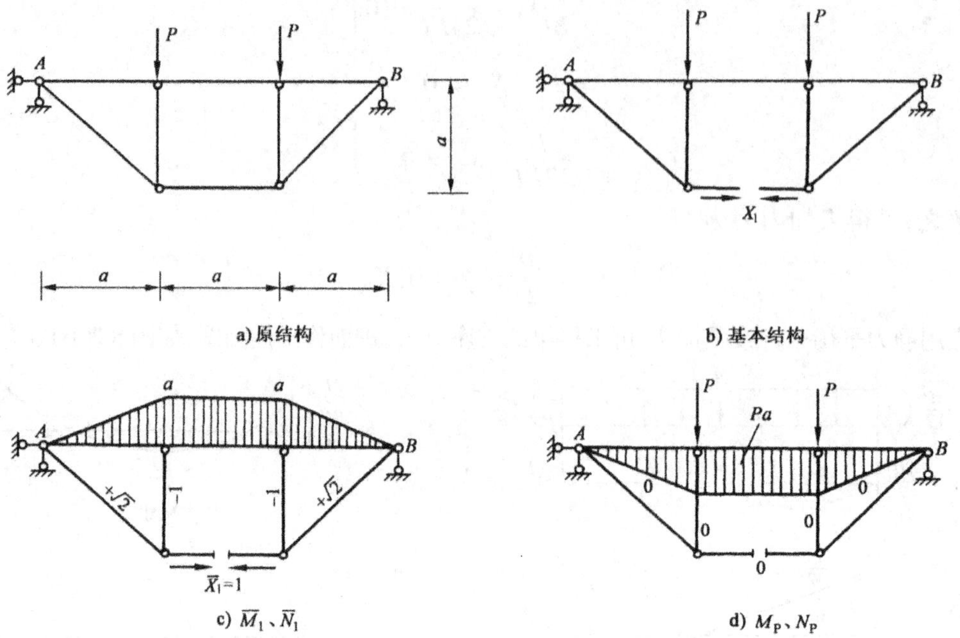

a) 原结构　　b) 基本结构

c) $\overline{M}_1$、$\overline{N}_1$　　d) M_P、N_P

图 8-22

$$\begin{aligned}
\delta_{11} &= \sum\int\frac{\overline{M}_1^2}{E_1 I}\mathrm{d}s+\sum\frac{\overline{N}_2^2 l}{E_2 A}\\
&=\frac{1}{E_1 I}\left(\frac{a^2}{2}\cdot\frac{2a}{3}\cdot 2+a^2\cdot a\right)+\left[2\cdot\frac{(-1)^2\cdot a}{E_2 A}+\frac{1^2\cdot a}{E_2 A}+2\cdot\frac{(\sqrt{2})^2\cdot\sqrt{2}a}{E_2 A}\right]\\
&=\frac{5a^3}{3E_1 I}+\frac{(3+4\sqrt{2})a}{E_2 A}
\end{aligned}$$

$$\begin{aligned}
\Delta_{1P} &= \sum\int\frac{\overline{M}_1 M_P}{E_1 I}\mathrm{d}s+\sum\frac{\overline{N}_1 N_P}{E_2 A}l=-\frac{1}{E_1 I}\left(\frac{Pa^2}{2}\cdot\frac{2a}{3}\cdot 2+Pa^2\cdot a\right)+0\\
&=-\frac{5Pa^3}{3E_1 I}
\end{aligned}$$

将系数和自由项代入典型方程，解得

$$X_1=-\frac{\Delta_{1P}}{\delta_{11}}=\frac{P}{1+\dfrac{3(3+4\sqrt{2})E_1 I}{5a^2\cdot E_2 A}}$$

梁的最后弯矩 M 和各链杆的轴力 N 可由叠加法求得

$$M=\overline{M}_1 X_1+M_P\qquad N=\overline{N}_1 X_1+N_P$$

在目前情况下，因 $N_P=0$，故 $N=\overline{N}_1 X_1$。

从本例看出，这种梁桁组合结构，兼有梁和桁架的性能。下部的桁架是为了加强梁，其作用等于在梁中间加上一些支座，以减少梁的内力，因而这种结构也叫加劲梁。

§8-5　对称性的应用

用力法计算超静定结构时，其大量的工作是计算系数、自由项及对联立线性方程组求解。

若要使计算简化，则须从简化典型方程入手，使力法方程中尽可能多的副系数等于零。这样不仅简化了系数的计算工作，也简化了联立方程的求解工作。

在工程中常用的结构多数是对称的，如图8-23a)、b)所示的对称结构，就有一个竖向对称轴。所谓对称结构，就是指：

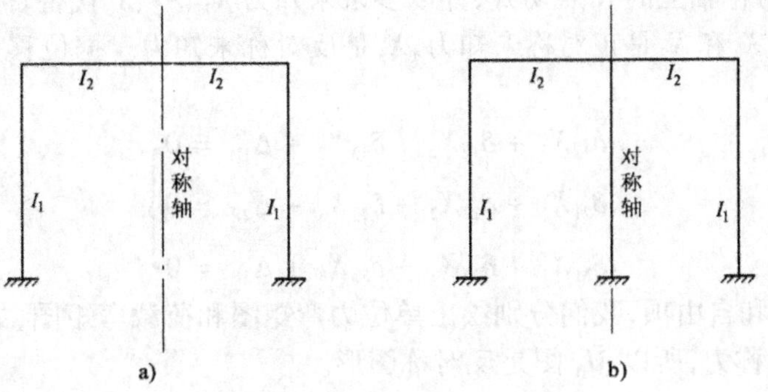

图　8-23

(1)结构的几何形状和支承情况对某轴对称；

(2)杆件截面和材料也对此轴对称。

作用于对称结构的荷载有两种常见情况，即对称荷载和反对称荷载。绕对称轴对折后，左右两部分的荷载彼此重合(作用点相同，数值相等、方向相同)称为对称荷载(图8-24)；绕对称轴对折后，左右两部分的荷载正好相反(作用点对应，数值相等、方向相反)称为反对称荷载(图8-25)。

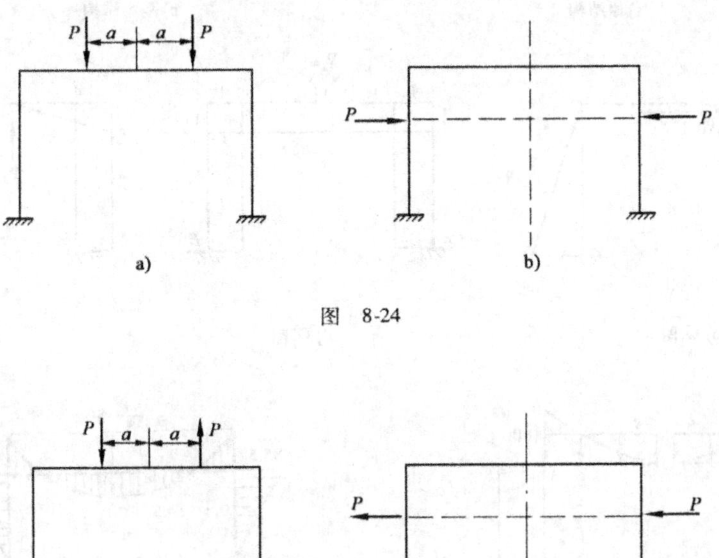

图　8-24

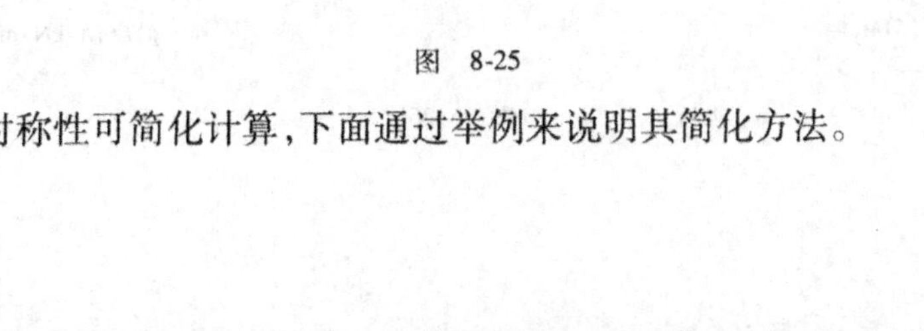

图　8-25

利用结构的对称性可简化计算，下面通过举例来说明其简化方法。

一、选取对称基本结构

【例 8-5】 图 8-26a)所示的对称刚架，在正对称荷载 $q=10\text{kN/m}$ 作用下，试利用结构的对称性分析其内力并绘出弯矩图。

解：将刚架从对称轴上的 K 点切开，并以多余未知力 X_1、X_2、X_3代替，得图 8-26b)所示的对称基本结构。其中 X_1和 X_2是正对称未知力，X_3是反对称未知力。据位移条件，可写出力法典型方程如下

$$\left.\begin{aligned}\delta_{11}X_1+\delta_{12}X_2+\delta_{13}X_3+\Delta_{1P}=0\\ \delta_{21}X_1+\delta_{22}X_2+\delta_{23}X_3+\Delta_{2P}=0\\ \delta_{31}X_1+\delta_{32}X_2+\delta_{33}X_3+\Delta_{3P}=0\end{aligned}\right\}\tag{a}$$

为了计算系数和自由项，我们分别绘出单位力弯矩图和荷载弯矩图，如图 8-26c)、d)、e)、f)。因为 X_3是反对称力，所以 $\overline{M}_3$ 图是反对称图形。

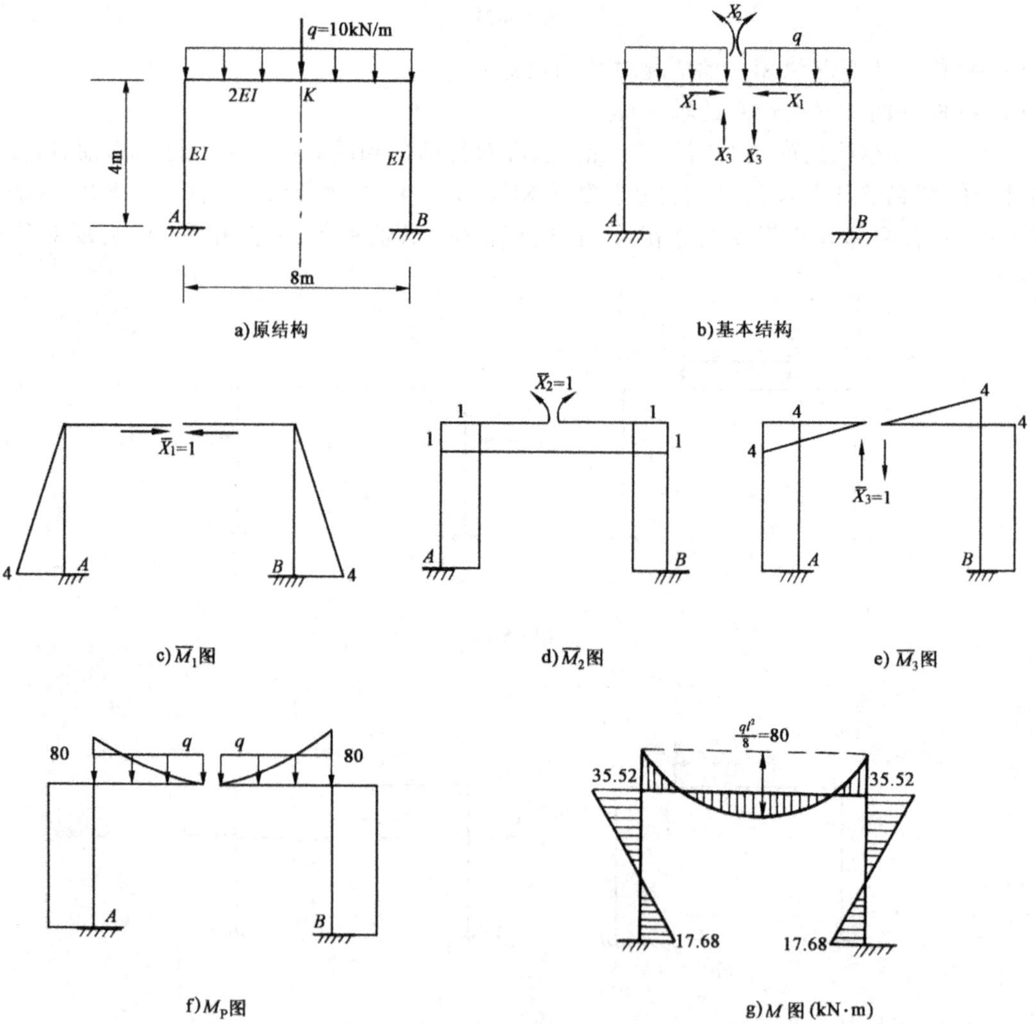

图 8-26

由图乘法可得

$$\delta_{13}=\delta_{31}=0$$

$$\delta_{23}=\delta_{32}=0$$

$$\delta_{11}=\frac{2}{EI}\left(\frac{1}{2}\times4\times4\times\frac{2}{3}\times4\right)=\frac{128}{3EI}$$

$$\delta_{22}=\frac{2}{EI}\left(\frac{1}{2}\times4\times1+4\times1\right)=\frac{12}{EI}$$

$$\delta_{12}=\delta_{21}=-\frac{2}{EI}\left(\frac{1}{2}\times4\times4\times1\right)=-\frac{16}{EI}$$

$$\Delta_{1P}=\frac{2}{EI}\left(\frac{1}{2}\times4\times4\times80\right)=\frac{1\ 280}{EI}$$

$$\Delta_{2P}=\frac{2}{EI}\left(-\frac{4}{2\times3}\times80\times1-4\times80\times1\right)=-\frac{2\ 240}{3EI}$$

又由于 M_P 图是正对称图形，$\overline{M}_3$ 图是反对称图形，所以 $\Delta_{3P}=0$。这样，力法典型方程(a)可简化为

$$\left.\begin{aligned}\delta_{11}X_1+\delta_{12}X_2+\Delta_{1P}=0\\ \delta_{21}X_1+\delta_{22}X_2+\Delta_{2P}=0\\ \delta_{33}X_3=0\end{aligned}\right\}\qquad(b)$$

由(b)式的第三式可得 $X_3=0$，由第一、二式则可解出 X_1、X_2。将系数和自由项代入力法典型方程(b)，经简化得

$$42.7X_1-16X_2+1\ 280=0$$

$$-16X_1+12X_2-746.7=0$$

由此方程组解得

$$\begin{cases}X_1=-13.3\text{kN}\\ X_2=44.48\text{kN}\end{cases}$$

最后由下式画出弯矩图，如图 8-26g)

$$M=\overline{M}_1X_1+\overline{M}_2X_2+M_P$$

根据上列分析得如下结论：对称结构在正对称荷载作用下，选取对称基本结构，只计算对称未知力 X_1、X_2，而反对称未知力 X_3 为零。

【例 8-6】 图 8-27a)所示的对称刚架，在反对称荷载 $q=10\text{kN/m}$ 作用下，用力法分析内力并绘弯矩图。

解：沿对称轴上的 K 截面切开，得如图 8-27b)的对称基本结构。力法典型方程与[例 8-5](a)式相同。$\overline{M}_1$ 图、$\overline{M}_2$ 图、$\overline{M}_3$ 图仍与[例 8-5]一样。因为在反对称荷载作用下，M_P 图为反对称(图 8-27c)，用图乘法计算各系数和自由项，得

$$\delta_{13}=\delta_{31}=0$$

$$\delta_{23}=\delta_{32}=0$$

$$\Delta_{1P}=0$$

$$\Delta_{2P}=0$$

由此方法典型方程式可简化为

$$\left.\begin{aligned}\delta_{11}X_1+\delta_{12}X_2&=0\\\delta_{21}X_1+\delta_{22}X_2&=0\\\delta_{33}X_3+\Delta_{3P}&=0\end{aligned}\right\}\qquad\text{(c)}$$

由方程组(c)的第一、二式,得对称未知力 $X_1=0$、$X_2=0$;反对称未知力 X_3 由第三式计算,由 $\overline{M}_3$ 图(图 8-26e)得

$$\delta_{33}=\frac{2}{2EI}\left(\frac{1}{2}\times4\times4\times\frac{2}{3}\times4\right)+\frac{2}{EI}(4\times4\times4)=\frac{448}{3EI}$$

由 $\overline{M}_3$(图 8-26e)和 M_P(图 8-27c)相乘得

$$\Delta_{3P}=-\left[\frac{2}{2EI}\left(\frac{1}{3}\times80\times4\times\frac{3}{4}\times4\right)+\frac{2}{EI}(80\times4\times4)\right]=-\frac{2\ 880}{EI}$$

将 δ_{33} 和 Δ_{3P} 值代入(c)第三式,得

$$\frac{448}{3EI}X_3-\frac{2\ 880}{EI}=0$$

$$X_3=19.29\text{kN}$$

最后由 $M=\overline{M}_3X_3+M_P$ 求出截面弯矩,绘出刚架的弯矩图(图 8-27d)。

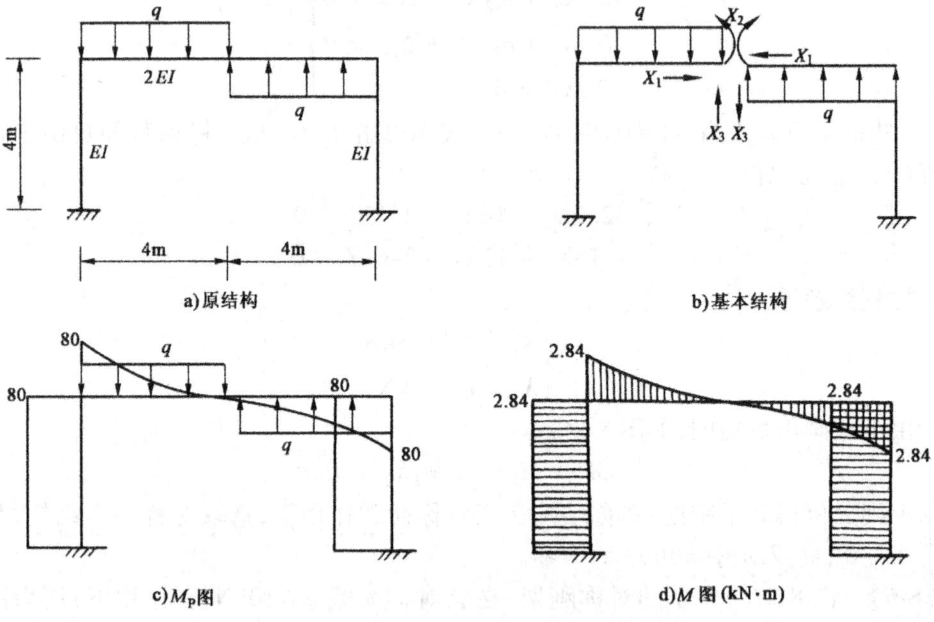

图 8-27

分析此例,可得如下结论:

对称结构在反对称荷载作用下,选取对称的基本结构,只计算反对称未知力 X_3,而对称未知力为零。

二、对称结构承受非对称荷载

非对称荷载可以分解为对称荷载和反对称荷载分别计算,然后叠加,如图 8-28a)、b)、c)所示;也可以取对称基本结构直接计算。两种情况各有利弊,实际工程中可根据具体情况选用。

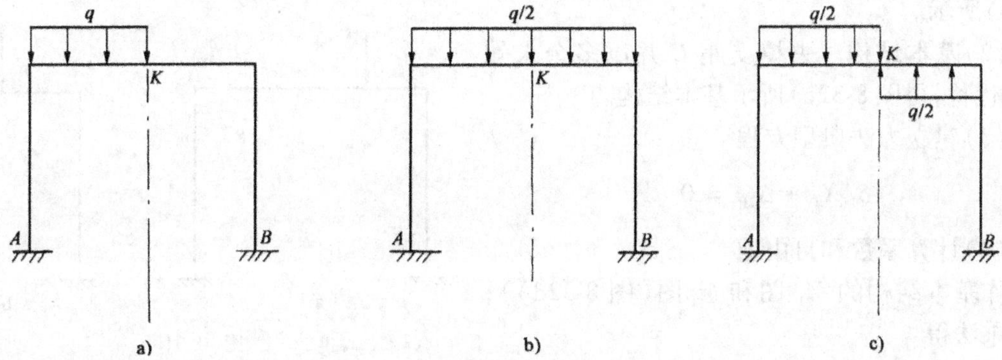

图 8-28

三、取半个结构计算

1. 对称结构承受对称荷载

当对称结构在对称荷载作用下,我们可取结构的一半进行计算。下面分别对单数跨和双数跨加以说明。

1)单数跨对称刚架

图 8-29a)所示对称刚架,在对称荷载作用下,位于对称轴上的 C 截面,由于只有轴力和弯矩,故不会发生转角和水平位移,但可发生竖向位移。因此,截取刚架的一半时,在该处用一个定向支座来代替原有联系,采用 8-29b)所示半个刚架的计算简图来代替原结构的计算简图后,在截面 C 处恰能反映上述关于该截面的内力和位移情况。

2)双数跨对称刚架

图 8-30a)所示刚架,在对称荷载作用下,若忽略杆件的轴向变形,则在对称轴上的刚结点处将不可能产生任何位移,同时在该处的横梁杆端有弯矩、轴力和剪力存在,故在截取一半时,该处应用固定支座代替,从而得到图 8-30b)所示计算简图。

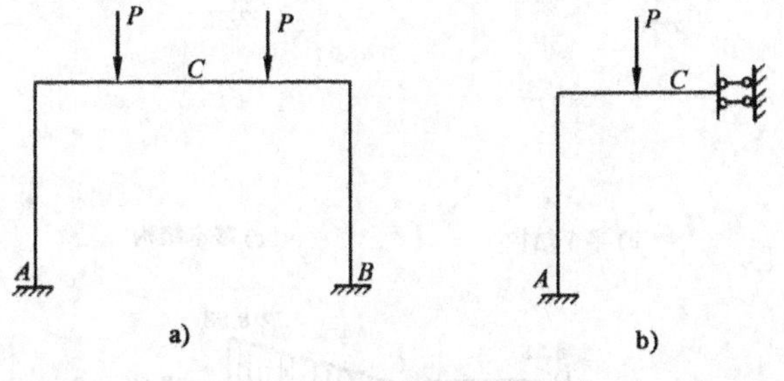

图 8-29

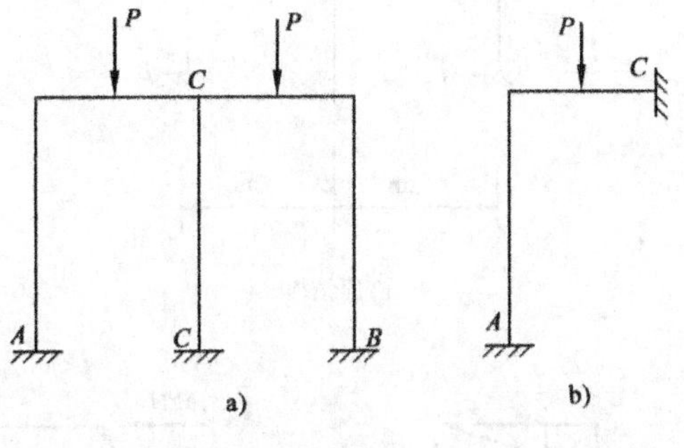

图 8-30

2. 对称结构承受反对称荷载

如图 8-31a)所示对称单跨刚架,在反对称轴上的截面 C 处不可能发生竖向位移,但有水平位移和转角,同时该截面上的弯矩、轴力均为零,而只有剪力。因此截面取一半结构时应在该处用一个竖向活动铰支座,反映 C 处受力和位移情况,从而得到图 8-31b)所示计算简图。

【例 8-7】 作 8-32a)所示超静定刚架的弯矩图。刚架各杆 EI 均为常数。

解:(1)取半个刚架。由于图 8-32a)是对称结构在反对称荷载作用下,故取半个结构如图

8-32b)所示。

(2)基本结构。去掉支座 C 并以多余未知力 X_1 代替,得图 8-32c)所示基本结构。

(3)建立力法典型方程

$$\delta_{11}X_1 + \Delta_{1P} = 0$$

(4)计算系数和自由项

作基本结构的 $\overline{M}_1$ 图和 M_P图(图 8-32d)),由图乘法得

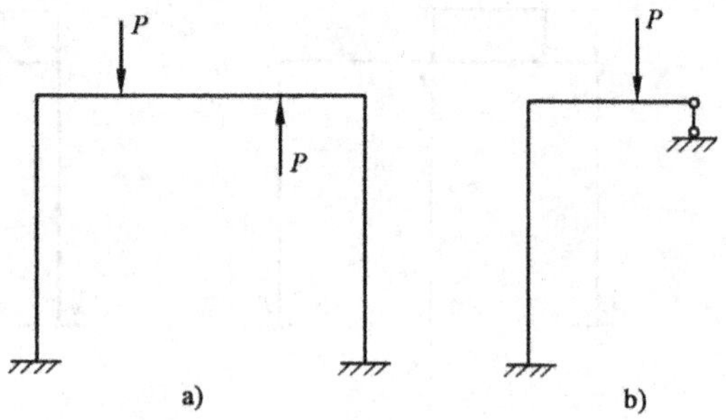

图 8-31

$$\delta_{11} = \frac{1}{EI}\left(\frac{1}{2}\times 2\times 2\times\frac{4}{3} + 2\times 4\times 2\right) = \frac{56}{3EI}$$

$$\Delta_{1P} = -\frac{1}{EI}\left(\frac{1}{2}\times 4\times 20\times 2\right) = -\frac{80}{EI}$$

(5) 求出多余未知力

将 δ_{11}、Δ_{1P}代入力法典型方程并化简得

$$\frac{56}{3}X_1 - 80 = 0 \qquad X_1 = 4.29\text{kN}$$

(6)作弯矩图

由公式 $M = \overline{M}_1X_1 + M_P$ 作左半部刚架弯矩图(图 8-32f),右半部刚架根据反对称荷载特点弯矩图应以反对称的关系绘出。

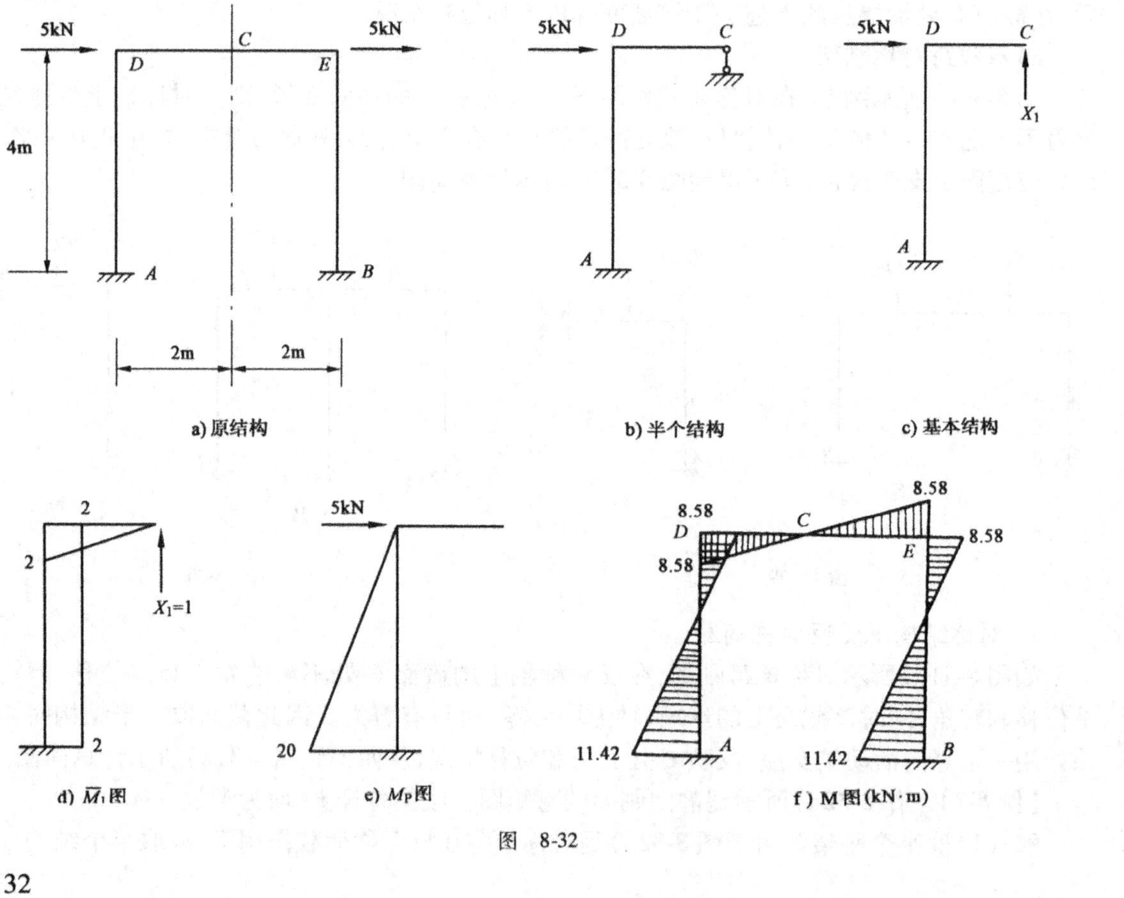

图 8-32

§8-6　超静定结构的位移计算和最后内力图的校核

一、超静定结构的位移计算

在第七章我们从弹性结构的虚功原理出发，介绍了用单位荷载法求结构位移的普遍方法，导出了求位移的一般公式。位移计算不仅适用静定结构，也适用于超静定结构。欲计算超静定结构的位移，也需要建立两种状态，解算两套超静定结构的内力。因此，直接应用位移公式是不够简便的。根据力法原理，超静定结构的内力或位移等于基本结构在已知荷载和多余未知力分别作用下的内力或位移的叠加。而基本结构是静定的，其内力或位移的计算是较为简便的。所以，对于超静定结构，只要求出多余未知力，就把它也当作荷载加在基本结构上，再计算静定基本结构在已知荷载以及多余未知力共同作用下的位移，这个位移也就是原超静定结构的位移。这样，就把计算超静定结构的位移问题转化为求静定结构的位移问题。

超静定结构的位移计算可归纳为三点：

(1)用力法解算超静定结构，作出最后内力图，这就是实际状态的内力(称为位移状态或第二状态)。

(2)把单位荷载加在任一个基本结构上作为虚拟状态，求出其相应的内力或作出内力图(称为力状态或第一状态)。因为基本结构是静定的，故此时的内力仅由平衡条件便可求得。

(3)按位移计算公式或图乘法计算求位移。

例 8-1 中的超静定刚架的最后弯矩图已经求出，现绘在图 8-33a)中，当我们要求 CB 杆中点 F 的竖向位移时，可任取一种基本结构，加上虚拟的单位力 $P_K=1$，绘出 $\overline{M}$ 图，再用图乘法计算该点位移。

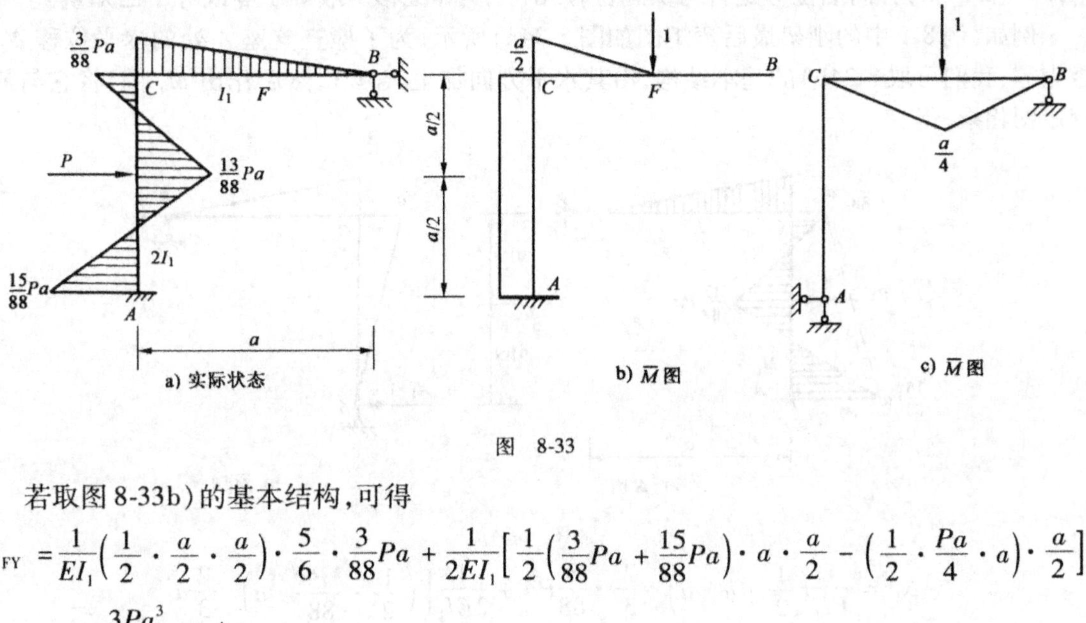

图　8-33

若取图 8-33b)的基本结构，可得

$$\Delta_{FY}=\frac{1}{EI_1}\left(\frac{1}{2}\cdot\frac{a}{2}\cdot\frac{a}{2}\right)\cdot\frac{5}{6}\cdot\frac{3}{88}Pa+\frac{1}{2EI_1}\left[\frac{1}{2}\left(\frac{3}{88}Pa+\frac{15}{88}Pa\right)\cdot a\cdot\frac{a}{2}-\left(\frac{1}{2}\cdot\frac{Pa}{4}\cdot a\right)\cdot\frac{a}{2}\right]$$

$$=-\frac{3Pa^3}{1\,408EI_1}(\uparrow)$$

若取图 8-33c)的基本结构，可得

$$\Delta_{FY} = -\frac{1}{EI_1}\left(\frac{1}{2}\cdot\frac{a}{4}\cdot a\right)\cdot\frac{1}{2}\cdot\frac{3}{88}Pa = -\frac{3Pa^3}{1\,408EI_1}(\uparrow)$$

由此可见,选取的基本结构虽然不同,但二者计算结果相同,显然后者计算较简便。

二、静定结构最后内力图的校核

超静定结构的计算过程较长,数字运算较繁。为了保证计算结果的正确性,应在计算中进行校核。校核工作分两步进行:

1. 平衡条件的校核

一般的做法是截取前面计算中未曾用过的隔离体,考虑是否满足平衡条件。为了校核 M 图,可截取任一结点,校核是否满足力矩平衡条件 $\Sigma M=0$;为了校核 Q、N 图,可截取某一杆件,校核是否满足力的平衡条件 $\Sigma X=0$ 和 $\Sigma Y=0$。

在对内力图进行上述定量校核之前,也可借助于结构性能的知识(如铰结点处弯矩必为零)以及 $M—Q—q$ 之间的微分关系进行定性判断分析。如集中荷载作用处剪力图有突变,弯矩图有折角等,以帮助发现一些明显的错误。

只有平衡条件的校核,还不能保证超静定结构的内力图一定正确。这是因为最后内力图是在求出了多余未知力之后,按平衡条件作出的。若多余未知力计算错了,用错误的多余未知力仍然可以得到平衡的结果。因此更重要的是要对多余未知力进行校核。而多余未知力是根据原结构多余约束处的位移条件求得的,所以要进行位移条件的校核,这也是超静定结构不同于静定结构之处。

2. 位移条件的校核

校核位移条件,就是要检查各多余约束处的位移是否与已知的实际位移相符。所以位移条件的校核就是计算超静定结构的位移。常用的方法是根据最后内力图检查沿多余未知力 $X_i(i=1、2、\cdots n)$ 方向的位移是否与实际位移相符(实际位移一般等于零或等于已知量)。

例如,例 8-1 中的刚架最后弯矩图如图 8-34a)所示,为了检查支座 A 处的水平位移 Δ_1 是否为零,我们可取 8-34b)的基本结构,沿其水平方向加上 $\bar{X}_1=1$,然后作出 $\bar{M}_1$ 图,将它与最后弯矩图相乘,得

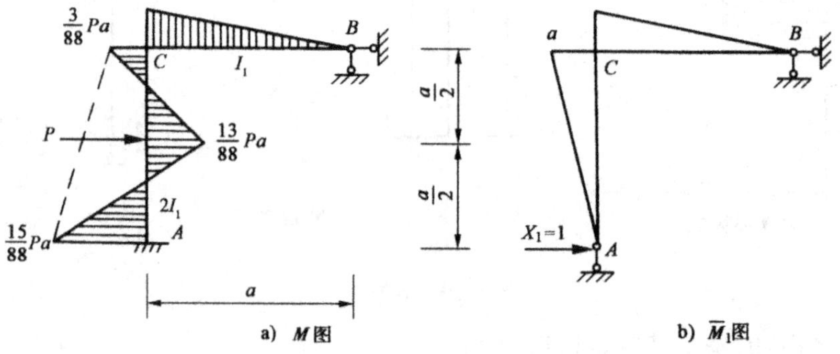

a) M图　　b) $\bar{M}_1$图

图 8-34

$$\Delta_1 = \frac{1}{EI_1}\left(\frac{1}{2}\cdot a\cdot a\right)\cdot\frac{2}{3}\cdot\frac{3}{88}Pa+\frac{1}{2EI_1}\left[\left(\frac{1}{2}\cdot\frac{3Pa}{88}\cdot a\right)\cdot\frac{2}{3}a\right.$$

$$\left.+\left(\frac{1}{2}\cdot\frac{15Pa}{88}\cdot a\right)\cdot\frac{1}{3}a-\left(\frac{1}{2}\cdot\frac{Pa}{4}\cdot a\right)\cdot\frac{1}{2}a\right]$$

$$=0$$

可见,这一位移条件是被满足的。

一般来说,n 次超静定结构就要进行 n 次这样独立的位移校核。不过,通常只需抽查少数的位移条件即可。而且也并非一定要用计算多余未知力 X_i 时所采用的基本结构来校核 X_i 处的位移情况,也可以选取另外一种形式的基本结构进行。从这里又一次看到,基本结构无非是计算超静定结构的桥梁而已。

§8-7　温度改变和支座移动时超静定结构的计算

超静定结构由于存在多余联系,在其他使结构产生变形的因素(如温度改变、支座移动、制造误差等)作用下,通常使结构产生内力,这是超静定结构的特征之一。

用力法计算超静定结构,如上所述,要根据位移条件来建立求解多余力的力法典型方程。位移条件即指基本结构在外在因素和多余力共同作用下,在所去掉约束处的位移应与原结构的实际位移相符合。显然,这对于荷载以外的其他因素,如温度改变、支座移动等也是适用的。以下分别介绍超静定结构由于温度改变、支座移动作用的内力计算方法。

一、温度改变时超静定结构的内力计算

图 8-35a)所示一三次超静定结构,设各杆外侧温度升高 t_1,内侧温度升高 t_2,现在用力法计算其内力。

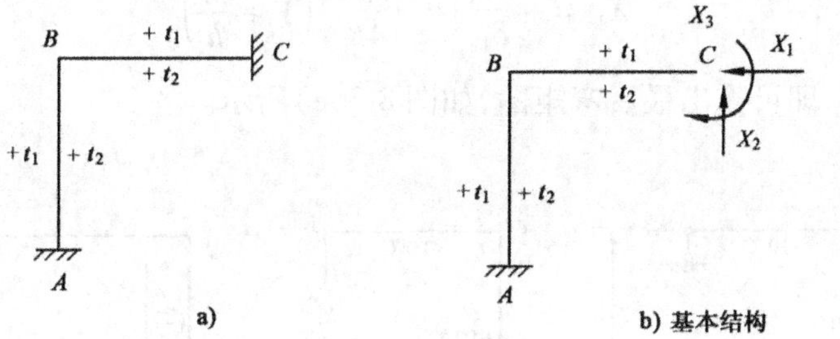

图　8-35

去掉支座 C 处的三个多余联系,代以多余力 X_1、X_2 和 X_3,得基本结构,如图 8-35b)所示。设基本结构的 C 点,由于温度改变,沿 X_1、X_2 和 X_3 方向所产生的位移分别为 Δ_{1t}、Δ_{2t}和 Δ_{3t},它们可按下式计算

$$\Delta_{it} = \sum(\pm)\int \overline{N}_i \alpha t_0 \mathrm{d}s + \sum(\pm)\int \frac{\overline{M}_i \alpha \Delta t}{h}\mathrm{d}s \quad (i = 1,2,3) \tag{a}$$

若每一个杆件沿其全长温度改变相同,且截面尺寸不变,则上式可写为

$$\Delta_{it} = \sum(\pm)\alpha t_0 \omega_{\overline{N}_i} + \sum(\pm)\alpha\frac{\Delta t}{h}\omega_{\overline{M}_i} \tag{b}$$

根据基本结构在多余力 X_1、X_2 和 X_3 以及温度改变共同作用下,C 点位移与原结构相同的条件,可以列出力法典型方程

$$\left.\begin{aligned} \delta_{11}X_1 + \delta_{12}X_2 + \delta_{13}X_3 + \Delta_{1t} &= 0 \\ \delta_{21}X_1 + \delta_{22}X_2 + \delta_{23}X_3 + \Delta_{2t} &= 0 \\ \delta_{31}X_1 + \delta_{32}X_2 + \delta_{33}X_3 + \Delta_{3t} &= 0 \end{aligned}\right\} \tag{c}$$

其中各系数的计算仍与以前所述相同,自由项则按式(a)或式(b)计算。由于基本结构是

静定的，温度的改变并不使其产生内力。因此，由式(c)解出多余力 X_1、X_2 和 X_3 后，按下式计算原结构的弯矩

$$M = X_1\bar{M}_1 + X_2\bar{M}_2 + X_3\bar{M}_3 \tag{d}$$

再根据平衡条件即可求其剪力和轴力。

【例 8-8】 试计算图 8-36a)所示刚架的内力。设刚架各杆内侧温度升高 10℃，外侧温度无变化；各杆线膨胀系数为 α；EI 和截面高度 h 均为常数。

解：此刚架为一次超静定结构，取基本结构如图 8-36b)所示。力法典型方程为 $\delta_{11}X_1 + \Delta_{1t} = 0$，绘出 $\bar{N}_1$、$\bar{M}_1$ 图分别如图 8-36c)、d)所示。求得系数和自由项如下

$$\delta_{11} = \int \frac{\bar{M}_1^2}{EI}\mathrm{d}s = \frac{1}{EI}\left(l^2 \times l + \frac{l^2}{2} \times \frac{2}{3}l\right) = \frac{4l^3}{3EI}$$

$$\begin{aligned}\Delta_{1t} &= \sum(\pm)\alpha t_0\omega_{\bar{N}_1} + \sum(\pm)\alpha\frac{\Delta t}{h}\omega_{\bar{M}_1} \\ &= -\alpha\cdot 5\cdot l + \left[-\alpha\cdot\frac{10}{h}\left(l^2 + \frac{1}{2}l^2\right)\right] \\ &= -5\alpha l\left(1 + \frac{3l}{h}\right)\end{aligned}$$

代入力法方程，求得

$$X_1 = -\frac{\Delta_{1t}}{\delta_{11}} = \frac{15\alpha EI}{4l^2}\left(1 + \frac{3l}{h}\right)$$

根据 $M = \bar{M}_1X_1$ 即可作出最后弯矩图，如图 8-36e)所示。

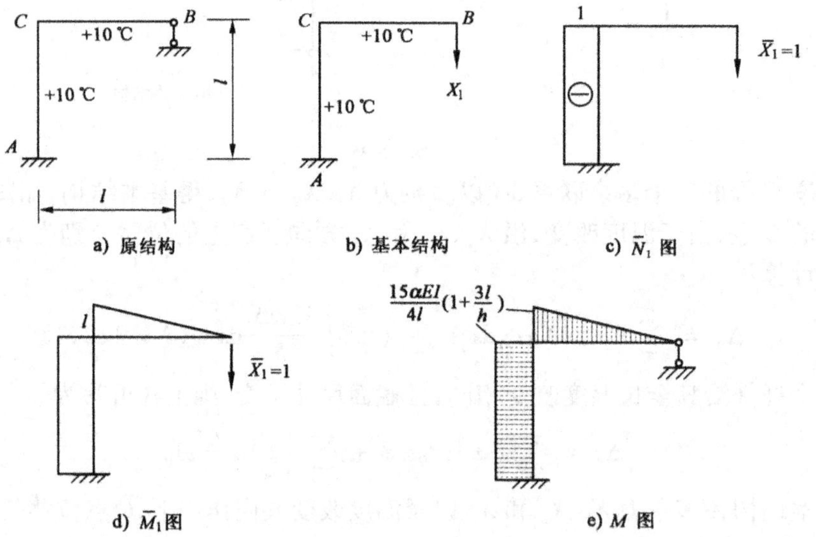

图 8-36

由以上计算结果可以看出，超静定结构由于温度改变所引起的内力与各杆弯矩刚度 EI 的绝对值有关，这与荷载作用下的情况不同。

二、支座移动时超静定结构的内力计算

超静定结构在支座移动情况下的内力计算，原则上与前述情况并无不同，唯一的区别在于力法方程中的自由项的计算，下面分两种情况进行介绍。

(一)直接建立位移条件

当基本结构中的多余未知力和原结构中的支座移动完全一致时，即多余约束的截面恰在支座移动处，这时可直接建立位移条件，即各个多余未知力所产生的相应位移等于支座处所发生的已知位移。

如图 8-37a)所示三次超静定刚架，设其支座 A 向右移动 c_1，向下移动 c_2，并顺时针方向转动了角度 θ。计算时，若选取基本结构如图 8-37b)所示，则力法典型方程为

$$\delta_{11}X_1+\delta_{12}X_2+\delta_{13}X_3=c_1$$
$$\delta_{21}X_1+\delta_{22}X_2+\delta_{23}X_3=-c_2$$
$$\delta_{31}X_1+\delta_{32}X_2+\delta_{33}X_3=-\theta$$

上式中支座移动 c_1、c_2、θ 是已知的，当多余未知力的方向与相应的支座位移方向相同时为正，反之为负，方程中的系数求法与以前一样。

(二)间接建立位移条件

当多余未知力与支座移动不一致时，也就是说选取基本结构时不是截断发生支座移动的截面，而是截断其他截面。这时就要根据基本结构在多余未知力和支座移动共同影响下，沿各多余未知力方向的位移应与原结构相应的位移相等的条件建立典型方程。如图 8-37a)所示刚架，若选取图 8-37c)所示基本结构，则力法典型方程为

$$\delta_{11}X_1+\delta_{12}X_2+\delta_{13}X_3+\Delta_{1c}=0$$
$$\delta_{21}X_1+\delta_{22}X_2+\delta_{23}X_3+\Delta_{2c}=0$$
$$\delta_{31}X_1+\delta_{32}X_2+\delta_{33}X_3+\Delta_{3c}=0$$

方程中各系数的计算与前述完全相同。自由项 Δ_{ic} ($i=1,2,3$)则代表基本结构由于支座

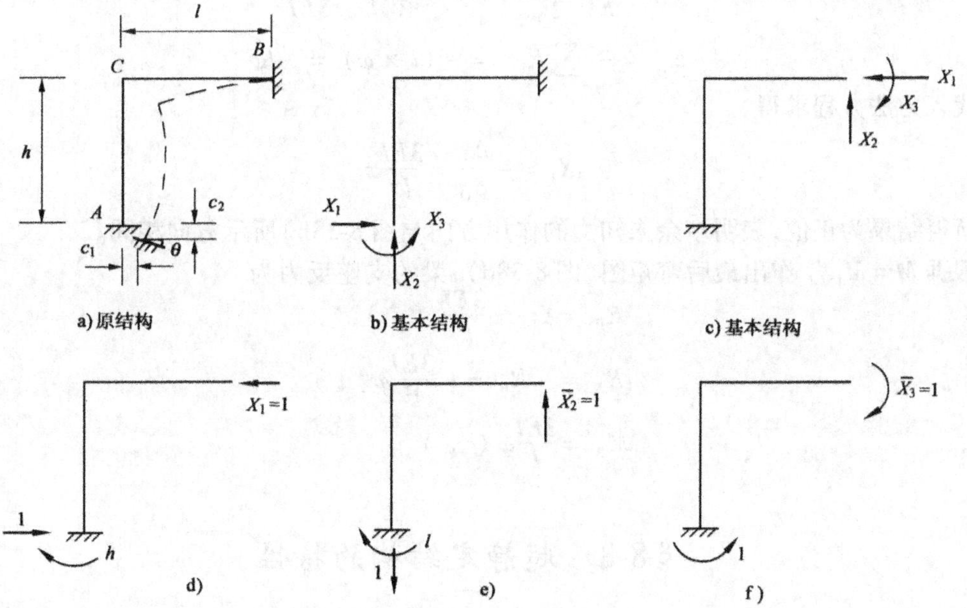

图 8-37

A 发生移动时在 B 端沿多余力 X_i 方向所产生的位移。则

$$\Delta_{ic} = -\sum \bar{R}_i c_i$$

分别令 $\bar{X}_i = 1$ 作用于基本结构，求出反力 $\bar{R}_i$，如图 8-37d)、e)、f)所示。代入上式得

$$\Delta_{1c} = -(c_1 + h\theta)$$

$$\Delta_{2c} = -(c_2 + l\theta)$$

$$\Delta_{3c} = -(-\theta)$$

将系数和自由项代入力法方程可解得 X_1、X_2、X_3。

【例 8-9】 图 8-38a)所示一单跨超静定梁，设固定支座 A 处发生转角 φ，试求梁的支座反力和内力。

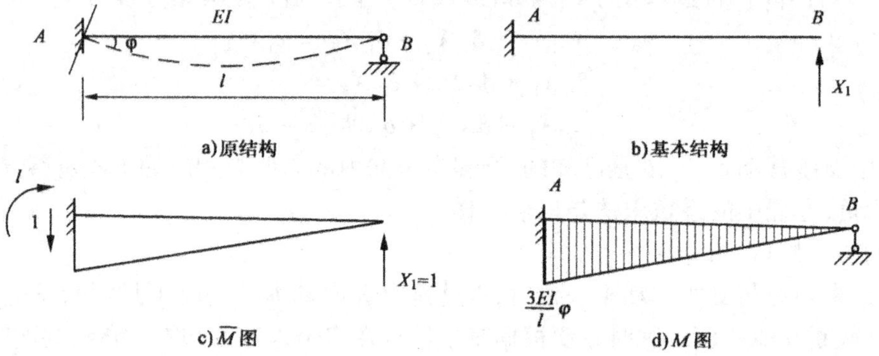

图 8-38

解：取基本结构如图 8-38b)所示的悬臂梁。根据原结构支座 B 处竖向位移等于零的条件，列出力法方程

$$\delta_{11}X_1 + \Delta_{1c} = 0$$

绘出 $\bar{M}_1$ 图，如图 8-38c)所示（相应的反力 $\bar{R}_i$ 也标在图中），由此得

$$\delta_{11} = \frac{1}{EI}\left(\frac{1}{2} \times l \times l \times \frac{2}{3}l\right) = \frac{l^3}{3EI}$$

$$\Delta_{1c} = -\sum \bar{R}_i c_i = -(l \times \varphi) = -l\varphi$$

代入力法方程求得

$$X_1 = -\frac{\Delta_{1c}}{\delta_{11}} = \frac{3EI}{l^2}\varphi$$

所得结果为正值，表明多余未知力的作用方向与图 8-38b)所示方向相同。

根据 $M = \bar{M}_1 X_1$ 作出最后弯矩图（图 8-38d），梁的支座反力为

$$R_B = X_1 = \frac{3EI}{l^2}\varphi(\uparrow)$$

$$R_A = -R_B = -\frac{3EI}{l^2}\varphi(\downarrow)$$

$$M_A = \frac{3EI}{l}\varphi(\curvearrowright)$$

§8-8 超静定结构的特性

与静定结构比较，超静定结构具有以下一些重要特性。

静定结构的内力只用静力平衡条件即可确定，其值与结构的材料性质以及杆件截面尺寸无关。超静定结构的内力单由静力平衡条件则不能全部确定，还需同时考虑位移条件。所以，超静定结构的内力与结构的材料性质以及杆件截面尺寸有关。

在静定结构中，除了荷载作用以外，其他因素，如支座移动、温度改变、制造误差等，都不会引起内力。在超静定结构中，任何上述因素作用，通常则都能引起内力。这是由于上述原因都将引起结构变形，而此种变形由于受到结构多余约束的限制，因而使结构中产生内力。

静定结构在任一约束遭到破坏后，即丧失几何不变性，因而就不再承受荷载。而超静定结构由于具有多余约束，在多余约束遭到破坏后，仍能保持其几何不变性，因而还具有一定的承载能力。

局部荷载作用对超静定结构比对静定结构影响的范围大。

例如图 8-39a）所示连续梁，当中跨受荷载作用时，两边跨不仅发生弯曲变形，且产生内力；而图 8-39b）所示多跨静定梁，受同样荷载作用时，两边跨只随着转动，但不产生内力。因此，从结构的内力的分布情况看，超静定结构比静定结构要均匀些。

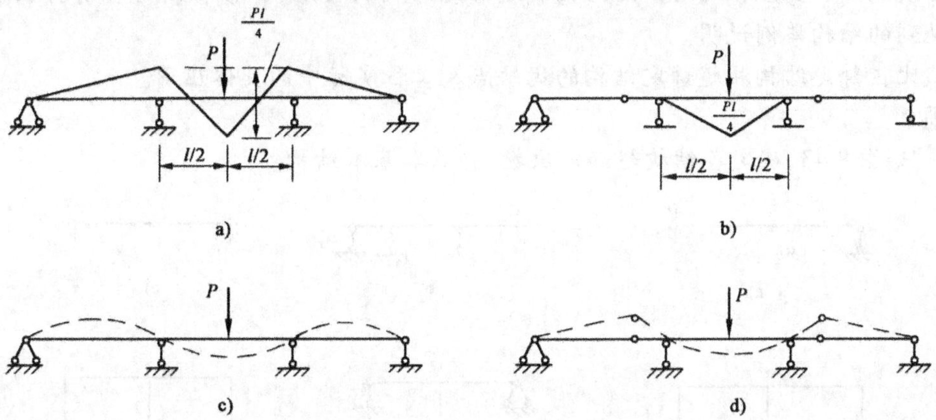

图 8-39

复习思考题

1. 说明静定结构与超静定结构的区别，多余约束与非多余约束的区别，几何可变与几何不变的区别。

2. 用力法解超静定结构的基本思路是什么？

3. 用力法计算超静定结构的一般步骤是什么？

4. 对称结构的含义是什么？图 8-40 所示结构是对称结构吗？结构的对称性与荷载有关吗？

5. 没有荷载就没有内力，这个结论在什么情况下适用，在什么情况下不适用？

6. 图 8-41 所示的超静定结构，当支座 A 转动时能否引起支座 B 的反力？

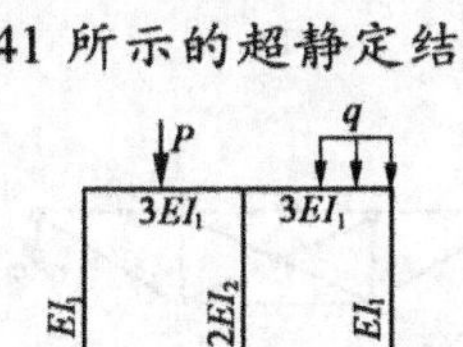

图 8-40

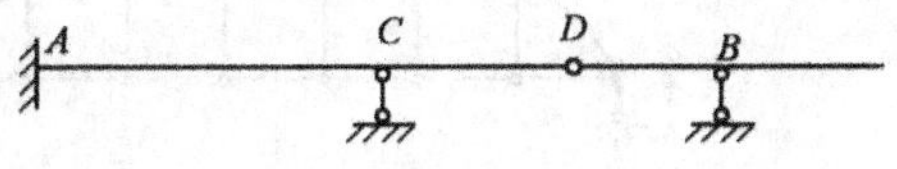

图 8-41

7. 图8-42所示的弯矩图中哪些是错误的，为什么？

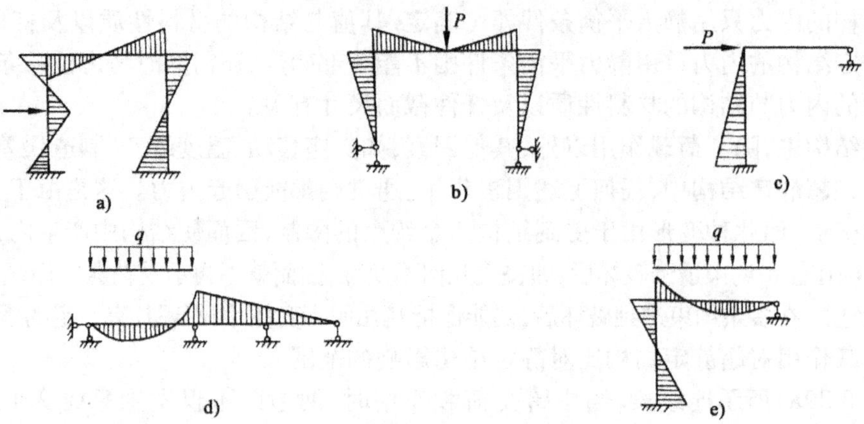

图 8-42

8. 温度改变和支座移动对静定结构和超静定结构的变形、位移和内力各有什么影响？试用你所见到的结构举例说明。

9. 试比较静定结构和超静定结构的优缺点及工程实际中的具体应用。

习题

8-1　如图 8-43，确定各结构超静定次数，并选取基本结构。

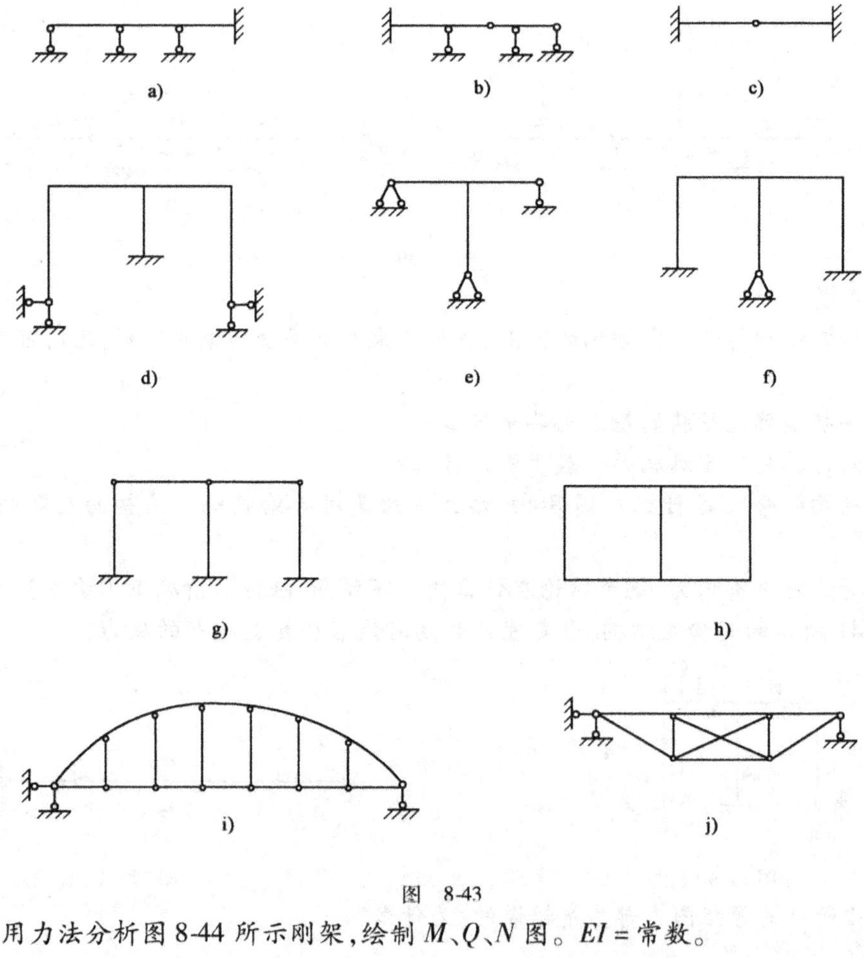

图 8-43

8-2　用力法分析图 8-44 所示刚架，绘制 M、Q、N 图。$EI=$常数。

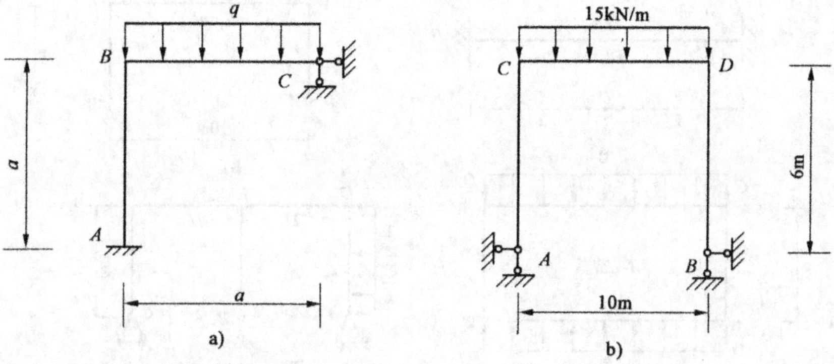

图 8-44

8-3 作图 8-45 所示超静定结构的弯矩图。

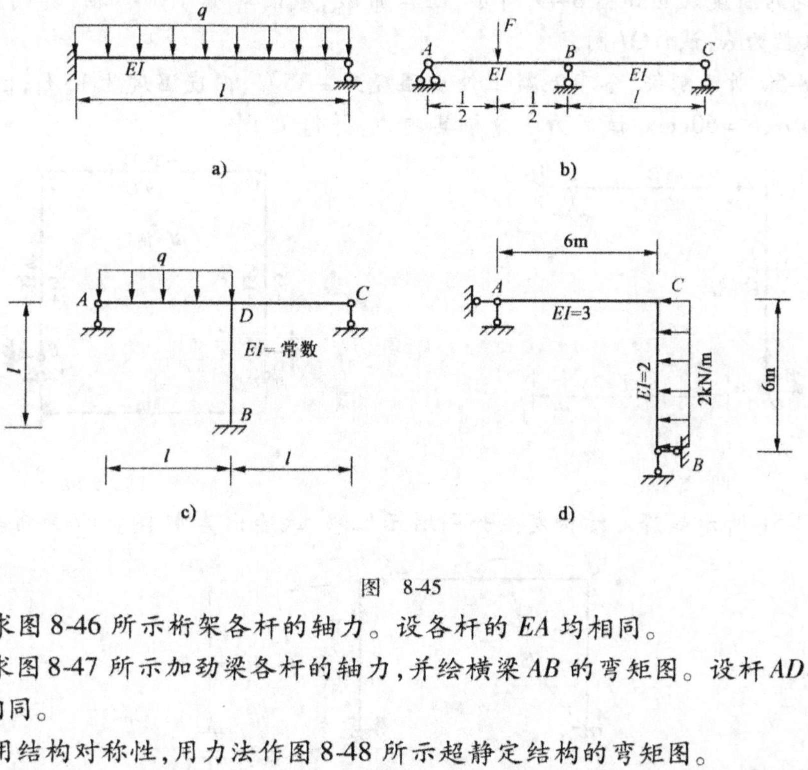

图 8-45

8-4 试求图 8-46 所示桁架各杆的轴力。设各杆的 EA 均相同。

8-5 试求图 8-47 所示加劲梁各杆的轴力,并绘横梁 AB 的弯矩图。设杆 AD、CD、BC、DE、CF 的 EA 均相同。

8-6 利用结构对称性,用力法作图 8-48 所示超静定结构的弯矩图。

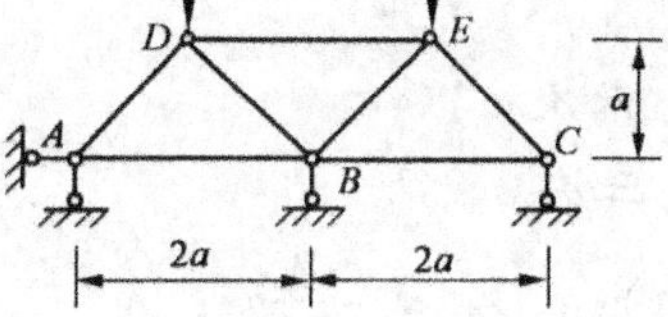

图 8-46

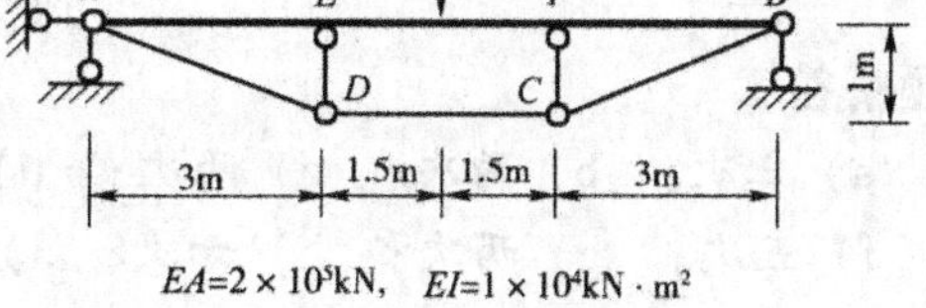

$EA=2\times10^5$kN, $EI=1\times10^4$kN·m^2

图 8-47

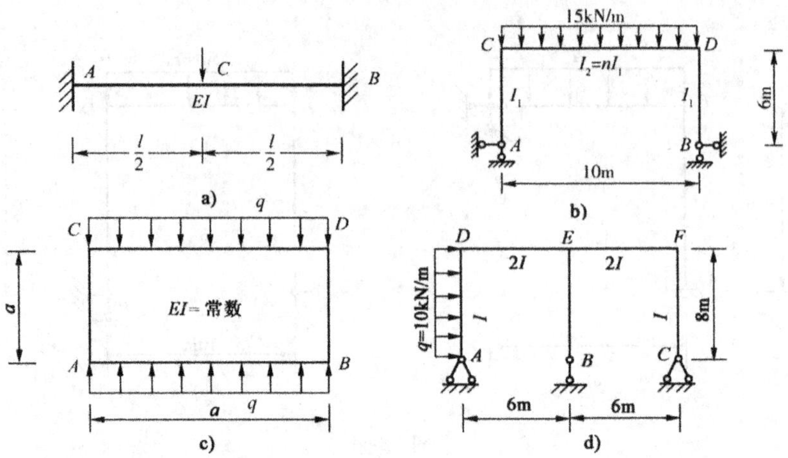

图 8-48

8-7 结构的温度改变如图 8-49 所示，$EI=$常数，截面对称于形心轴，其高度 $h=l/10$，材料的线膨胀系数为 α，试作 M 图。

8-8 图 8-50 所示刚架，冬季混凝土外皮温度为 $-35℃$，内皮温度为 $15℃$，已知 $EI=$常数，线膨胀系数为 α，$h=60\text{cm}$。试用力法分析其内力，并作 M 图。

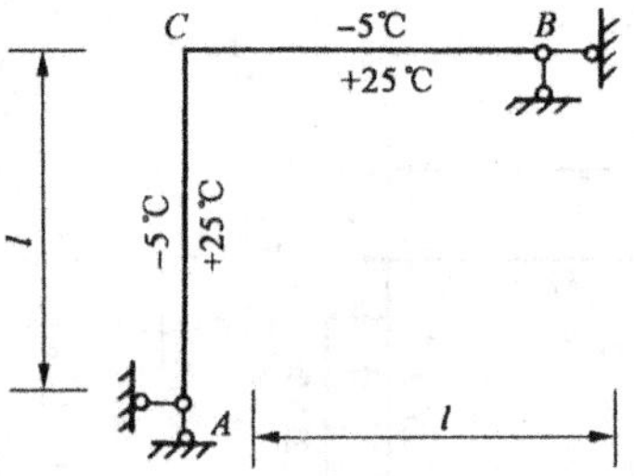

图 8-49

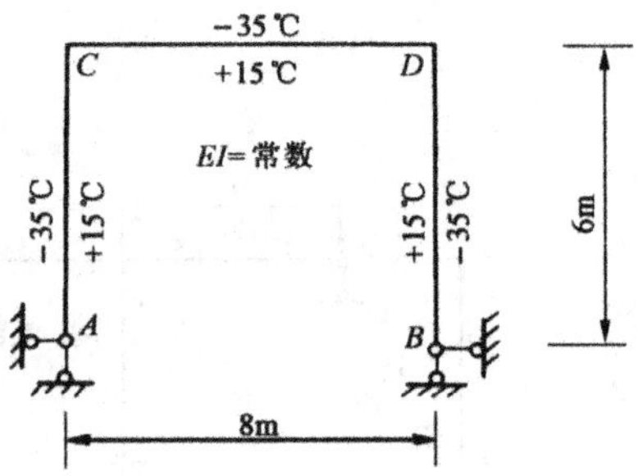

图 8-50

8-9 图 8-51 所示超静定结构发生如图所示位移，试绘出其 M 图。EI 为常数。

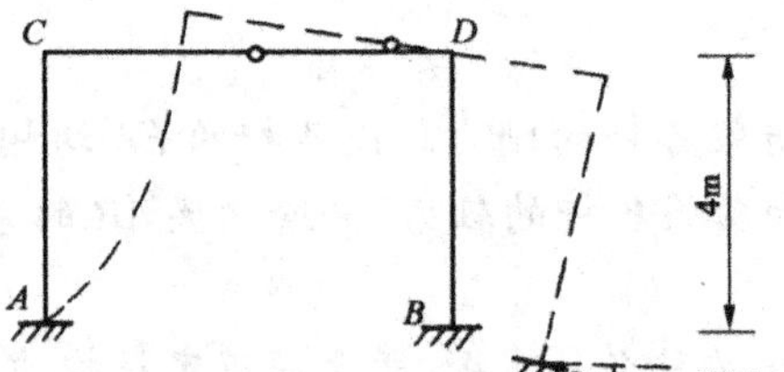

图 8-51

习题解答

8-1 a) 三次；b) 两次；c) 两次；d) 四次；e) 两次；
f) 五次；g) 两次；h) 六次；i) 一次；j) 三次

8-2 a) $M_{BA}=\frac{1}{14}qa^2$（左侧受拉）；$N_{BA}=-\frac{4}{7}qa$（压力）；$Q_{BA}=-\frac{3}{28}qa$；

b) $M_{CA}=89.3\text{kN}\cdot\text{m}$（左侧受拉）；$N_{CA}=-75\text{kN}$（压力）；$Q_{CA}=-14.9\text{kN}$

8-3 a) $M_{AB}=\frac{ql^2}{8}$(上侧受拉)；　b) $M_{A}=\frac{3}{32}Fl$(上侧受拉)；

c) $M_{DA}=\frac{ql^2}{14}$(上侧受拉)；　d) $M_{CA}=5.4\text{kN}\cdot\text{m}$ (上侧受拉)

8-4 $N_{BE}=0.83p$(压力)

8-5 $N_{CD}=125.2\text{kN}$(拉力)

8-6 a) $M_{A}=\frac{1}{8}Pl$(上侧受拉)，$Q_{A}=\frac{P}{2}$；

b) $M_{CA}=\frac{625}{5+m}\text{kN}\cdot\text{m}$(左侧受拉)；

c) $M_{CD}=\frac{qa^2}{24}$(上侧受拉)；

d) $M_{CA}=128.78\text{kN}\cdot\text{m}$(下侧受拉)

8-7 $M_{CB}=\frac{480EI\alpha}{l}$(下侧受拉)

8-8 $M_{DB}=\frac{295EI\alpha}{3}$(外侧受拉)

8-9 $M_{AC}=\frac{3EI}{56}\left(\frac{7}{4}a+b+5\varphi\right)\text{kN}\cdot\text{m}$(左侧受拉)

第九章 超静定拱

本章学习要点：了解超静定拱的受力特点和在工程上的应用；掌握计算对称无铰拱的弹性中心法的基本原理；了解总和法计算变截面无铰拱的内力和直接法绘制无铰拱的影响线。

§9-1 概 述

拱是一种曲轴的推力结构，除第四章介绍的三铰拱外，其余都是超静定的。超静定拱在桥梁、水利、房建工程中得到广泛的应用。例如桥梁工程中的钢筋混凝土拱桥和石拱桥，如图9-1a)；水利工程中的拱坝、连拱坝、泻水和输水建筑中的拱式衬砌，如图9-1b)；房屋建筑中采用的拱形屋架和门窗过梁等。我国独创的双曲拱桥，其主拱圈由拱肋和拱波组成，沿桥的纵向和横向均呈拱形，如图9-1c)所示。它具有施工方便、造价低廉、桥形美观等优点，在公路桥中已普遍采用了双曲拱桥。超静定拱常见的有两铰拱和无铰拱两种，两铰拱通常有带拉杆的和不带拉杆两种形式，其计算简图如图9-2所示。闭合环(如水管及隧洞衬砌等)可看成是无铰拱的特例。

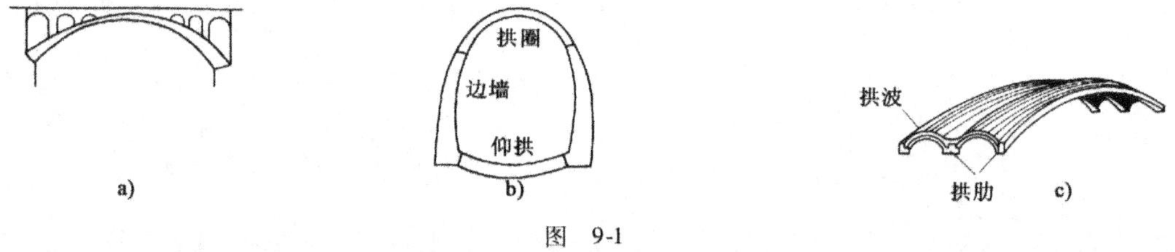

图 9-1

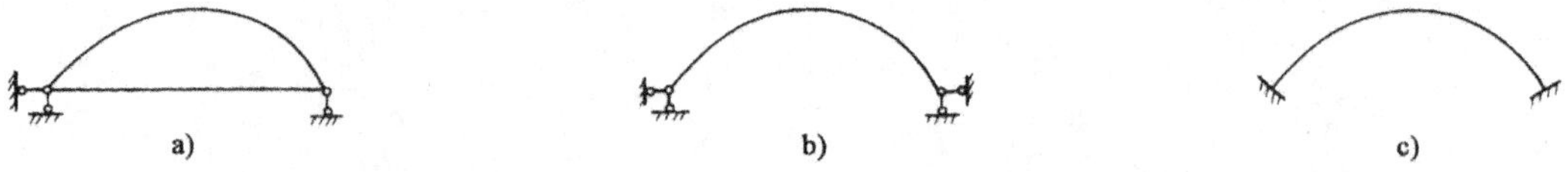

图 9-2

两铰拱的弯矩一般在拱顶较大，而靠近支座处很小，分布不均匀。两铰拱能适应支座的竖向移动，拱身不会由此产生变形和内力。当支座发生水平移动时，两铰拱产生的内力一般也比无铰拱小，故两铰拱常用于大中跨度的屋盖及桥梁等结构。

无铰拱除弯矩分布比两铰拱均匀外，且构造简单、施工方便，可以采用抗压性能较好的廉价材料，在桥梁和水工建筑中应用较多。但因支座移动会引起较大的内力，故对地基要求较高。

超静定拱通常用力法计算，两铰拱为一次超静定，无铰拱是三次超静定。掌握了无铰拱的计算方法其他拱结构的计算也就不难了，本章着重介绍无铰拱的计算。

在无铰拱的设计中,拱跨 l 和拱高 f 是根据实际情况(地形、材料和使用要求等)确定的。与其他超静定结构一样,无铰拱的内力与杆件的刚度有关,因此在进行内力计算前,需首先拟定拱轴线的形状及各个截面尺寸,可采用下述方法进行。

(1)根据荷载拟定拱轴线的形状

在初步设计中,通常采用相应三铰拱的合理拱轴线作为无铰拱的轴线。

(2)根据经验假定截面变化规律

无铰拱在竖向荷载作用下,拱截面的轴力和弯矩一般是自拱顶向拱趾逐渐增大的,因此拱的厚度也应从拱顶向拱趾逐渐增大,这样才比较经济合理。拱桥设计中常采用下面的经验公式(参阅图 9-3)。

$$I_x = \frac{I_C}{\cos\varphi_x} \tag{9-1}$$

式中:I_x——距拱顶为 x 处截面的惯矩;

φ_x——该处拱轴切线的倾角;

I_C——拱顶截面的惯矩。

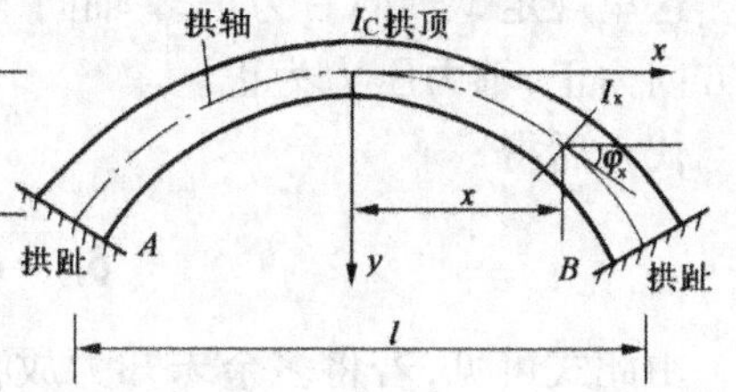

图 9-3

在无铰拱的计算中,拱轴曲率对变形的影响是很微小的,因此本章中可直接应用第七章所介绍的直杆位移计算公式

$$\Delta_{KP} = \int \frac{\overline{N}N_P}{EA}ds + \int \frac{\overline{M}M_P}{EI}ds + \int K\frac{\overline{Q}Q_P}{GA}ds$$

进行计算。但需注意,由于拱是曲杆,位移计算只能用积分法,不能用图乘法。

§9-2 弹性中心法计算对称无铰拱

无铰拱是三次超静定结构,用力法求解时,要解算三元一次联立方程,因而计算很麻烦。下面介绍一种简化计算——弹性中心法,这种方法也适用于解三次超静定的封闭结构。本章以对称无铰拱为例加以说明。

设有一对称无铰拱,荷载、拱轴线和坐标系如图 9-4a)所示。

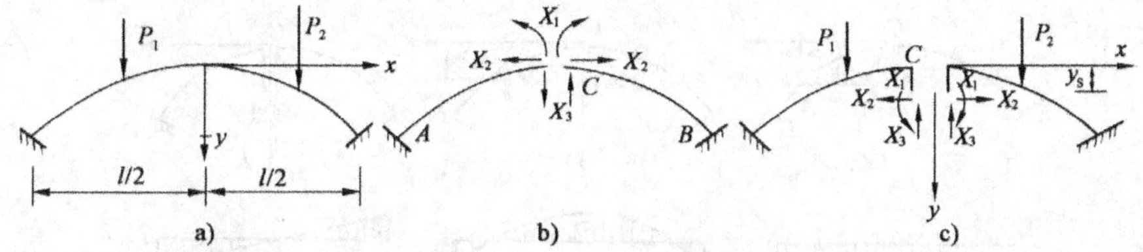

图 9-4

一、弹性中心法

1. 两项简化措施

对于图 9-4a)所示的无铰拱,用力法求解时,选对称的基本结构,可以使计算简化。为此,将拱顶截面 C 截开,取拱顶的弯矩 X_1、X_2 和剪力 X_3 为多余未知力,得两个悬臂曲杆的基本结构图 9-4b)。X_1 和 X_2 是对称未知力,X_3 是反对称未知力,因此两对副系数 δ_{13} 和 δ_{31},δ_{23} 和 δ_{32} 都等于零,典型方程简化为下列形式

$$\delta_{11}X_1 + \delta_{12}X_2 + \Delta_{1P} = 0$$

$$\delta_{21}X_1 + \delta_{22}X_2 + \Delta_{2P} = 0$$

$$\delta_{33}X_3 + \Delta_{3P} = 0$$

主系数 δ_{11}、δ_{22}、δ_{33} 永远是正值，不可能消去。因此进一步简化的可能性就在于使 $\delta_{12} = \delta_{21} = 0$。它们的表达式为

$$\delta_{12} = \delta_{21} = \int \frac{\overline{M}_1\overline{M}_2}{EI}ds + \int \frac{\overline{N}_1\overline{N}_2}{EA}ds + \int K\frac{\overline{Q}_1\overline{Q}_2}{GA}ds$$

$$\overline{M}_1 = 1 \qquad \overline{N}_1 = 0 \qquad \overline{Q}_1 = 0$$

$$\overline{M}_2 = y \qquad \overline{N}_2 = \cos\varphi \qquad \overline{Q}_2 = \sin\varphi$$

这里规定 x 轴向右为正，y 轴向下为正，弯矩以使拱内侧受拉为正，剪力以绕隔离体顺时针方向为正，轴力压力为正。

代入后得

$$\delta_{12} = \delta_{21} = \int \frac{\overline{M}_1\overline{M}_2}{EI}ds = \int \frac{y}{EI}ds$$

由此式可见，若将多余未知力放在拱顶截面 C 的中心，则 δ_{12} 是不可能等于零。必须将多余未知力的作用点移动一下位置，既把它从 C 点沿 y 轴向下移动一段距离 y_s，使 $\overline{M}_2$ 有正、负不同的两个区间，而 $\overline{M}_1$ 仍保持符号不变，这样才有可能使积分式为零。但是 C 点的多余未知力如何沿 y 轴向下移动呢，又如何把这些力的作用传到结构上去的呢？

我们设想在切口处加上两根刚度为无穷大的杆件，叫做刚臂。再把 C 点的多余未知力转移到端点 C'，仍以 X_1、X_2、X_3 表示。通过刚臂把多余未知力的作用传到结构上去，如图 9-4c) 所示。由于刚臂是绝对刚性的，本身无任何变形，在任意荷载作用下，截面 C 点如无相对位移（包括角位移和线位移），则刚臂端点 C' 也无相对位移；反之亦然。所以可根据 C' 点无相对位移的条件，求解 C' 的三对多余未知力 X_1、X_2、X_3。由力的平移定理可知，其中的 X_2、X_3 就是截面 C 的轴力和剪力，但 X_1 不是截面 C 的弯矩（$M_C = X_1 - y_sX_2$）。

在此基本结构中，若利用对称性，并适当选择刚臂的长度，使典型方程中的全部副系数都等于零。为此，须先将各单位多余未知力作用下，基本结构的内力表达式写出来。由图 9-5a)、b)、c) 可得

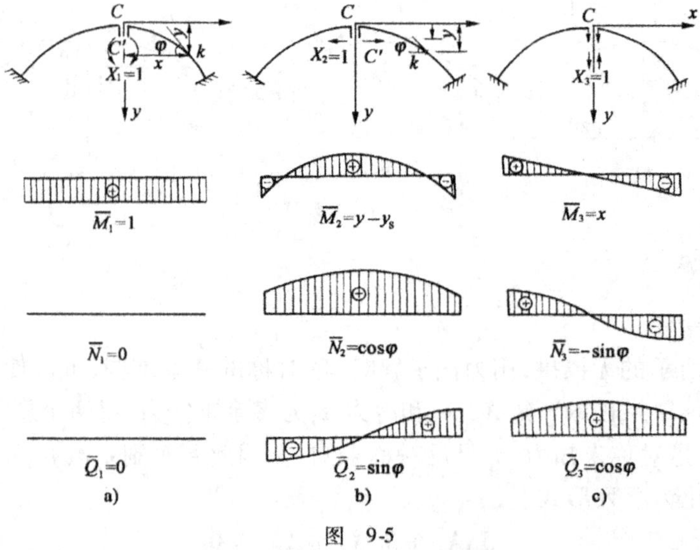

图 9-5

$$\begin{aligned}&\overline{M}_1=1 &&\overline{N}_1=0 &&\overline{Q}_1=0\\&\overline{M}_2=y-y_s &&\overline{N}_2=\cos\varphi &&\overline{Q}_2=\sin\varphi\\&\overline{M}_3=x &&\overline{N}_3=-\sin\varphi &&\overline{Q}_3=\cos\varphi\end{aligned}\tag{9-2}$$

式中 φ 为拱轴各点切线的倾角，在图示坐标下，φ 在右半拱取正，左半拱取负。

于是

$$\delta_{12}=\delta_{21}=\int\frac{y-y_s}{EI}\mathrm{d}s$$

为了使 $\delta_{12}=\delta_{21}=0$，令

$$\int\frac{y-y_s}{EI}\mathrm{d}s=0$$

即

$$\int\frac{y}{EI}\mathrm{d}s-\int\frac{y_s}{EI}\mathrm{d}s=\int\frac{y}{EI}\mathrm{d}s-y_s\int\frac{1}{EI}\mathrm{d}s=0$$

得

$$y_s=\frac{\int\frac{y}{EI}\mathrm{d}s}{\int\frac{1}{EI}\mathrm{d}s}\tag{9-3}$$

这样就确定了刚臂的长度 y_s，也就确定了刚臂端点 C 的位置。式中积分范围只包括拱轴全长，不包括刚臂部分。

由上可知，当多余未知力加在刚臂端点时，则所有的副系数等于零，亦即

$$\delta_{12}=\delta_{13}=\delta_{23}=0$$

刚臂端点 C' 的位置是弹性面积形心的位置，这个弹性面积的形心简称为**弹性中心**。这种**利用弹性中心使全部副系数为零的简化计算方法称为弹性中心法**。此时典型方程进一步简化为三个独立方程式

$$\left.\begin{aligned}\delta_{11}X_1+\Delta_{1P}=0\\\delta_{22}X_2+\Delta_{2P}=0\\\delta_{33}X_3+\Delta_{3P}=0\end{aligned}\right\}\tag{9-4}$$

2. 弹性中心法的要点

(1)先由式(9-3)确定弹性中心的位置，注意坐标系的选择；

(2)然后取带刚臂的对称基本结构，将三对多余未知力作用在弹性中心上；

(3)按式(9-4)解出多余未知力。

二、系数和自由项的简化

在计算系数和自由项时，对于弯矩、剪力及轴力各项的取舍，按其受力主项进行，经过简化，系数和自由项通常采用下列算式

$$\delta_{11}=\int\frac{\overline{M}_1^2}{EI}\mathrm{d}s,\ \delta_{22}=\int\frac{\overline{M}_2^2}{EI}\mathrm{d}s+\int\frac{\overline{N}_2^2}{EA}\mathrm{d}s$$

$$\Delta_{1P}=\int\frac{\overline{M}_1M_P}{EI}\mathrm{d}s,\ \Delta_{2P}=\int\frac{\overline{M}_2M_P}{EI}\mathrm{d}s$$

$$\delta_{33}=\int\frac{\overline{M}_3^2}{EI}\mathrm{d}s,\ \Delta_{3P}=\int\frac{M_3M_P}{EI}\mathrm{d}s$$

将 $\overline{M}_1,\overline{M}_2,\overline{M}_3,\overline{N}_2$ 的表达式代入上式，则得

$$\left.\begin{aligned}\delta_{11} &= \int\frac{1}{EI}\mathrm{d}s,\Delta_{1P} = \int\frac{M_P}{EI}\mathrm{d}s\\ \delta_{22} &= \int\frac{(y-y_s)^2}{EI}\mathrm{d}s + \int\frac{\cos^2\varphi}{EA}\mathrm{d}s,\Delta_{2P} = \int\frac{(y-y_s)M_P}{EI}\mathrm{d}s\\ \delta_{33} &= \int\frac{x^2}{EI}\mathrm{d}s,\Delta_{3P} = \int\frac{xM_P}{EI}\mathrm{d}s\end{aligned}\right\}\tag{9-5}$$

三、内力计算

求出多余未知力后，即可将无铰拱看作是在荷载和多余未知力共同作用下的两根悬臂曲梁（图 9-4c），拱上任一截面 K 的内力可根据叠加原理求得

$$\left.\begin{aligned}M_K &= \overline{M}_1X_1+\overline{M}_2X+\overline{M}_3X_3+M_{KP} = X_1+(y_K-y_s)X_2+x_KX_3+M_{KP}\\ Q_K &= \overline{Q}_1X_1+\overline{Q}_2X_2+\overline{Q}_3X_3+Q_{KP} = \sin\varphi_KX_2+\cos\varphi_KX_3+Q_{KP}\\ N_K &= \overline{N}_1X_1+\overline{N}_2X_2+\overline{N}_3X_3+N_{KP} = \cos\varphi_KX_2-\sin\varphi_KX_3+N_{KP}\end{aligned}\right\}\tag{9-6}$$

式中 M_{KP}、Q_{KP}、N_{KP} 分别为基本结构在荷载作用下截面 K 的弯矩、剪力、轴力，可按静力法求解。

利用式(9-6)可以分别求出拱顶、拱趾的内力，进而求出支座反力的大小、方向和作用点。

顺便指出，弹性中心法不仅对于无铰拱，而且对于其他三次超静定的封闭结构，如图 9-6 所示刚架及圆管，也都可以采用。

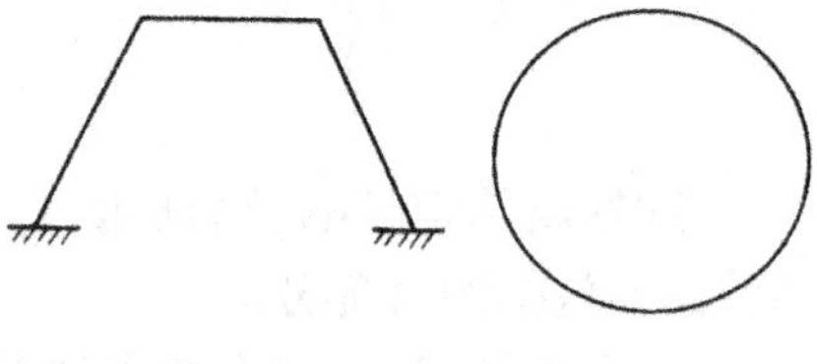

图 9-6

【例 9-1】 求等截面圆弧无铰拱在均布荷载 $q=10\text{kN/m}$ 作用下的内力。设跨度 $l=10\text{m}$，$f=2.5\text{m}$。

解：(1) 弹性中心

先求圆拱的半径 R 和半拱的圆心角。

由直角△OAD 得

$$\because \qquad R^2=\left(\frac{l}{2}\right)^2+(R-f)^2$$

$$\therefore \qquad R=\frac{l^2+4f}{8f}=6.25\text{m}$$

$$\sin\varphi_0=\frac{AD}{AO}=\frac{\frac{l}{2}}{R}=0.8$$

$$\cos\varphi_0=0.6,\varphi_0=0.9273\text{rad}$$

因为拱轴线是圆弧，采用极坐标计算比较方便（见图 9-7b）。

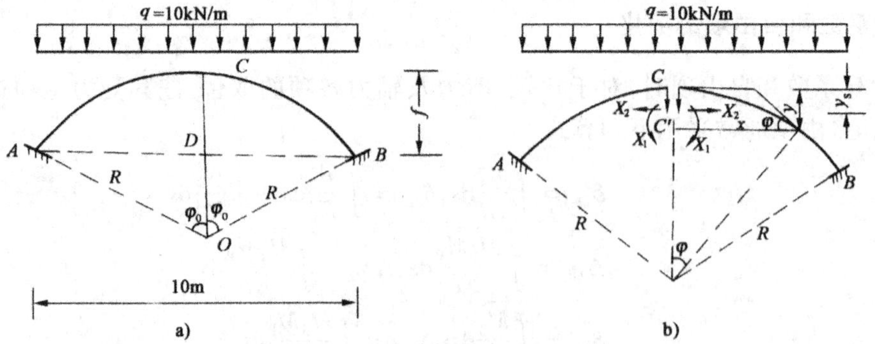

图 9-7

$$\because \quad y = R(1-\cos\varphi),\ x = R\sin\varphi,\ ds = Rd\varphi$$

$$\therefore \quad y_s = \frac{\int \frac{y}{EI} ds}{\int \frac{1}{EI} ds} = \frac{2\int_0^{\varphi_0} R(1-\cos\varphi) Rd\varphi}{2\int_0^{\varphi_0} Rd\varphi} = R\left(1 - \frac{\sin\varphi_0}{\varphi_0}\right) = 0.858\text{m}$$

(2)求系数和自由项

EI、EA 为常数，又因结构与荷载均属对称情况，所以反对称未知力 $X_3 = 0$。

又$\because \dfrac{f}{l} = \dfrac{1}{4} > \dfrac{1}{5}$，略去轴力和剪力对位移的影响，得

$$EI\delta_{11} = \int ds = 2\int_0^{\varphi_0} Rd\varphi = 2R\varphi_0$$

$$EI\delta_{22} = \int (y - y_s)^2 ds = 2\int_0^{\varphi_0} R^2\left(\frac{\sin\varphi_0}{\varphi_0} - \cos\varphi\right)^2 Rd\varphi$$

$$= 2R^3\int_0^{\varphi_0}\left(\frac{\sin^2\varphi_0}{\varphi_0^2} - 2\frac{\sin\varphi_0}{\varphi_0}\cos\varphi + \cos^2\varphi\right)d\varphi$$

$$= 2R^3\left[\frac{\sin^2\varphi_0}{\varphi_0^2}\varphi - 2\frac{\sin\varphi_0}{\varphi_0}\sin\varphi + \left(\frac{\varphi}{2} + \frac{1}{4}\sin 2\varphi\right)\right]_0^{\varphi_0}$$

$$= 2R^3\left(\frac{\varphi_0}{2} - \frac{\sin^2\varphi}{\varphi_0} + \frac{1}{4}\sin 2\varphi_0\right)$$

基本结构在荷载作用下的弯矩方程为

$$M_P = -\frac{1}{2}qx^2 = -\frac{1}{2}qR^2\sin^2\varphi$$

因此

$$EI\Delta_{1P} = \int \overline{M}_1 M_P ds = 2\int_0^{\varphi_0} 1\cdot\left(-\frac{1}{2}qR^2\sin^2\varphi\right)Rd\varphi$$

$$= -qR^3\left[\frac{\varphi}{2} - \frac{1}{4}\sin 2\varphi\right]_0^{\varphi_0}$$

$$= -qR^3\left(\frac{\varphi_0}{2} - \frac{1}{4}\sin 2\varphi_0\right)$$

$$EI\Delta_{2P} = \int \overline{M}_2 M_P ds = 2\int_0^{\varphi_0} R\left(\frac{\sin\varphi_0}{\varphi_0} - \cos\varphi\right)\left(-\frac{1}{2}qR^2\sin^2\varphi\right)Rd\varphi$$

$$= -qR^4\left[\frac{\sin\varphi_0}{\varphi_0}\left(\frac{1}{2}\varphi - \frac{1}{4}\sin 2\varphi\right) - \frac{1}{3}\sin^3\varphi\right]_0^{\varphi_0}$$

$$= -qR^4\left(\frac{1}{2}\sin\varphi_0 - \frac{1}{4\varphi_0}\sin\varphi_0\sin 2\varphi_0 - \frac{1}{3}\sin^3\varphi_0\right)$$

将数字代入，得

$$EI\delta_{11} = 1.854\,6R,\ EI\delta_{22} = 0.027\,0R^3$$

$$EI\Delta_{1P} = -0.223\,7qR^3,\ EI\Delta_{2P} = -0.022\,3qR^4$$

(3)求多余未知力

$$X_1 = -\frac{\Delta_{1P}}{\delta_{11}} = \frac{0.2237qR^3}{1.8546R} = 0.1206qR^2 = 47.1\text{kN·m}$$

$$X_2 = -\frac{\Delta_{2P}}{\delta_{22}} = \frac{0.0223qR^4}{0.0270R^3} = 0.8259qR = 51.6\text{kN}$$

(4)内力计算

由式(9-6)得

$$M_K = X_1 + (y_K - y_s)X_2 + M_{KP} = 47.1 + (y_K - 0.858)\times 51.6 - \frac{1}{2}qR^2\sin\varphi_K$$

$$Q_K = \sin\varphi_K X_2 + Q_{KP} = 51.6\sin\varphi_K + Q_{KP}$$

$$N_K = \cos\varphi_K X_2 + N_{KP} = 51.6\cos\varphi_K + N_{KP}$$

由此求得

拱顶弯矩

$$M_C = X_1 - y_s X_2 = 47.1 - 0.858\times 51.6 = 2.83\text{kN·m}$$

拱趾弯矩

$$M_A = M_B = X_1 + (f - y_s)X_2 - \frac{1}{2}q\left(\frac{1}{2}\right)^2 = 47.1 + 1.642\times 51.6 - 5\times 25$$
$$= 6.83\text{kN·m}$$

支座水平推力　$H = X_2 = 51.6\text{kN}$

(5)讨论

由以上计算看出,在拱顶和拱趾都出现了较大的弯矩,而拱趾弯矩又远比拱顶弯矩为大。因此,采用等截面圆弧拱是不合理的,宜改成变截面抛物线拱。但由于圆弧拱便于施工,所以一般小跨径拱桥仍采用圆弧拱。

与三铰拱比较,在同样荷载作用下,拱轴相同的三铰拱的推力为

$$H' = \frac{M_C}{f} = \frac{ql^2}{8f} = \frac{10\times 10^2}{8\times 2.5} = 50\text{kN}$$

H 与 H' 非常接近,相对差值为

$$\frac{51.6 - 50}{50}\times 100\% = 3\%$$

§9-3　总　和　法

当无铰拱的轴线和截面的变化规律比较复杂时,典型方程中系数和自由项的积分运算就很困难,有时甚至是不可能的。因此,工程上常用数值积分法来近似计算。例如积分式 $\int_A^B Zds$ 可看成图形 $ABCD$ 的面积(图9-8)。数值积分是把 $ABCD$ 分成许多小块,先算小块面积的近似值,这也就是以求和代替积分,并用 $\sum_A^B Z\Delta s$ 表示 $\int_A^B Zds$。因此,数值积分法又称**总和法**。

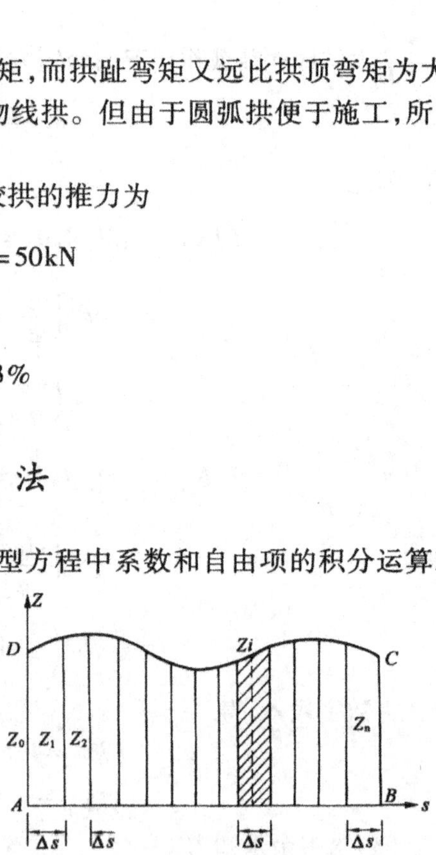

图　9-8

（一）方法要点

无铰拱常为抛物线、悬链线、圆弧线等变截面构件，如图9-9a)所示。用总和法计算时，首先将无铰拱沿轴线或沿跨度 l 分成若干分段，并假设每一分段的拱轴均为直线，设长度为 Δs（图9-9b），分段多少按计算精度而定。一般分成4～12段即可满足工程的要求。

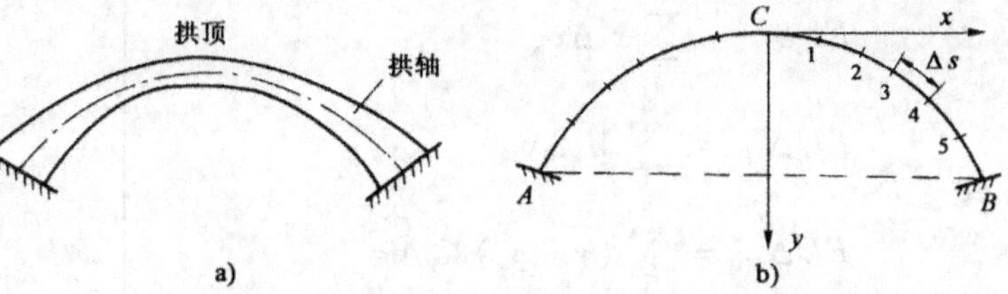

图 9-9

确定被积函数在每个小段的计算数据（如 x、y、A、I、$\overline{M}$、$\overline{N}$、M_P 等）。其中每一分段点处的坐标值 x、y 一般由公式求出，或从大比例尺的图中量出。而后取每一分段两端点数据的平均值作为被积函数的数值。

每小段按相应的公式计算后叠加，即得原积分式的近似值。

（二）总和法计算无铰拱的公式

采用总和法求积分时，如弹性模量 E 沿全拱为常数，求弹性中心位置的公式(9-4)和求系数、自由项的公式(9-5)可改为

$$y_s = \frac{\sum_1^n \bar{y}\frac{\Delta s}{I}}{\sum_1^n \frac{\Delta s}{I}} \tag{9-7}$$

$$\left.\begin{aligned}
E\delta_{11} &= \sum_1^n \frac{\Delta s}{I}\\
E\delta_{22} &= \sum_1^n (\bar{y}-y_s)^2\frac{\Delta s}{I} + \sum_1^n \cos^2\varphi\frac{\Delta s}{A}\\
E\delta_{33} &= \sum_1^n \bar{x}^2\frac{\Delta s}{I}\\
E\Delta_{1P} &= \sum_1^n M_P\frac{\Delta s}{I}\\
E\Delta_{2P} &= \sum_1^n (\bar{y}-y_s)M_P\frac{\Delta s}{I}\\
E\Delta_{3P} &= \sum_1^n \bar{x}M_P\frac{\Delta s}{I}
\end{aligned}\right\} \tag{9-8}$$

式中 $\bar{x}$、$\bar{y}$、φ 表示各分段中点的坐标和倾角，Δs 表示每一分段的长度。

当截面变化规律为 $I=\frac{I_C}{\cos\varphi}$，$A=\frac{A_C}{\cos\varphi}$ 时，则 $\frac{\Delta s}{I}=\frac{\Delta s\cos\varphi}{I_C}=\frac{\Delta x}{I_C}$，$\frac{\Delta s}{A}=\frac{\Delta x}{A_C}$，这时式(9-7)又可写成

$$y_s = \frac{\sum_1^n \bar{y}\frac{\Delta s}{I}}{\sum_1^n \frac{\Delta s}{I}} = \frac{\sum_1^n \bar{y}\frac{\Delta x}{I_C}}{\sum_1^n \frac{\Delta x}{I_C}} = \frac{\sum_1^n \bar{y}\Delta x}{l} \tag{9-9}$$

式(9-8)改写成

$$
\left.\begin{aligned}
EI_C\delta_{11} &= \sum_1^n \Delta x = l \\
EI_C\delta_{22} &= \sum_1^n (\bar{y} - y_s)^2 \Delta x + \frac{I_C}{A_C}\sum_1^n \cos^2\varphi\Delta x \\
EI_C\delta_{33} &= \sum_1^n \bar{x}^2 \Delta x \\
EI_C\Delta_{1P} &= \sum_1^n M_P\Delta x \\
EI_C\Delta_{2P} &= \sum_1^n (\bar{y} - y_s) M_P\Delta x \\
EI_C\Delta_{3P} &= \sum_1^n \bar{x} M_P\Delta x
\end{aligned}\right\} \tag{9-10}
$$

按总和法算出各系数和自由项后代入典型方程(9-4),即可解得作用在弹性中心的三对多余未知力,然后由式(9-6)求拱上任一截面的内力。

在工程中,运用以上所述的总和法,可求解轴线为任意形状的变截面无铰拱在恒载作用下的内力。此法对两铰拱也适用。整个计算过程,由于数据较多,宜列表进行。具体计算请参考其他版本的教材,在此不再赘述。

§9-4 无铰拱的影响线*

拱在活载作用下的最大及最小内力或支座反力需利用影响线来计算。

影响线在拱桥分析中是非常有用的。在拱桥中,假定荷载是通过桥面直接传递到拱圈上的(图 9-10)。让我们研究由于 KD 上任一位置 E 处单位竖向移动荷载所产生的影响线,假设这个单位荷载竖直传递于拱上的 F 处。

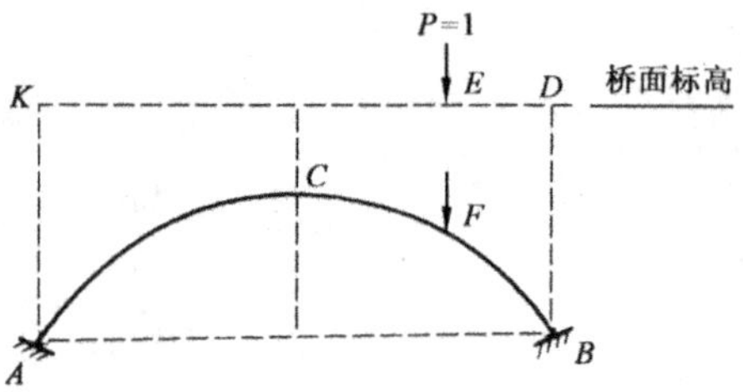

图 9-10

无铰拱是超静定结构。绘制超静定结构的影响线,一般有两种方法。第一是直接法,即将单位移动荷载 $P=1$ 置于结构的不同位置上,再根据平衡和位移条件(用力法、位移法或力矩分配法等),直接求出内力和反力的影响线,然后根据方程作图。第二是间接法,即利用超静定结构的内力(或支座反力)影响线与结构位移图,根据比拟关系而作出。

本节只介绍第一种方法,即直接用力法求出抛物线无铰拱三对多余未知力的影响线方程,然后根据方程描绘出影响线的大致形状,进而用叠加法作任一截面内力(或反力)的影响线。

【例 9-2】 设有抛物线无铰拱如图 9-11a)所示,拱轴方程为 $y = \frac{4f}{l^2}x^2$,截面变化规律为 $I = \frac{I_C}{\cos\varphi}$,拱上荷载为移动的 $P=1$。试绘其影响线。

解:我们仍用弹性中心法计算,典型方程中的系数和自由项均由积分法求得,具体计算步骤说明如下。

取基本结构如图 9-11b)所示。首先确定弹性中心位置,由式(9-3),并注意到 $\frac{ds}{I} = \frac{ds\cos\varphi}{I_C} = \frac{dx}{I_C}$,

可得

$$y_s = \frac{\int \frac{y}{EI}ds}{\int \frac{1}{EI}ds} = \frac{\frac{1}{EI_C}\int y dx}{\frac{1}{EI_C}\int dx} = \frac{2\int_0^{\frac{l}{2}} \frac{4f}{l^2}x^2 dx}{l} = \frac{f}{3}$$

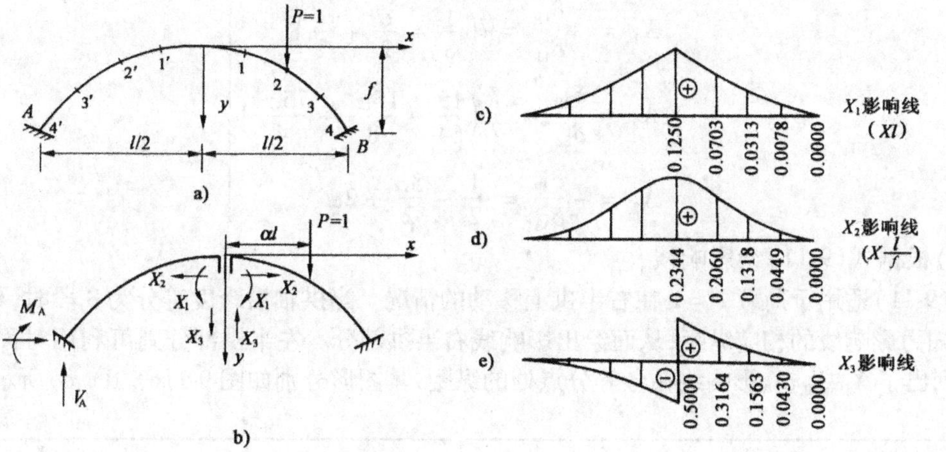

图 9-11

(1)计算系数和自由项

若略去 Q、N 而只计 M 一项影响，则只需写出 $\overline{M}_i$ 及 M_P 的表达式

$$\overline{M}_1 = 1$$

$$\overline{M}_2 = y - y_s = \frac{4f}{l^2}x^2 - \frac{f}{3}$$

$$\overline{M}_3 = x$$

当 $P=1$ 在右半拱上且距拱顶为 αl 范围移动（α 在 0 至 0.5 间取值），见图 9-11b)，有

$$-\frac{l}{2} \leqslant x \leqslant \alpha l, M_P = 0$$

$$\alpha l \leqslant x \leqslant \frac{l}{2}, M_P = -(x - \alpha l)$$

代入式(9-6)，并注意到 $\frac{ds}{I} = \frac{dx}{I_C}$，可得

$$EI_C\delta_{11} = 2\int_0^{\frac{l}{2}} dx = l$$

$$EI_C\delta_{22} = 2\int_0^{\frac{l}{2}} (y - y_s)^2 dx = 2\int_0^{\frac{l}{2}} \left(\frac{4f}{l^2}x^2 - \frac{f}{3}\right)^2 dx = \frac{4f^2 l}{45}$$

$$EI_C\delta_{33} = 2\int_0^{\frac{l}{2}} x^2 dx = \frac{1}{12}l^3$$

$$EI_C\delta_{1P} = \int_{-\frac{l}{2}}^{\frac{l}{2}} M_P dx = \int_{\alpha l}^{\frac{l}{2}} -(x - \alpha l)dx = -l^2\left(\frac{1}{8} - \frac{\alpha}{2} + \frac{\alpha^2}{2}\right)$$

$$EI_C\delta_{2P} = \int_{-\frac{l}{2}}^{\frac{l}{2}} (y - y_S)M_P dx = \int_{\alpha l}^{\frac{l}{2}} -\left(\frac{4f}{l^2}x^2 - \frac{f}{3}\right)(x - \alpha l)dx$$

$$= -fl^2\left(\frac{1}{48} - \frac{\alpha^2}{6} + \frac{\alpha^4}{3}\right)$$

$$EI_C\delta_{3P} = \int_{-\frac{l}{2}}^{\frac{l}{2}} xM_P \mathrm{d}x = \int_{\alpha l}^{\frac{l}{2}} -x(x-\alpha l)\mathrm{d}x = -l^3\left(\frac{1}{24}-\frac{\alpha}{8}+\frac{\alpha^3}{8}\right)$$

作影响线时，荷载 $P=1$，故自由项 Δ_{iP} 可改用单位力引起的位移符号 δ_{iP} 表示。

(2)代入典型方程即可求得各多余未知力的影响线方程

$$\left.\begin{aligned} X_1 &= -\frac{\delta_{1P}}{\delta_{11}} = l\left(\frac{1}{8}-\frac{\alpha}{2}+\frac{\alpha^2}{2}\right) \\ X_2 &= \frac{\delta_{2P}}{\delta_{22}} = \frac{l}{f}\left(\frac{15}{64}-\frac{15\alpha^2}{8}+\frac{15\alpha^4}{4}\right) \\ X_3 &= -\frac{\delta_{3P}}{\delta_{33}} = \frac{1}{2}-\frac{3\alpha}{2}+2\alpha^3 \end{aligned}\right\} \tag{9-11}$$

(3)根据式(9-11)绘影响线

式(9-11)适用于荷载 $P=1$ 在右半拱上移动的情况。当拱轴沿跨度等分为8段时，可求得各多余未知力影响线的相应纵距，从而绘出影响线右半拱部分。左半拱部分则可利用对称性得出。表9-1列出了 X_1、X_2、X_3 影响线在各等分点处的纵距，其图形分别如图9-11c)、d)、e)所示。

表9-1

拱轴分点	X_1	X_2	X_3
($\alpha=0$)0	0.125 l	0.234 4 l/f	0.500 0
($\alpha=1/8$)1	0.070 3l	0.206 0 l/f	0.316 4
($\alpha=2/8$)2	0.031 3l	0.131 8 l/f	0.156 3
($\alpha=3/8$)3	0.007 8l	0.044 9 l/f	0.043 0
($\alpha=4/8$)4	0.000 0	0.000 0	0.000 0

有了多余未知力的影响线后，任一截面的内力影响线可用叠加法求得，根据式(9-6)有

$$M_K = X_1 + (y_K - y_s)X_2 + x_K X_3 + M_{KP}$$

$$Q_K = \sin\varphi_K X_2 + \cos\varphi_K X_3 + Q_{KP}$$

$$N_K = \cos\varphi_K X_2 - \sin\varphi_K X_3 + N_{KP}$$

式中 M_{KP}、Q_{KP}、N_{KP} 分别为基本结构上截面 K 的弯矩、剪力、轴力影响线公式。由于基本结构是静定的，故其内力影响线无需细述。

再根据平衡条件，可求得支座 A 的水平反力 H、竖向反力 V_A 和支座弯矩 M_A 的影响线公式分别为(支座 B 的反力影响线按同法求得)

$$H = X_2$$

$$V_A = X_3 + V_{AP}$$

$$M_A = X_1 + (f - y_S)X_2 - \frac{l}{2}X_3 + M_{AP}$$

V_{AP} 和 M_{AP} 是荷载引起基本结构支座的反力与弯矩。

当拱轴为悬链线、圆弧线，截面按其他规律变化为等截面时，影响线亦可用积分法计算，读者可参阅有关拱桥设计的书籍和手册。

§9-5 温度改变和混凝土收缩对无铰拱的影响

一、温度改变的影响

对于无铰拱，除恒载和活载外，由于温度改变和混凝土收缩所引起的内力也需要考虑。

在拱桥设计中，一般是考虑拱圈在使用中的最高平均温度分别与拱圈合龙（封顶）时的温度之差来计算在拱圈中所引起的内力的。

计算温度改变对于对称无铰拱的影响，仍可采用弹性中心法，此时的典型方程为

$$\delta_{11}X_1+\Delta_{1t}=0$$
$$\delta_{22}X_2+\Delta_{2t}=0$$
$$\delta_{33}X_3+\Delta_{3t}=0$$

假设拱截面的形状是对称的，其外侧温度升高 t_1，内侧温度升高 t_2，（图 9-12a），设 $t_2>t_1$，则其平均温度值 t 及内外侧温度之差值 Δt 分别为

$$t=\frac{1}{2}(t_1+t_2),\Delta t=t_2-t_1$$

根据第七章公式，我们有

$$\Delta_{1t}=\alpha\Delta t\int\overline{M}_1\frac{\mathrm{d}s}{h}$$

$$\Delta_{2t}=\alpha\Delta t\int\overline{M}_2\frac{\mathrm{d}s}{h}-\alpha t\int\overline{N}_2\mathrm{d}s$$

图 9-12

注意：拱的轴力仍设受压为正，故上式 Δ_{2t}的第二项为负号。

因为温度沿拱轴的改变是正对称的，故 $\Delta_{3t}=0$。

把 $\overline{M}_1=1,\overline{M}_2=y,\overline{N}_2=\cos\varphi$，代入上式，则有

$$\Delta_{1t}=\alpha\Delta t\int\frac{\mathrm{d}s}{h}$$

$$\Delta_{2t}=\alpha\Delta t\int y\frac{\mathrm{d}s}{h}-\alpha t\int\cos\varphi\mathrm{d}s=\alpha\Delta t\int y\frac{\mathrm{d}s}{h}-\alpha tl$$

至于主系数的计算，若考虑轴力的影响，则有

$$\delta_{11}=\int\frac{\mathrm{d}s}{EI}$$

$$\delta_{22}=\int y^2\frac{\mathrm{d}s}{EI}+\int\cos^2\varphi\frac{\mathrm{d}s}{EA}$$

将各自由项和主系数代入典型方程，即得

$$\left.\begin{aligned}X_1&=-\frac{\alpha\Delta t\int\frac{\mathrm{d}s}{h}}{\int\frac{\mathrm{d}s}{EI}}\\X_2&=-\frac{\alpha\Delta t\int y\frac{\mathrm{d}s}{h}-\alpha tl}{\int y^2\frac{\mathrm{d}s}{EI}+\int\cos^2\varphi\frac{\mathrm{d}s}{EA}}\\X_3&=0\end{aligned}\right\}\qquad(9\text{-}12)$$

即表明弹性中心处只产生正对称的多余未知力 X_1、X_2(图 9-12b)。

如果温度沿全拱均匀改变,即内外侧温度变化相同:$t_1=t_2=t$,则 $\Delta t=0$(图 9-13a)。此时有

$$X_1=0$$

$$X_2=\frac{\alpha tl}{\int y^2\frac{ds}{EI}+\int\cos^2\varphi\frac{ds}{EA}}$$

$$X_3=0$$

由此可见,当全拱的温度均匀改变时,在弹性中心处只产生多余未知力 X_2(图 9-13b);且在升温时 X_2 为正(推力),降温时 X_2 为负(拉力)。

图 9-13

如果拱轴为抛物线,以弹性中心为原点的拱轴方程为 $y=\frac{4f}{l^2}x^2-y_s$,且其截面变化规律为 $I=\frac{I_C}{\cos\varphi}$ 及 $A=\frac{A_C}{\cos\varphi}$ 时,由上一节可知,此时有 $y_s=\frac{1}{3}f$,则式(9-12)在积分之后成为

$$X_2=\frac{\alpha tl}{(1+\mu)\frac{4f^2l}{45EI_C}}=\frac{45\alpha tEI_C}{4(1+\mu)f^2} \tag{9-13}$$

式中 $\mu=\frac{\int\cos^2\varphi\frac{ds}{A}}{\int y^2\frac{ds}{I}}=\frac{45}{16}\frac{I_Cl}{A_Cf^3}\tan^{-1}\left(\frac{4f}{l}\right)$,是一无因次量,它表示轴力对系数 δ_{22} 的影响。当拱高 $f<\frac{1}{5}l$ 时,若近似取 $\cos\varphi\approx1$,可得 $\mu=\frac{45}{4}\frac{I_C}{A_Cf^2}$。

由式(9-13)可知,当拱愈平、拱的截面刚度愈大时,则由于温度改变所产生的影响也愈大。

二、混凝土收缩的影响

混凝土在凝固收缩时也会使无铰拱产生内力,这种收缩的影响与温度均匀降低的影响相似,因此可按计算温度内力的办法来计算混凝土收缩产生的内力,问题的关键在于混凝土收缩相当于温度降低了多少度。

对于一般混凝土,经过测量得知,它的直线部分的收缩率是 2.5×10^{-4},而混凝土的线膨胀系数为 1×10^{-5}。由

$$\alpha t=2.5\times10^{-4}$$

$$1\times10^{-5}\times t=2.5\times10^{-4}$$

得

$$t=25℃$$

这就是说,混凝土的收缩率相当于温度均匀降低 25℃ 所产生的影响。

对于实际工程,考虑到施工时混凝土往往不是一次浇成,而是分段浇灌的,这样无铰拱由

于混凝土收缩而产生的内力,大致相当于拱圈温度均匀降低 10 ~ 15℃。对于水工混凝土,因经常浸水湿润,其收缩率也比较小,故通常按相当于温度均匀降低 2 ~ 8℃计入影响。

既然混凝土收缩率相当于温度均匀降低,则 $\Delta t = 0$,由式(9-13)知,在弹性中心处只产生一对多余未知力 X_2,即

$$X_2 = -\frac{\Delta_{2t}}{\delta_{22}} \qquad X_1 = X_3 = 0$$

§9-6 支座移动对无铰拱的影响

无铰拱是超静定的,支座移动将使它产生内力。设图 9-14a)所示无铰拱在外因影响下,其左支座 A 发生了向左的水平位移 a,向下的竖向位移 b,并逆时针转了一个 φ 角。现仍用弹性中心法计算,典型方程为

$$\delta_{11}X_1 + \Delta_{1\Delta} = 0$$
$$\delta_{22}X_2 + \Delta_{2\Delta} = 0$$
$$\delta_{33}X_3 + \Delta_{3\Delta} = 0$$

式中:$\Delta_{1\Delta}$、$\Delta_{2\Delta}$、$\Delta_{3\Delta}$分别为基本结构上弹性中心处由于支座移动所引起的沿 X_1、X_2、X_3方向的位移(见图 9-14b),根据第七章所述,它们的计算式为

$$\Delta_{i\Delta} = -\sum \overline{R}_i c$$

式中:$\overline{R}_i$ 为 $\overline{X}_i = 1$ 单独作用时的支座反力,如图 9-14c)、d)、e)中所示(图中只画出左半拱部分的相应支座反力)。于是求得

$$\Delta_{1\Delta} = -(-1 \times \varphi) = \varphi$$
$$\Delta_{2\Delta} = -[-1 \times a - (f - y_s)\varphi] = a + (f - y_s)\varphi$$
$$\Delta_{3\Delta} = -(-1 \times b + \frac{l}{2} \times \varphi) = b - \frac{l\varphi}{2}$$

系数计算与前相同。故由典型方程解得

$$\left.\begin{aligned} X_1 &= -\frac{\Delta_{1\Delta}}{\delta_{11}} = -\frac{\varphi}{\int \frac{ds}{EI}} \\ X_2 &= -\frac{\Delta_{2\Delta}}{\delta_{22}} = -\frac{\alpha + (f - y_S)\varphi}{\int y^2 \frac{ds}{EI} + \int \cos^2\varphi \frac{ds}{EA}} \\ X_3 &= -\frac{\Delta_{3\Delta}}{\delta_{33}} = -\frac{b - \frac{l\varphi}{2}}{\int x^2 \frac{ds}{EI}} \end{aligned}\right\} \tag{9-14}$$

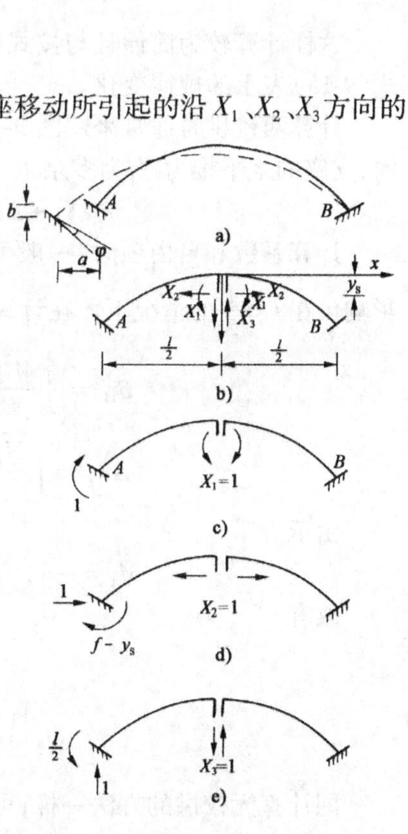

图 9-14

计算表明:超静定结构在温度改变及支座移动下的内力与结构刚度的绝对值有关,刚度愈大则引起的内力也愈大。因此,像无铰拱这类超静定结构,在设计和施工时,一定要重视地基的处理,且要有刚性较大的支座。由于降温将在拱截面上产生拉应力,因此施工时期的温度以低于使用时期的温度为宜,故通常在冬季封顶,并且要进行温度改变和支座移动影响的校核,以确保结构的安全。

§9-7 两铰拱的计算*

两铰拱是一次超静定结构(图9-15a)，其弯矩在两端支座处等于零而逐渐向拱顶增大，所以其截面一般亦设计为由拱趾向拱顶逐渐增大的形式，通常采用的变化规律为

$$\left.\begin{aligned} I_X &= I_C\cos\varphi_x \\ A_X &= A_C\cos\varphi_x \end{aligned}\right\} \tag{9-15}$$

但是按这个规律进行计算很不方便。经验证明，当$f<\frac{1}{4}l$时，可以采用式(9-16)及式(9-17)，即

$$I_X = \frac{I_C}{\cos\varphi_x} \tag{9-16}$$

$$A_X = \frac{A_C}{\cos\varphi_x} \tag{9-17}$$

这样计算较为简便且与按式(9-15)计算的结果相差无几。当然，实际采用的截面仍应按式(9-15)表示的规律变化。

计算两铰拱时通常采用图9-15b)所示简支曲梁为基本结构，支座的水平推力X_1为多余未知力，其典型方程为

$$\delta_{11}X_1 + \Delta_{1P} = 0$$

计算系数和自由项时，一般可略去剪力的影响，而轴力的影响仅在$f<\frac{l}{5}$的情况下才在计算时予以考虑，因此可取

$$\delta_{11} = \int\frac{\overline{M}_1^2 ds}{EI} + \int\frac{\overline{N}_1^2 ds}{EA}$$

$$\Delta_{1P} = \int\frac{\overline{M}_1\overline{M}_2 ds}{EI}$$

由于

$$\overline{M}_1 = -y, \overline{N}_1 = \cos\varphi$$

故有

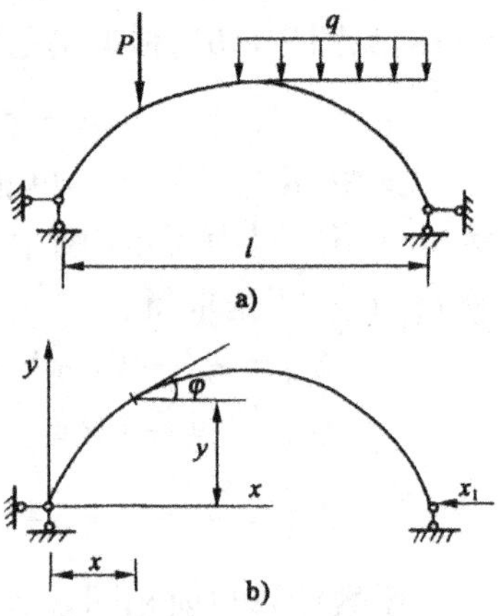

图 9-15

$$X_1 = -\frac{\Delta_{1P}}{\delta_{11}} = \frac{\int yM_P\frac{ds}{I}}{\int y^2\frac{ds}{I} + \int\cos^2\varphi\frac{ds}{A}} \tag{9-18}$$

同计算无铰拱的方法一样，可采用总和近似计算积分式，在此不再赘述。

求得了支座推力X_1，则其他内力就不难求得。任一截面K的内力计算式与三铰拱是相似的

$$M_K = M_K^0 - X_1y_K$$

$$Q_K = Q_K^0\cos\varphi_K - X_1\sin\varphi_K$$

$$N_K = Q_K^0\sin\varphi_K + X_1\cos\varphi_K \tag{9-19}$$

【例9-3】 图9-16a)所示抛物线两铰拱，拱轴方程为$y=\frac{4f}{l^2}x(l-x)$，截面变化规律计算时

可采用 $I=\dfrac{I_C}{\cos\varphi}$ 及 $A=\dfrac{A_C}{\cos\varphi}$。试绘制其推力影响线。

解:用积分法计算。基本结构如图9-16b)所示,M_P图如图9-16c)所示。根据式(9-18),并注意到$\dfrac{ds}{I_C}=\dfrac{ds\cos\varphi}{I_C}=\dfrac{dx}{I_C}$及$\dfrac{ds}{A}=\dfrac{dx}{A_C}$,则有

$$X_1=\frac{\int yM_P dx}{\int y^2 dx+\frac{I_C}{A_C}\int\cos^2\varphi dx}$$

将 y 及 M_P(图 9-16c)代入,并近似认为 $\cos\varphi\approx1$,可得

$$X_1=\frac{\int_0^{\alpha l}\frac{4f}{l^2}x(l-x)(1-\alpha)x dx+\int_{\alpha l}^{l}\frac{4f}{l^2}x(l-x)\alpha(l-x)dx}{\int_0^l\left[\frac{4f}{l^2}x(l-x)\right]^2dx+\frac{I_C}{A_C}\int_0^l dx}$$

$$=\frac{\frac{fl^2}{3}(\alpha-2\alpha^3+\alpha^4)}{\frac{8}{15}f^2l+\frac{I_C}{A_C}l}=\frac{\frac{fl^2}{3}(\alpha-2\alpha^3+\alpha^4)}{\frac{8}{15}f^2l\left(1+\frac{15}{8}\frac{I_C}{A_Cf^2}\right)}$$

$$=\frac{5l}{8f}(\alpha-2\alpha^3+\alpha^4)\frac{1}{1+\mu}$$

式中:$\mu=\dfrac{15}{8}\dfrac{I_C}{A_Cf^2}$,表示轴力对 δ_{11} 的影响。

在 0 ~ 1 之间给 α 以不同的数值,即可由上式算出 X_1 的影响线的纵矩并绘出其图形。当拱跨被 8 等分,且略去 μ 时,左半拱分段点处 X_1 影响线的纵矩见图 9 -16d),右半拱与之对称。

有时为了不把两铰拱的支座推力传给下部的支承结构,可用图 9-17a)所示带拉杆的两铰拱。此时拱的水平推力将由拉杆承受而不传到支座上去。计算时可取如图 9-17b)所示的基本结构,以拉杆的内力 X_1 作为多余约束力。

典型方程为

$$\delta_{11}X_1+\Delta_{1P}=0$$

在计算 δ_{11} 时,应注意不能丢掉拉杆轴向变形的影响。如果不计剪力影响,则有

$$\delta_{11}=\int\overline{M}_1^2\frac{ds}{EI}+\int\overline{N}_1^2\frac{ds}{EA}+\frac{l}{E_1A_1}$$

$$\Delta_{1P}=\int\overline{M}_1M_P\frac{ds}{EI}$$

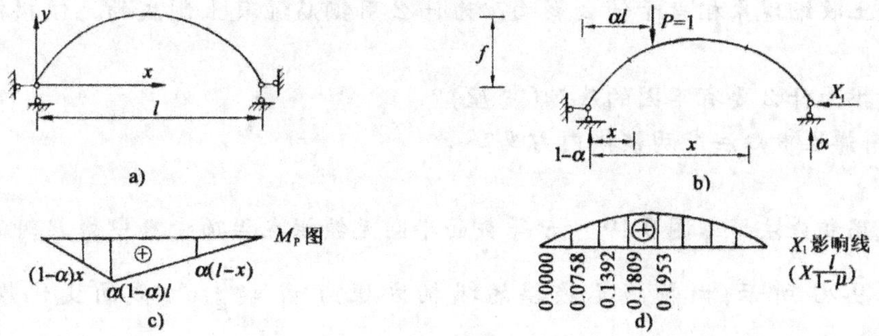

图 9-16

式中：$\frac{l}{E_1A_1}$是拉杆在 $\overline{X}_1=1$ 作用下的轴向变形。E_1A_1 为拉杆的抗拉刚度。

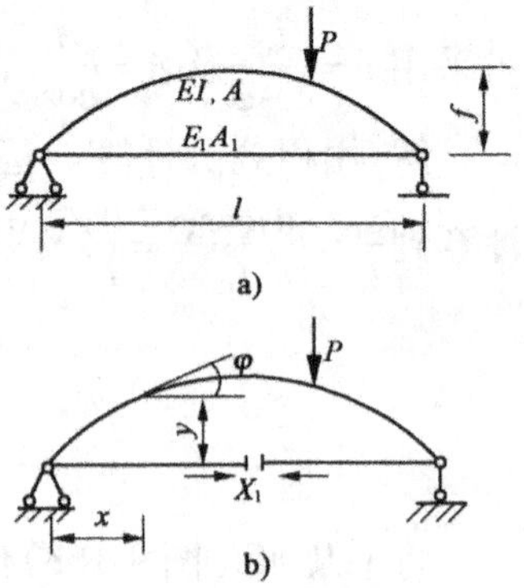

图 9-17

以 $\overline{M}_1=-y,\overline{N}_1=\cos\varphi$ 代入系数和自由项，并代入典型方程即得

$$X_1=\frac{\int yM_P\frac{ds}{EI}}{\int y^2\frac{ds}{EI}+\int\cos^2\varphi\frac{ds}{EA}+\frac{l}{E_1A_1}}$$

由此式可知，具有拉杆的两铰拱的推力要比相应两铰拱的推力小。

近年来，我国在建造大量公路双曲拱桥的基础上，又因地制宜地提出了桁架拱桥的方案。图 9-18a）所示桁架拱片是主要的承重结构，它包括桁架部分和实腹部分。考虑到拱片两端仅有一小段插入墩台的预留孔中，可认为属于铰接，因而可取图 9-18b）的计算简图。桁架拱桥由于自重较轻，对基础的压力和推力均较小，因而对软土地基有较好的适应性。

桁架拱是一次外部超静定结构，可用力法求解。

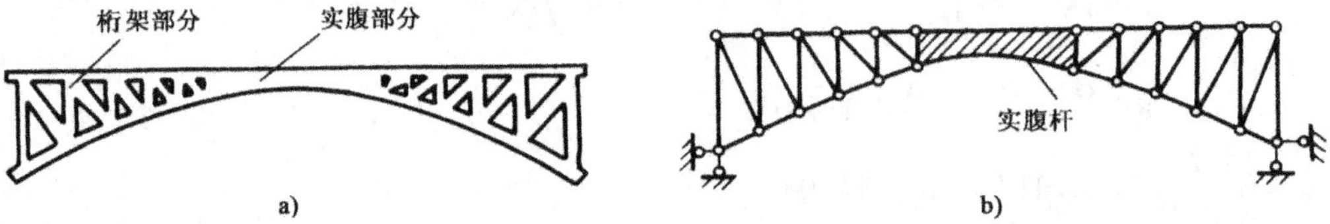

图 9-18

复习思考题

1. 试比较两铰拱和无铰拱的受力特点和适用条件。
2. 在解算对称无铰拱时，我们采用了哪些简化措施？达到什么目的？
3. 系数和自由项应如何取舍？能用图乘法求解吗？
4. 何谓总和法？其要点是什么？
5. 用弹性中心法绘制抛物线无铰拱三对多余未知力影响线的步骤是什么？对一般的无铰拱适用吗？
6. 试用叠加法绘出拱顶截面的弯矩影响线。
7. 对称无铰拱由于温度改变的影响，弹性中心法为什么只产生对称的多余未知力 X_1 和 X_2？是否由此得出拱上任一截面无反对称剪力的结论？
8. 混凝土收缩现象相当于什么影响？为什么用钢筋混凝土制成的无铰拱桥一般在冬季封顶？
9. 无铰拱为什么要有牢固的基础（支座）？
10. 能用弹性中心法求两铰拱内力吗？

习题

9-1 试用积分法计算图 9-19 所示等截面半圆无铰拱在拱顶受集中力 P 时的内力。

9-2 图 9-20 所示，抛物线无铰拱的拱轴方程为 $y_1=\frac{4f}{l^2}x^2$，截面变化规律 $I=\frac{I_C}{\cos\varphi}$，$A=\frac{A_C}{\cos\varphi}$，$l=18\text{m}$，$f=3\text{m}$，拱顶处截面高度为 $h_c=0.6m$，考虑轴向变形的影响，试求拱的水平推

力、拱顶和拱脚截面内力。

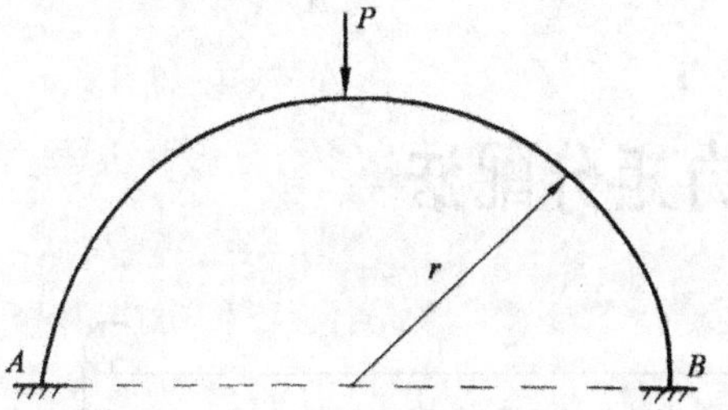

图 9-19

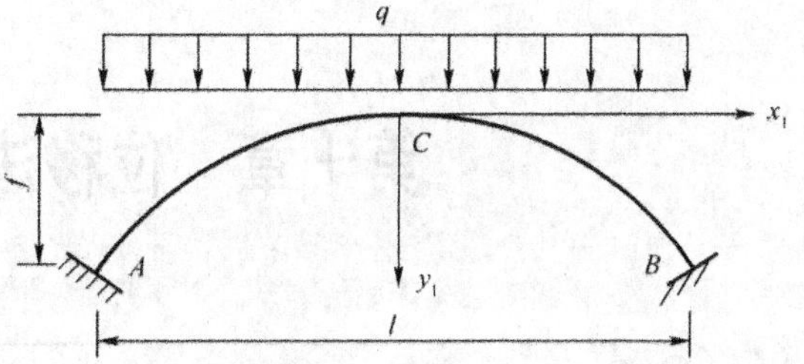

图 9-20

9-3 试求图 9-21 示抛物线两铰拱中拉杆的内力和截面 K 的内力 M_K、Q_K、N_K。计算时可采用 $I = I_c/\cos\varphi$，拱中轴力和剪力对位移的影响可略去不计。已知拱顶 $EI_C = 5\ 000\text{kN}\cdot\text{m}^2$，拉杆 $E_1A_1 = 2\times10^5\text{kN}$。

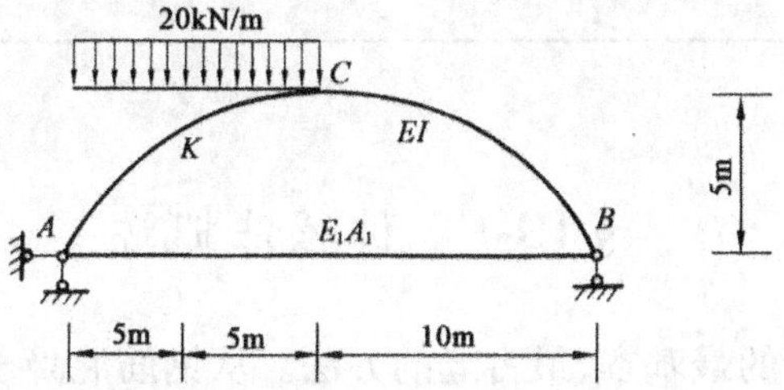

图 9-21

习题解答

9-1 支座处推力 $H = 0.459\ 1P$，$M_A = M_B = 0.1106Pr$

9-2 $H_B = 13.05q$

9-3 $N_{AB} = 593.325\text{kN}$，$M_K = -1724.97\text{kN}\cdot\text{m}$（上侧受拉）

第十章 位移法和力矩分配法

本章学习要点：了解位移法的基本概念，明确位移法解超静定结构的基本思路；掌握位移法解一般梁和刚架的内力，并能利用结构的对称性简化计算；同时理解力矩分配法的基本原理，了解应用力矩分配法求解连续梁和无侧移刚架的内力。

§10-1 位移法概述

力法是解超静定结构的最基本、最古老的方法。从钢筋混凝土结构问世以来，大量采用高次超静定结构，仍用力法进行计算就十分繁琐，这就迫使人们探讨新方法，于是在力法的基础上出现另一种解超静定结构的方法——位移法。

一、位移法的基本思路

结构的内力与位移之间具有恒定的关系。位移法是以结点位移作为基本未知量，设法求出结点位移，然后再根据结点位移反求出杆端内力，由杆端内力绘出超静定结构的内力图。下面以图 10-1a）为例来说明位移法的基本思路。

图 10-1a）所示超静定刚架在荷载作用下发生了如图中虚线所示变形，刚结点 B 发生了转角 φ_B，根据刚架的性质，它所联结的杆 BA、BC 也在 B 端发生了相同的转角 φ_B。在刚架中，AB 杆的受力与变形与图 10-1b）所示单跨超静定梁完全相同，BC 杆的受力与变形又与图 10-1c）所示单跨超静定梁完全相同，而图 10-1b）、c）所示的单跨静定梁应用力法可求出杆端内力 M_{BA}、M_{BC} 等与荷载 P 及 φ_B 的关系式，若 φ_B 为已知量，那么杆端内力可随之求出。由此可知，计算该刚架时，若把刚结点 B 的转角 φ_B 作为基本未知量并设法求出，则各杆的内力也随之求出。

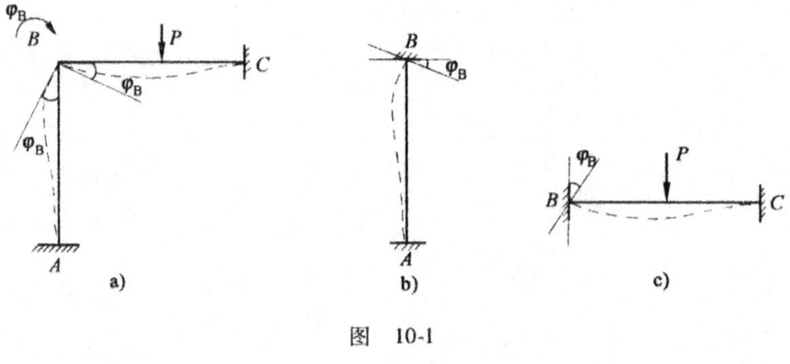

图 10-1

二、位移法基本未知量的确定

位移法是以结点位移作为基本未知量,结点位移包括结点角位移和结点线位移。

1. 结点角位移的确定

结点角位移比较容易确定,根据刚架的性质,同一刚结点处各杆的转角是相等的,因此每一个刚结点只有一个独立的角位移。在固定支座(固定端)处,转角为零,没有角位移。至于铰结点和铰支座处的角位移,结构容许自由转动,其角位移是不独立的,也不能作为基本未知量。因此,确定结点角位移的数目时,只要计算刚结点的数目即可,角位移数 = 刚结点数。

如图 10-2 所示刚架,有两个刚结点 D、E,故有两个结点角位移 φ_D 和 φ_E。

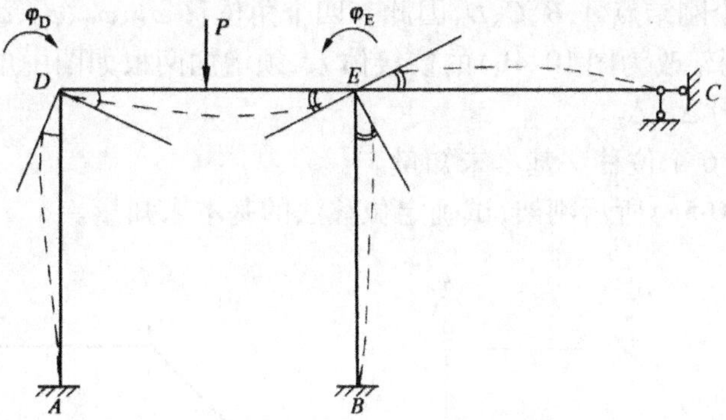

图 10-2

2. 结点线位移的确定

一般情况下,结点都有线位移,但确定结点线位移时,通常略去受弯杆件的轴向变形,可认为受弯杆件两端之间的距离变形后是不变的,从而就减少了结点线位移的数目。如图 10-2 中,由于各杆不考虑轴向变形,刚结点 D 和 E 在原位置保持不动,因此没有线位移,只有角位移。

确定结点线位移通常可用"铰化结点法"来进行,具体做法是:把结构中所有的刚结点、固定端全部改成铰接,得到一个铰接体系,按二元体规则组成几何不变体系,需增加的链杆数即为原结构的结点线位移数。结点线位移也称侧移。

如图 10-3a)所示刚架,其铰化体系如图 10-3b)所示,它必须增加一根链杆 A 才能成为几何不变体系,所以原结构的结点线位移为 Δ_1。

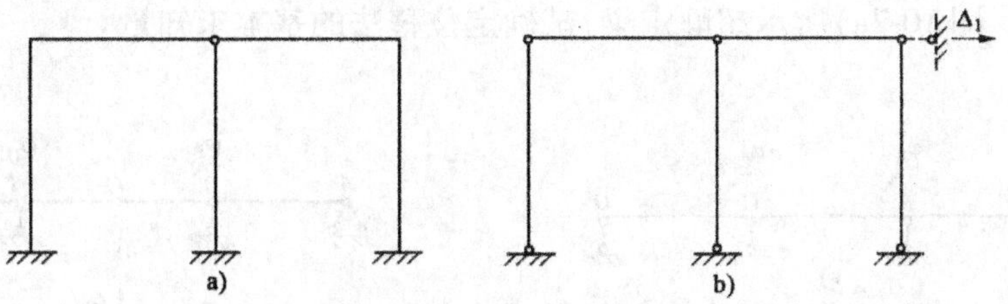

图 10-3

结点角位移和结点线位移符号规定顺时针转动为正,侧移是以整个杆轴线相对于原位置顺时针转动为正。

三、位移法的基本未知量确定举例

【例 10-1】 图 10-4a)所示刚架,试确定位移法的基本未知量。

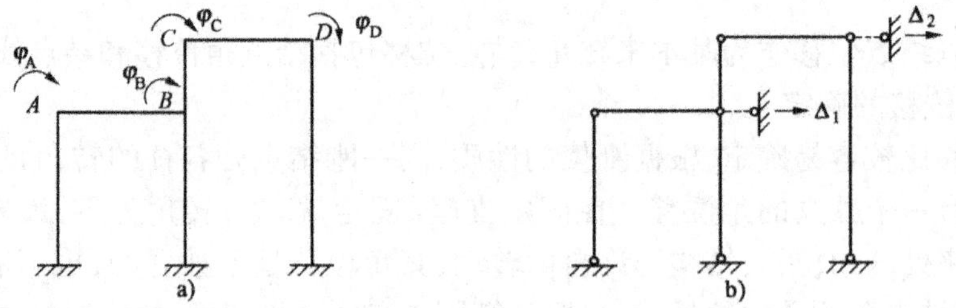

图 10-4

解:该体系有4个刚结点 A、B、C、D,因此有四个角位移 φ_A、φ_B、φ_C、φ_D。

将图10-4a)的刚架改为图10-4b)的铰接体系,须增加两根如图中虚线所示链杆才能保持几何不变,故线位移为 Δ_1、Δ_2。

所以该体系共有6个位移法基本未知量。

【例10-2】 图10-5a)所示刚架,试确定位移法的基本未知量。

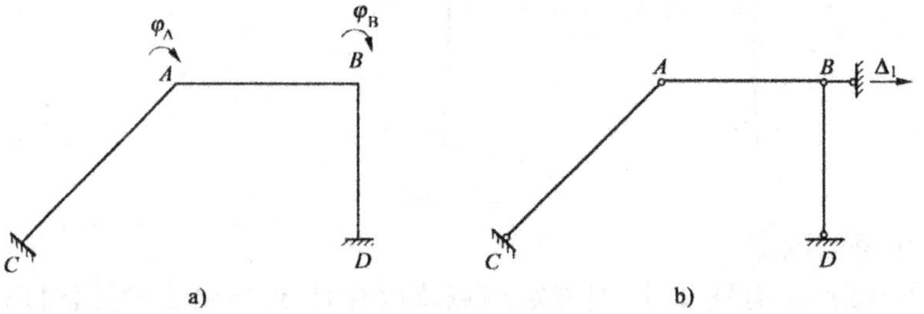

图 10-5

解:该体系有两个刚结点 A、B,所以有两个角位移 φ_A、φ_B。

将刚架改为图10-5b)所示铰接体系,按二元体规则组成几何不变体系需增加一根如图中虚线所示链杆才能保持几何不变,故有一个结点线位移 Δ_1。

【例10-3】 图10-6a)所示连续梁,试确定位移法的基本未知量。

解:图10-6a)所示连续梁中,B、C 可看作是刚结点,因此有两个角位移 φ_B、φ_C。

若将图10-6a)改为图10-6b)的铰接体系,则为多跨简支梁,是几何不变体系,故无结点线位移。

【例10-4】 图10-7a)所示超静定梁,试确定位移法的基本未知量。

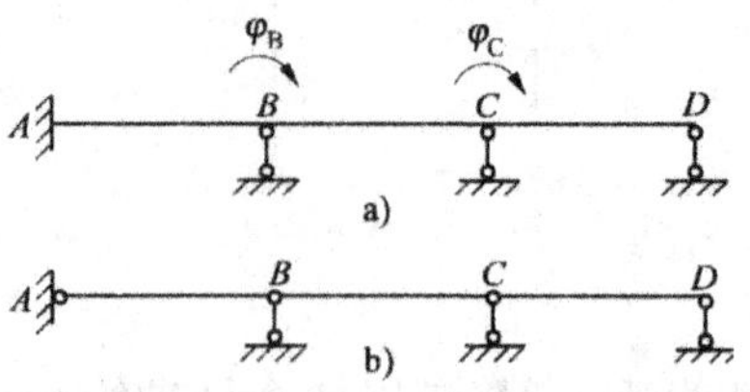

图 10-6

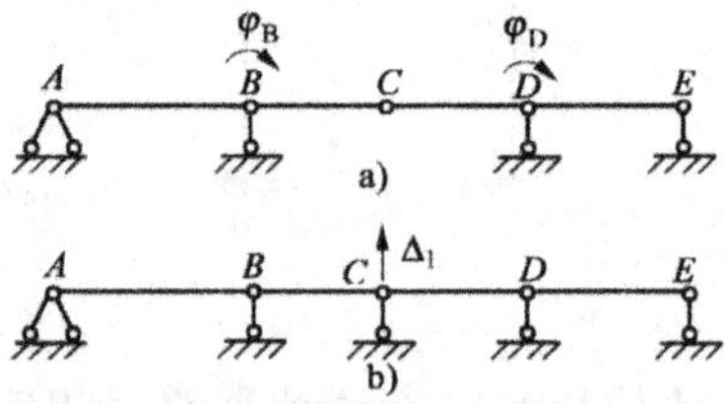

图 10-7

解:图10-7a)中,B、D 为刚结点,因此有结点角位移 φ_B、φ_D。

若改为图10-7b)的铰接体系,须在铰 C 处增加一根链杆才能保持几何不变,因此具有一个结点线位移 Δ_1。

§10-2　等截面直杆的转角位移方程

用位移法计算超静定结构时，可将超静定结构看作是几个单跨超静定梁，如图 10-1a）所示超静定刚架可看作是图 10-1b）、c）所示的单跨静定梁；图 10-8a）所示超静定刚架可看作是图 10-8b）、c）、d）所示的单跨静定梁。本节我们将首先导出常见单跨静定梁在杆端位移和荷载影响下杆端弯矩的计算公式，称作等截面直杆的转角位移方程，也称杆端弯矩方程。

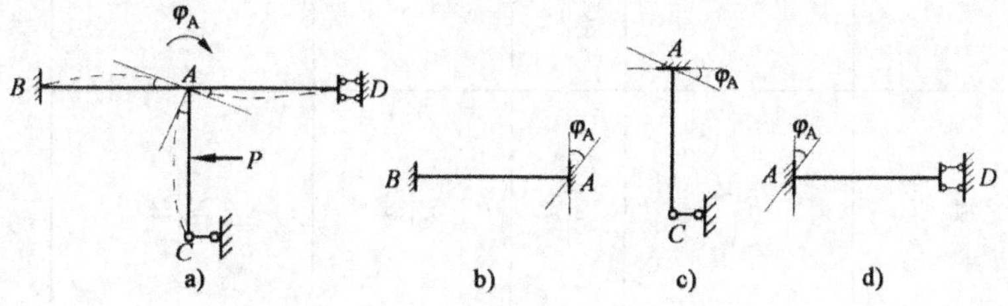

图　10-8

在位移法中，杆端弯矩的符号规定为：加于杆端的弯矩以顺时针方向为正；其反作用力（矩）则加于结点或支座，为逆时针方向。

等截面直杆的转角位移方程可以应用力法求出，或参照表 10-1 应用叠加法求出。以下是常见三种单跨静定梁的转角位移方程。

1. 两端固定梁

超静定结构中，凡两端与刚结点或固定支座（固定端）联结的杆件，均可看作是两端固定梁。如图 10-1a）中的 BA、BC 杆。

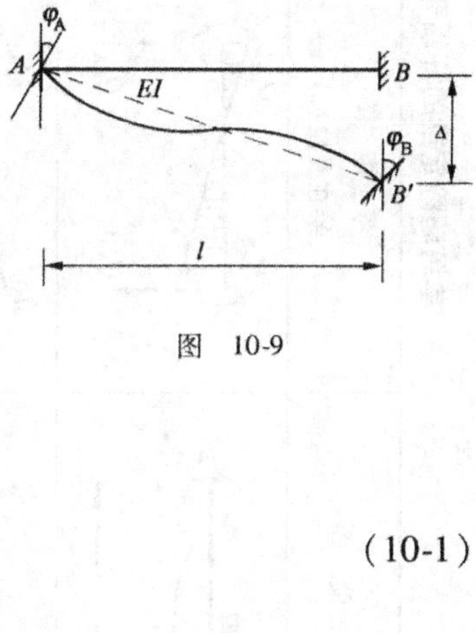

图　10-9

图 10-9 所示两端固定的等截面梁，其抗弯刚度为 EI，跨度为 l。已知杆端 A 和 B 的角位移分别为 φ_A 和 φ_B，两端垂直于杆轴线的相对线位移为 Δ（简称侧移，注意：杆件沿平行或垂直于杆轴线平行移动时不引起杆端弯矩）。这种超静定梁的转角位移方程为

$$\left.\begin{aligned} M_{AB} &= 4i\varphi_A + 2i\varphi_B - \frac{6i}{l}\Delta + M_{AB}^F \\ M_{BA} &= 2i\varphi_A + 4i\varphi_B - \frac{6i}{l}\Delta + M_{BA}^F \end{aligned}\right\} \tag{10-1}$$

式中：　i——称作线刚度，$i=\dfrac{EI}{l}$；

M_{AB}^F、M_{BA}^F——称作固端弯矩，可查表 10-1 求出。

具体推导过程从略。

表 10-1 给出了各种荷载作用下的杆端弯矩和剪力值，称作固端弯矩和固端剪力。

2. 一端固定一端铰支梁

凡是一端与固定支座或刚结点联结，另一端与铰支座、可动铰支座、铰结点联结的杆件均可看作是这类梁。如图 10-8a）的 AC 杆。

图 10-10 所示一端固定一端铰支的等截面梁，其抗弯刚度为 EI，跨度为 l。已知杆端 A 的角位移为 φ_A，AB 两端垂直于杆轴线的相对线位移为 Δ。这种超静定梁的转角位移方程为

单跨超静定梁的杆端弯矩和剪力

表 10-1

支座情况	编号	梁的简图	弯矩图（绘在受拉边）	弯矩 M_{AB}	弯矩 M_{BA}	剪力 Q_{AB}	剪力 Q_{BA}
两端固定	1	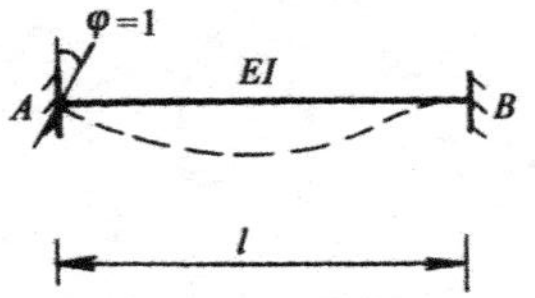	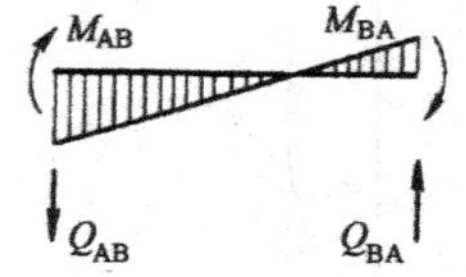	$4i$ （$i=\frac{EI}{l}$，下同）	$2i$	$-\frac{6i}{l}$	$-\frac{6i}{l}$
两端固定	2	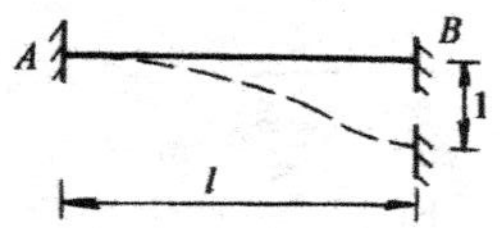	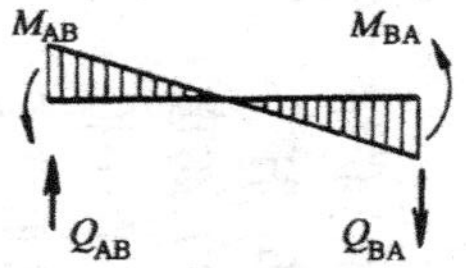	$-\frac{6i}{l}$	$-\frac{6i}{l}$	$\frac{12i}{l^2}$	$\frac{12i}{l^2}$
两端固定	3	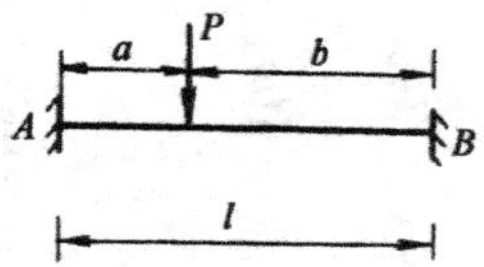	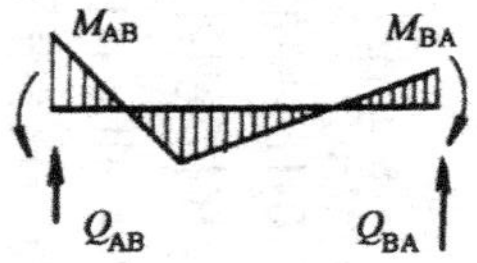	$-\frac{Pab^2}{l^2}$	$\frac{Pa^2b}{l^2}$	$\frac{Pb^2(l+2a)}{l^3}$	$-\frac{Pa^2(l+2b)}{l^3}$
				当 $a=b=\frac{l}{2}$ $-\frac{Pl}{8}$	$\frac{Pl}{8}$	$\frac{P}{2}$	$-\frac{P}{2}$
两端固定	4	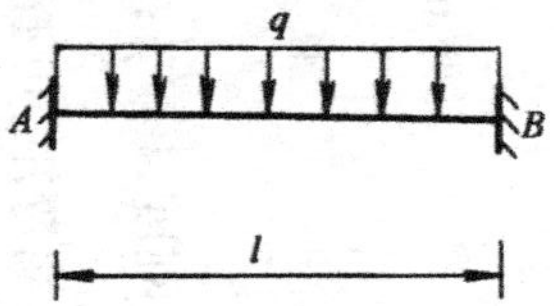	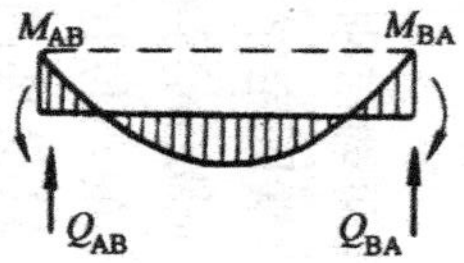	$-\frac{ql^2}{12}$	$\frac{ql^2}{12}$	$\frac{ql}{2}$	$-\frac{ql}{2}$
两端固定	5	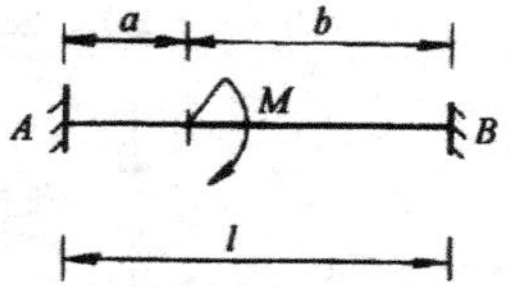	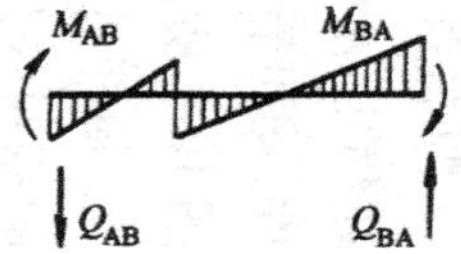	$M\frac{b(2l-3b)}{l^2}$	$M\frac{a(2l-3a)}{l^2}$	$-M\frac{6ab}{l^2}$	$-M\frac{6ab}{l^3}$

续上表

支座情况	编号	梁的简图	弯矩图（绘在受拉边）	弯矩 M_{AB}	弯矩 M_{BA}	剪力 Q_{AB}	剪力 Q_{BA}
一端固定，另端铰支	6	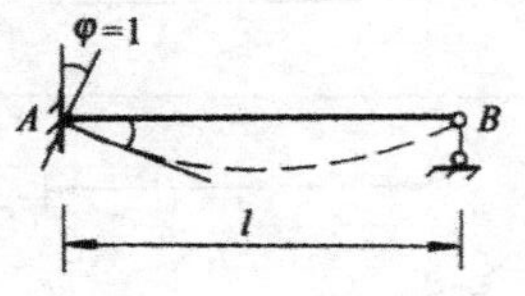	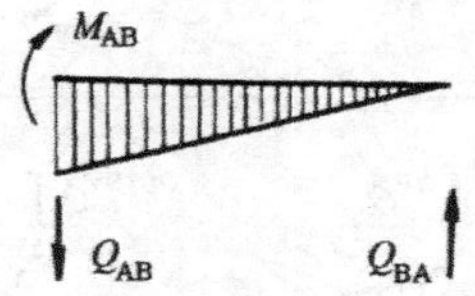	$3i$	0	$-\frac{3i}{l}$	$-\frac{3i}{l}$
	7	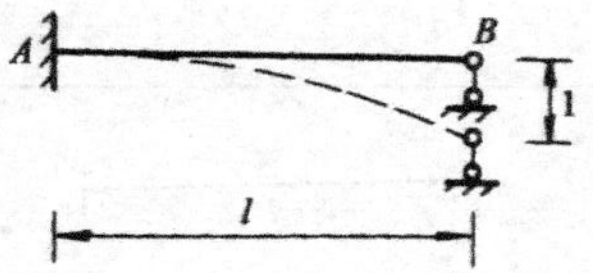	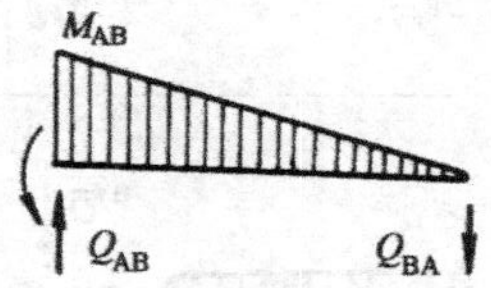	$-\frac{3i}{l}$	0	$\frac{3i}{l^2}$	$\frac{3i}{l^2}$
	8	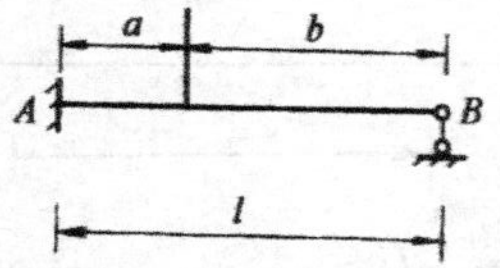	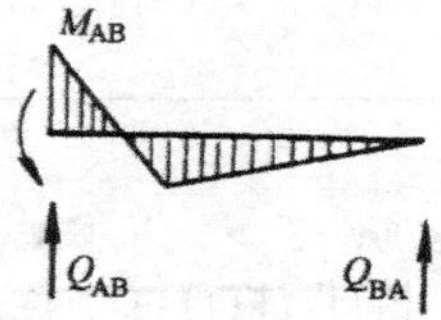	$-\frac{Pab(l+b)}{2l^2}$	0	$\frac{Pb(3l^2-b^2)}{2l^3}$	$-\frac{Pa^2(2l+b)}{2l^3}$
				当 $a=b=\frac{l}{2}$ $-\frac{3Pl}{16}$	0	$\frac{11P}{16}$	$-\frac{5P}{16}$
	9	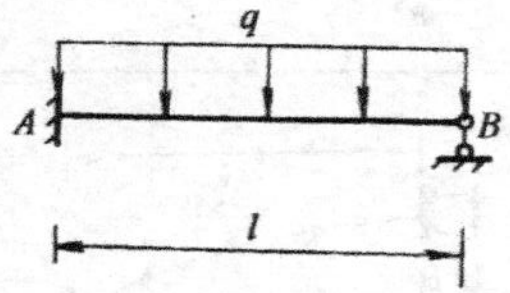	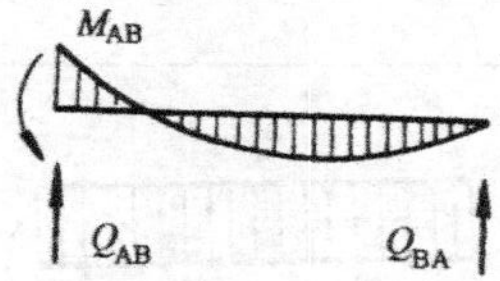	$-\frac{ql^2}{8}$	0	$\frac{5ql}{8}$	$-\frac{3ql}{8}$
	10	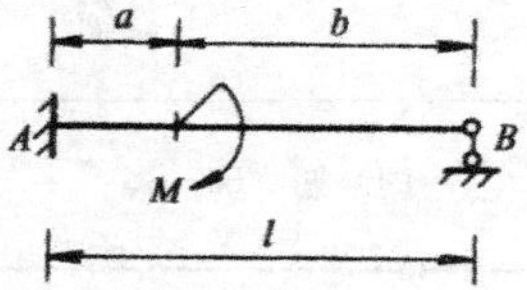	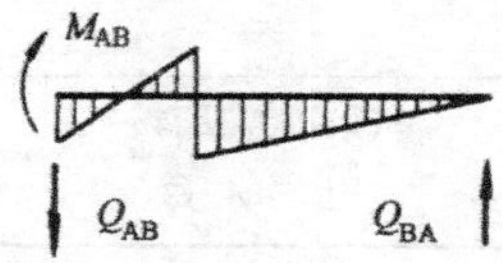	$M\frac{l^2-3b^2}{2l^2}$	0	$-M\frac{3(l^2-b^2)}{2l^3}$	$-M\frac{3(l^2-b^2)}{2l^3}$
				当 $a=l$，$\frac{M}{2}$	M	$-M\frac{3}{2l}$	$-M\frac{3}{2l}$

续上表

支座情况	编号	梁的简图	弯矩图（绘在受拉边）	弯矩 M_{AB}	弯矩 M_{BA}	剪力 Q_{AB}	剪力 Q_{BA}
一端固定，另端定向	11	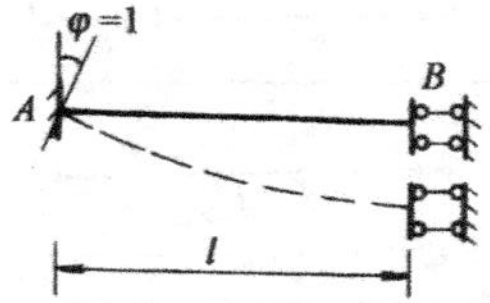	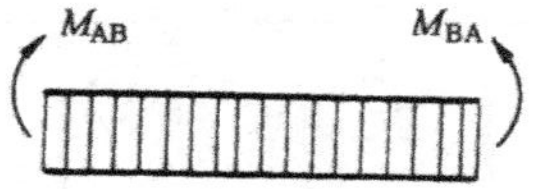	i	$-i$	0	0
	12	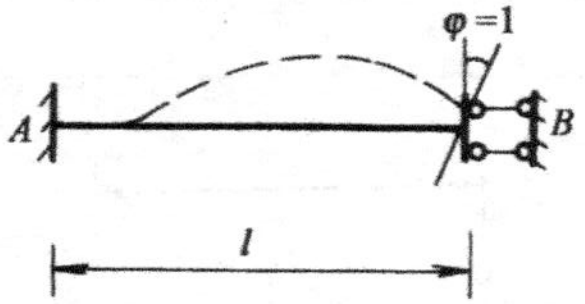	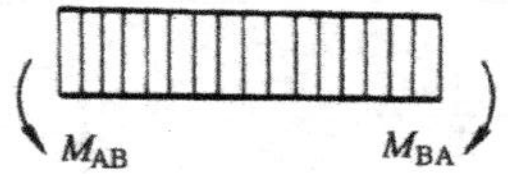	$-i$	i	0	0
	13	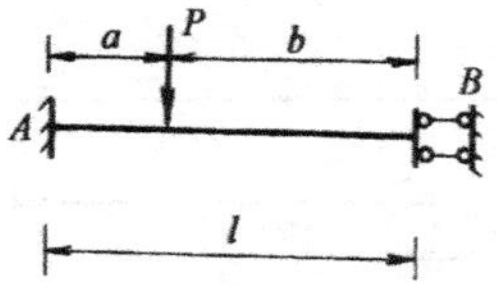	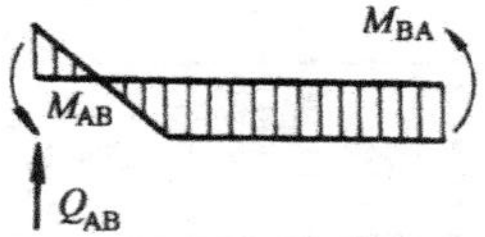	$-\frac{Pa}{2l}(2l-a)$	$-\frac{Pa^2}{2l}$	P	0
				当 $a=\frac{l}{2}$，$-\frac{3Pl}{8}$	$-\frac{Pl}{8}$	P	0
	14	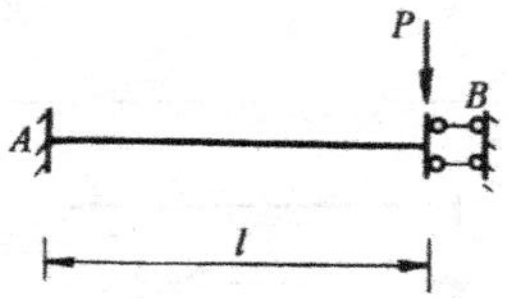	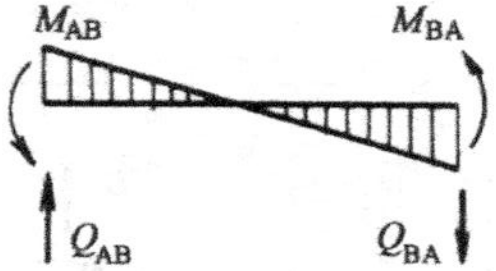	$-\frac{Pl}{2}$	$-\frac{Pl}{2}$	P	P
	15	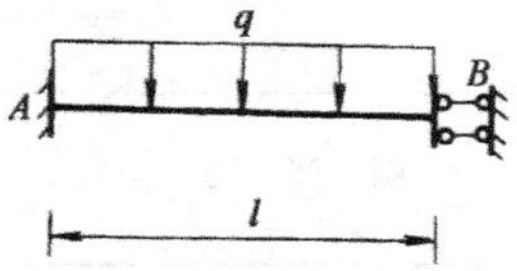	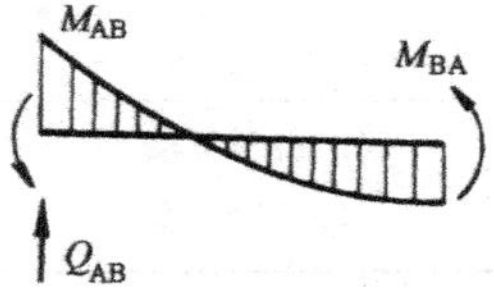	$-\frac{ql^2}{3}$	$-\frac{ql^2}{6}$	ql	0

$$\left.\begin{aligned} M_{AB} &= 3i\varphi_A - \frac{3i}{l}\Delta + M_{AB}^F \\ M_{BA} &= 0 \end{aligned}\right\} \tag{10-2}$$

式中符号同前。

3. 一端固定一端为定向支座的梁

凡是一端与固定支座或刚结点联结，另一端与定向支座联结的杆件均可看作是这类梁。如图 10-8a）的 *AD* 杆。图 10-11 所示一端固定一端为定向支座的等截面梁，当已知 φ_A时，这种超静定梁的转角位移方程为

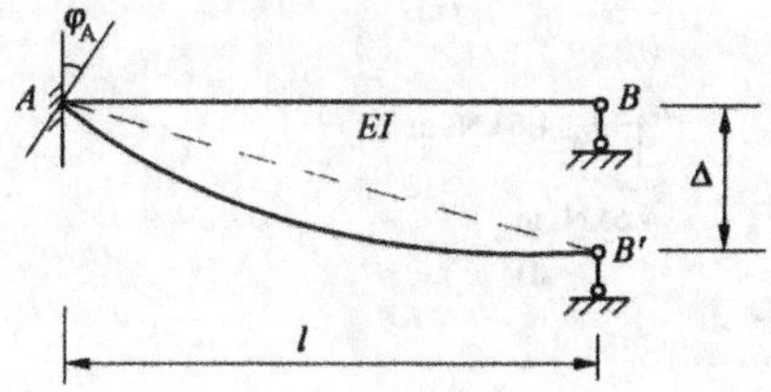

图 10-10

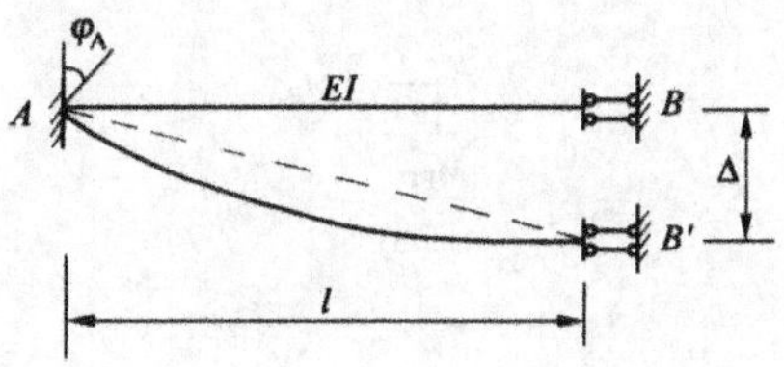

图 10-11

$$\left.\begin{aligned} M_{AB} &= i\varphi_A + M_{AB}^F \\ M_{BA} &= -i\varphi_A + M_{BA}^F \end{aligned}\right\} \tag{10-3}$$

"Δ"与 φ_A 相关的线位移。

式中符号同前。为了应用方便，表 10-1 列出了以上三种单跨超静定梁在各种不同荷载、位移情况下的杆端弯矩和杆端剪力值，供读者使用。

§10-3 位移法的应用

位移法的基本未知量是结点角位移或结点线位移，那么我们怎样才能求出这些结点位移呢？

超静定结构的解答应满足平衡条件和变形连续条件。位移法确定基本未知量时已满足了变形连续条件，所以我们就应该应用平衡方程确定基本未知量。下面我们用一个例子来说明位移法的解题步骤。

【例 10-5】 试用位移法解图 10-12a）所示超静定刚架，作出弯矩图。已知横梁的惯性矩为 $2I_0$，柱的惯性矩为 I_0，荷载及尺寸如图所示。

解：（1）确定基本未知量。

图示刚架只有一个刚结点 *B*，因此只有一个角位移 φ_B，没有线位移。

（2）写出各杆的转角位移方程。

设 *BC* 杆的线刚度 $i = \dfrac{EI_0}{4}$，则 *AB* 杆的线刚度为$\dfrac{2EI_0}{4} = 2i$。因此各杆的转角位移方程如下

$$M_{AB} = 0$$

$$M_{BA} = 3 \cdot 2i\varphi_B - \frac{3Pl}{16} = 3i\varphi_B - \frac{3 \times 10 \times 4}{16} = 6i\varphi_B - 7.5$$

$$M_{BC} = 4i\varphi_B + \frac{ql^2}{12} = 4i\varphi_B + \frac{2 \times 4^2}{12} = 4i\varphi_B + 2.67$$

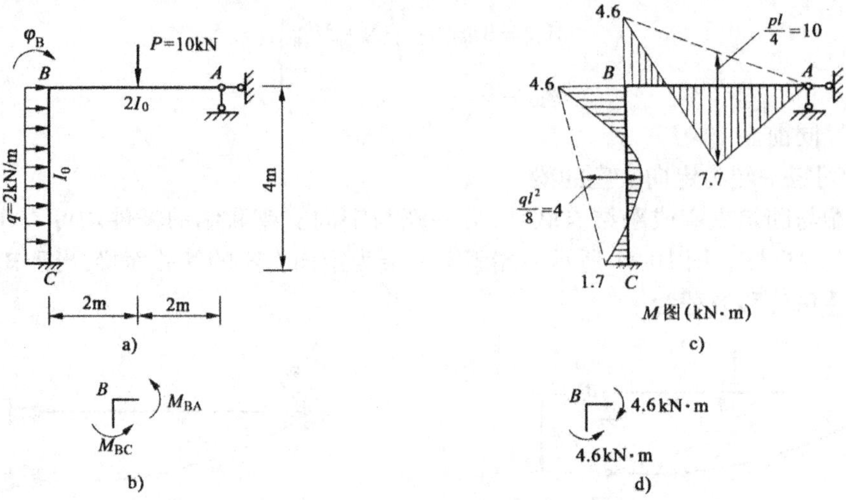

图 10-12

$$M_{CB}=2i\varphi_B-\frac{ql^2}{12}=2i\varphi_B-\frac{2\times4^2}{12}=2i\varphi_B-2.67$$

(3)建立位移法的基本方程。

取刚结点 B 为隔离体,如图 10-12b),刚结点 B 在力矩 M_{BA}、M_{BC}作用下处于平衡状态,所以有平衡方程$\sum M_B=0$ 成立,故

$$M_{BA}+M_{BC}=0$$

即

$$6i\varphi_B-7.5+4i\varphi_B+2.67=0$$

整理得

$$10i\varphi_B-4.83=0$$

(4)解方程求出基本未知量。

$$i\varphi_B=0.483(\downarrow)$$

(5)将求出的 $i\varphi_B$代回转角位移方程。求得各杆端弯矩如下

$M_{AB}=0$ $\qquad$ $M_{BA}=6\times0.483-7.5=-4.60\text{kN·m}$

$M_{BC}=4\times0.483+2.67=4.60\text{kN·m}$ $\qquad$ $M_{CB}=2\times0.483-2.67=-1.70\text{kN·m}$

(6)根据杆端弯矩和各杆荷载。应用区段叠加法作出弯矩图,如图 10-12c)所示。

(7)根据弯矩图作出其他内力图。本题略。

(8)校核。

位移法一般用平衡条件进行校核。若取刚结点 B 为隔离体,如图 10-12d)所示(杆端剪力和轴力未画出)。

$$\sum M_B=M_{BA}+M_{BC}=-4.60+4.60=0$$

若已求出了剪力图、轴力图,也可以取某杆为隔离体进行校核,此处略。

综上所述,用位移法求解超静定结构与例 10-5 的步骤基本相同。

【例 10-6】 试用位移法求解图 10-13a)所示超静定刚架,作出弯矩图。已知横梁的惯性矩为 $2I$,柱的惯性矩为 I,q 及 l 均为已知数。

解:(1)确定基本未知量。图示刚架有两个角位移 φ_1 和 φ_2,没有线位移。

(2)写出各杆的转角位移方程。

杆 $1A$、$2B$ 的线刚度为 $i_{1A}=i_{1B}=\dfrac{EI}{l}=i$，则杆 12、$2C$ 的线刚度为 $2i$。

$$M_{A1}=2i\varphi_1$$
$$M_{1A}=4i\varphi_1$$
$$M_{12}=4\cdot 2i\varphi_1+2\cdot 2i\varphi_2=8i\varphi_1+4i\varphi_2$$
$$M_{21}=2\cdot 2i\varphi_1+4\cdot 2i\varphi_2=4i\varphi_1+8i\varphi_2$$
$$M_{2B}=4i\varphi_2$$
$$M_{B2}=2i\varphi_2$$
$$M_{2C}=4\cdot 2i\varphi_2-\frac{ql^2}{12}=8i\varphi_2-\frac{ql^2}{12}$$
$$M_{C2}=2\cdot 2i\varphi_2+\frac{ql^2}{12}=4i\varphi_2+\frac{ql^2}{12}$$

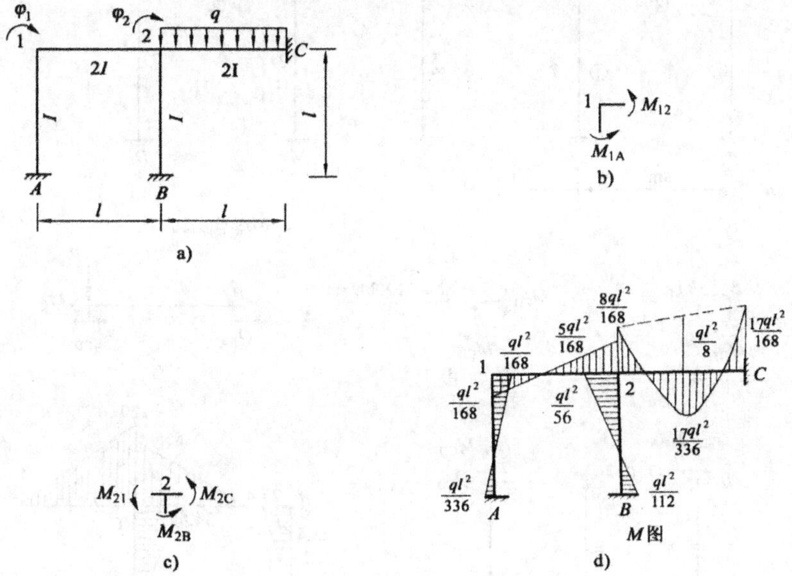

图 10-13

(3)建立位移法的基本方程。取刚结点 1、2 为隔离体，如图 10-13b)、c)所示，得位移法的基本方程为

$\sum M_1=0$　　$M_{1A}+M_{12}=0$　　$4i\varphi_1+8i\varphi_1+4i\varphi_2=0$

$$12i\varphi_1+4i\varphi_2=0 \quad ①$$

$\sum M_2=0$　　$M_{21}+M_{2B}+M_{2C}=0$　　$4i\varphi_1+8i\varphi_2+4i\varphi_2+8i\varphi_2-\dfrac{ql^2}{12}=0$

$$4i\varphi_1+20i\varphi_2-\frac{ql^2}{12}=0 \quad ②$$

(4)解联立方程①和②求得 $i\varphi_1$ 和 $i\varphi_2$。

$$i\varphi_1=-\frac{ql^2}{672}(\uparrow) \qquad i\varphi_2=\frac{ql^2}{224}(\downarrow)$$

(5)将 φ_1 和 φ_2 代回转角位移方程，求出各杆端弯矩如下

$$M_{A1}=-\frac{ql^2}{336} \qquad M_{1A}=-\frac{ql^2}{168}$$

$$M_{12}=\frac{ql^2}{168}\qquad M_{21}=\frac{5ql^2}{168}$$

$$M_{2B}=\frac{ql^2}{56}\qquad M_{B2}=\frac{ql^2}{112}$$

$$M_{2C}=-\frac{8ql^2}{168}\qquad M_{C2}=\frac{17ql^2}{168}$$

(6)按杆端弯矩及杆上荷载,应用区端叠加法作出弯矩图如图 10-13d)所示。

(7)校核(略)。

【例 10-7】 试用位移法求解图 10-14a)所示超静定刚架,并作出刚架的弯矩图。图中圆圈内的数值为各杆的相对线刚度。

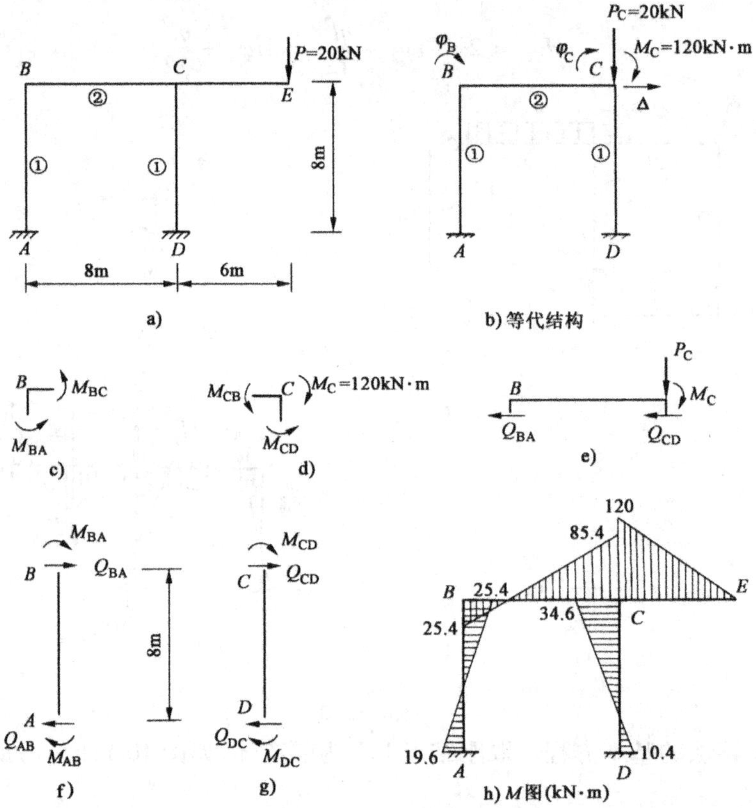

图 10-14

解:(1)悬出部分的处理:此刚架右边悬臂部分 CE 杆的内力是静定的,分析时可将其切断,把悬臂杆上的集中力 P 等效的转化为作用在结点 C 上的集中力 $P_C=20\text{kN}$ 和集中力偶 $M_C=120\text{kN}\cdot\text{m}$,得到图 10-14b)的等代结构。

(2)确定基本未知量:此刚架有两个角位移 φ_B 和 φ_C,有一个线位移 Δ,如图 10-14b)所示。

(3)写出各杆的转角位移方程

$$M_{AB}=2\times\varphi_B-\frac{6\times1}{8}\Delta=2\varphi_B-\frac{3}{4}\Delta$$

$$M_{BA}=4\times\varphi_B-\frac{6\times1}{8}\Delta=4\varphi_B-\frac{3}{4}\Delta$$

$$M_{BC}=4\times2\varphi_B+2\times2\varphi_C=8\varphi_B+4\varphi_C$$

$$M_{CB}=4\times2\varphi_C+2\times2\varphi_B=8\varphi_C+4\varphi_B$$

$$M_{CD}=4\times\varphi_C-\frac{6\times1}{8}\Delta=4\varphi_C-\frac{3}{4}\Delta$$

$$M_{DC}=2\times\varphi_C-\frac{6\times1}{8}\Delta=2\varphi_C-\frac{3}{4}\Delta$$

(4)建立位移法基本方程：

结点 B、C 的隔离体图如图 10-14c)、d)所示，结点力矩平衡方程为

$$\sum M_B=0 \qquad M_{BA}+M_{BC}=0$$

$$4\varphi_B-\frac{3}{4}\Delta+8\varphi_B+4\varphi_C=0$$

$$12\varphi_B+4\varphi_C-\frac{3}{4}\Delta=0 \qquad ①$$

$$\sum M_C=0 \qquad M_{CB}+M_{CD}+M_C=0$$

$$8\varphi_C+4\varphi_B+4\varphi_C-\frac{3}{4}\Delta-120=0$$

$$4\varphi_B+12\varphi_C-\frac{3}{4}\Delta-120=0 \qquad ②$$

用一个截面沿杆 BA、CD 的上端截开，得其受力图如图 10-14e)所示(图中未画弯矩与轴力)，得到平衡方程 $\sum X=0$，因此有

$$Q_{BA}+Q_{CD}=0$$

而 Q_{BA}、Q_{CD} 又可以取杆 AB、CD 的隔离体求出，如图 10-14f)、g)所示。

$$Q_{BA}=-\frac{1}{8}(M_{AB}+M_{BA})$$

$$Q_{CD}=-\frac{1}{8}(M_{CD}+M_{DC})$$

将此二式代入 $\sum X=0$ 得

$$-\frac{1}{8}(M_{AB}+M_{BA})-\frac{1}{8}(M_{CD}+M_{DC})=0$$

$$M_{AB}+M_{BA}+M_{CD}+M_{DC}=0$$

即

$$6\varphi_B+6\varphi_C-3\Delta=0 \qquad ③$$

(5)解联立方程①、②、③得

$$\varphi_B=-2.88\ (\uparrow)$$

$$\varphi_C=12.12(\downarrow)$$

$$\Delta=18.46(\rightarrow)$$

(6)将解出的 φ_B、φ_C、Δ 代回转角位移方程求出杆端弯矩

$M_{AB}=-19.6\text{kN}\cdot\text{m}$　　$M_{BA}=-25.4\text{kN}\cdot\text{m}$

$M_{BC}=25.4\ \text{kN}\cdot\text{m}$　　$M_{CB}=85.4\ \text{kN}\cdot\text{m}$

$M_{CD}=34.6\ \text{kN}\cdot\text{m}$　　$M_{DC}=10.4\ \text{kN}\cdot\text{m}$

$M_{CE}=-120\ \text{kN}\cdot\text{m}$　　$M_{EC}=0$

(7)根据杆端弯矩绘出弯矩图，如图 10-14h)所示。绘图时别忘了右边的悬出部分。

(8)校核：可取结点 B 或 C 进行校核，也可取某段杆进行校核，读者可自己进行。

【例 10-8】 试用位移法求解图 10-15a)所示连续梁,并作出内力图,求出支座反力。各跨相对刚度依次为 $i_{AB}=2, i_{BC}=3, i_{CD}=1$。

解:(1)确定基本未知量:本例中有两个角位移 φ_B 和 φ_C,没有线位移。

(2)写出各杆的转角位移方程

$$M_{AB}=0$$

$$M_{BA}=3i_{AB}\varphi_B+\frac{ql^2}{8}=6\varphi_B+9$$

$$M_{BC}=4i_{BC}\varphi_B+2i_{BC}\varphi_C-\frac{Pab^2}{l^2}=12\varphi_B+6\varphi_C-16$$

$$M_{CB}=4i_{BC}\varphi_C+2i_{BC}\varphi_B+\frac{Pa^2b}{l^2}=12\varphi_C+6\varphi_B+8$$

$$M_{CD}=4i_{CD}\varphi_C=4\varphi_C$$

$$M_{DC}=2i_{CD}\varphi_C=2\varphi_C$$

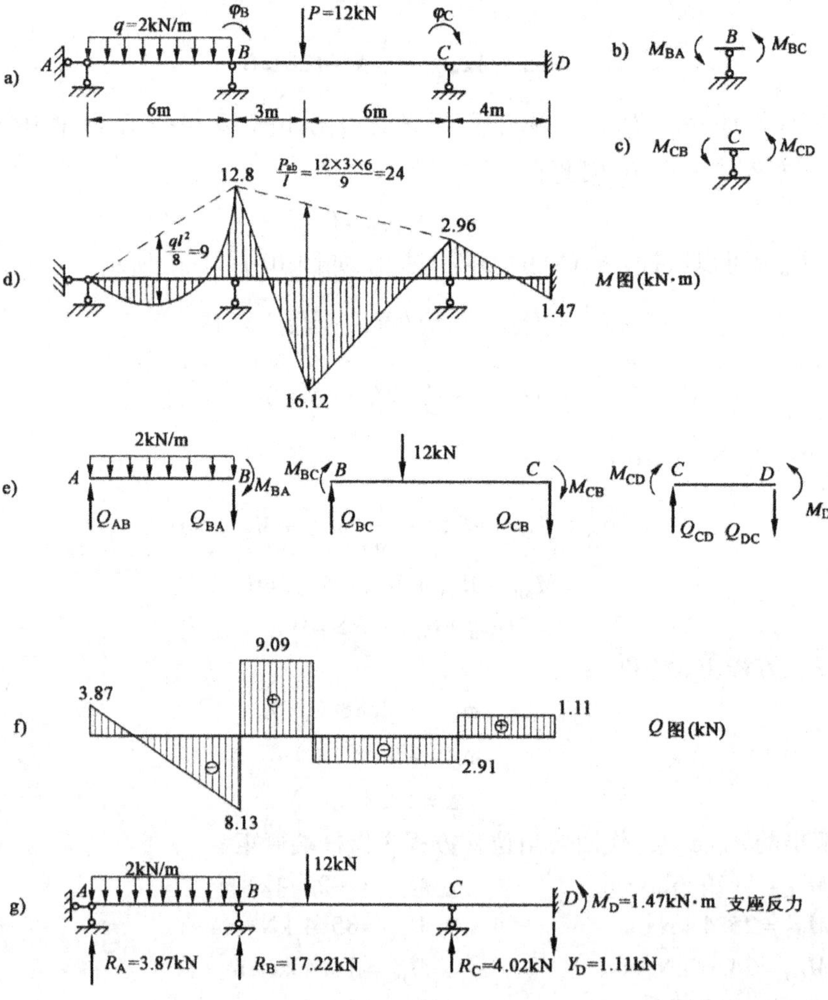

图 10-15

(3)建立位移法基本方程:分别取结点 B 和 C 为隔离体,如图 10-15b)、c)所示。

$$\sum M_B=0 \qquad M_{BA}+M_{BC}=0$$

$$6\varphi_B + 9 + 12\varphi_B + 6\varphi_C - 16 = 0$$

$$18\varphi_B + 6\varphi_C - 7 = 0 \qquad ①$$

$$\sum M_C = 0 \qquad M_{CB} + M_{CD} = 0$$

$$12\varphi_C + 6\varphi_B + 8 + 4\varphi_C = 0$$

$$6\varphi_B + 16\varphi_C + 8 = 0 \qquad ②$$

(4)解方程组 ①、②得

$$\varphi_B = 0.635(\downarrow) \qquad \varphi_C = -0.738(\uparrow)$$

(5)将 φ_B、φ_C代回转角位移方程求出杆端弯矩

$M_{BA} = 12.8\text{kN}\cdot\text{m}$ $\qquad M_{BC} = -12.8\text{kN}\cdot\text{m}$

$M_{CB} = 2.96\text{kN}\cdot\text{m}$ $\qquad M_{CD} = -2.96\text{kN}\cdot\text{m}$

$M_{DC} = -1.47\text{kN}\cdot\text{m}$

(6)根据杆端弯矩作出弯矩图,如图 10-15d)。

(7)取各杆为隔离体,如图 10-15e)所示,求出杆端剪力如下,由此作出剪力图,如图 10-15f)所示。

$$Q_{AB} = \frac{1}{6}(2\times6\times3 - 12.8) = 3.87\text{kN}$$

$$Q_{BA} = -\frac{1}{6}(12.8 + 2\times6\times3) = -8.13\text{kN}$$

$$Q_{BC} = \frac{1}{9}(12.8 + 12\times6 - 2.96) = 9.09\text{kN}$$

$$Q_{CB} = \frac{1}{9}(12.8 - 12\times3 - 2.96) = -2.91\text{kN}$$

$$Q_{CD} = \frac{1}{4}(2.96 + 1.47) = 1.11\text{kN}$$

$$Q_{DC} = \frac{1}{4}(2.96 + 1.47) = 1.11\text{kN}$$

(8)根据内力图求出支座反力,如图 10-15g)所示。

$R_A = 3.87\text{kN}(\uparrow)$

$R_B = 17.22\text{kN}(\uparrow)$

$R_C = 4.02\text{kN}(\uparrow)$

$Y_D = 1.11\text{kN}(\downarrow)$

$M_D = 1.47\text{kN}\cdot\text{m}(\uparrow)$

(9)校核:

$$\sum_Y = R_A + R_B + R_C - R_D - 2\times6 - 12 = 0$$

§10-4 对称性的应用

力法可以应用对称性简化计算,位移法和力法一样,也可以应用对称性简化计算,使用的条件是:结构本身在形状、尺寸、材料和支座情况方面都是以同一截面对称的。对称结构在对称荷载作用下只存在对称的内力和对称的位移,而反对称的内力和位移为零。对称结构在反对称荷载作用下,只存在反对称的内力和位移,而对称的内力和位移为零。

如图 10-16 所示超静定刚架,在对称荷载作用下处于对称位置结点的角位移 φ_A 和 φ_B 具有

大小相等、方向相反的性质；同理，φ_C 和 φ_D 也具有这种性质。即

$$\varphi_A = -\varphi_B$$

$$\varphi_C = -\varphi_D$$

又如图 10-17 所示超静定刚架，在反对称荷载作用下处于对称位置结点的角位移 φ_A 和 φ_D 具有大小相等、方向相同的性质，即

$$\varphi_A = \varphi_C$$

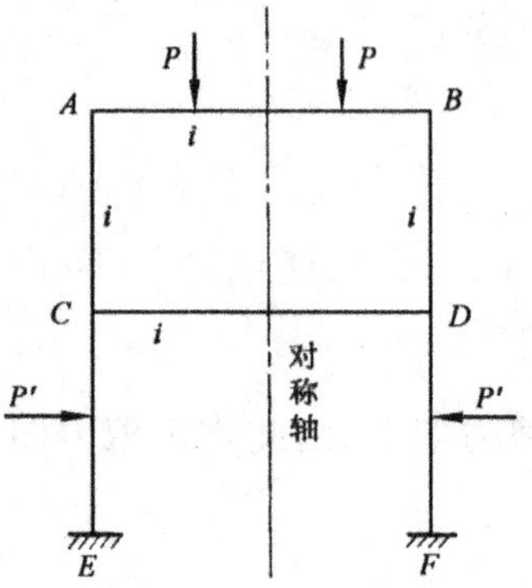

图 10-16

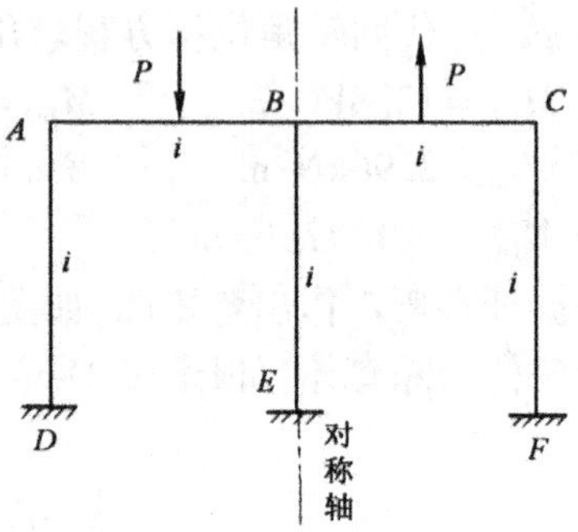

图 10-17

根据上述对称结构在对称荷载和反对称荷载作用下内力和位移的性质，可以将计算简图加以简化，只需沿对称轴取半边结构即可进行计算。下面介绍半边结构的取法。

一、半边结构的取法

1. 对称荷载作用时

根据对称性特性，对于奇数跨受对称荷载的刚架，如图 10-18a）所示，对称轴上的截面 E 没有水平位移和转角，只有竖向位移，故计算简图可以取图 10-18b），E 端为既不能转动又不能水平移动的定向支座，此时只有一个基本未知量 φ_A。

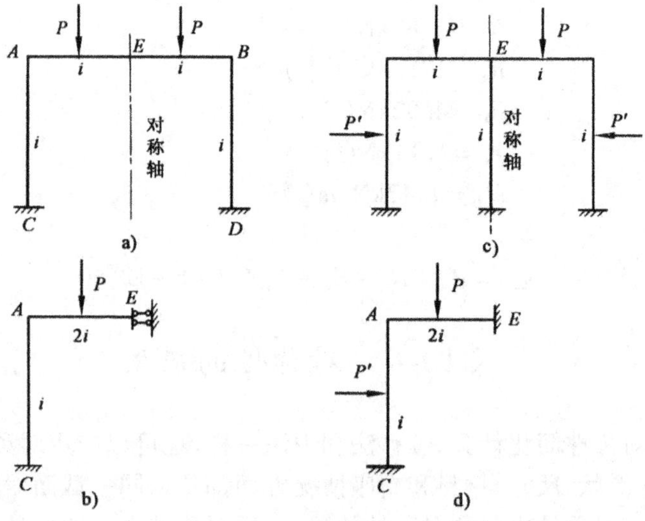

图 10-18

对于偶数跨的刚架，如图 10-18c），由于对称轴上的结点 E 不能发生转动和移动，因此 E

点相当于没有角位移和线位移的固定端，因此半边结构可以取成图 10-18d）的形式，此时只有一个基本未知量 φ_A。注：被截断横杆的长度只有原来的一半，因此其线刚度应该是原来横梁的两倍，即 $i_{AE}=2i_{AB}$。

2. 反对称荷载作用时

根据反对称特性的结论，对于奇数跨的刚架，如图 10-19a）所示，在反对称荷载作用下，对称轴上的截面 E 没有竖向位移，但有转角和水平位移，相当于可动铰支座，计算简图可以取图 10-19b）的形式。注：被截断横杆的长度只有原来的一半，因此其线刚度应该是原来横梁的两倍，即 $i_{AE}=2\ i_{AB}$。

对于偶数跨的刚架，如图 10-19c）所示，对称轴上的结点 B 有水平位移和转角，没有竖向位移，中间杆 BE 有弯曲变形，此时若采用半边结构进行计算，会遇到 BE 杆刚度处理问题。因此，建议仍按原结构计算，但把 $\varphi_A=\varphi_C$，$\Delta_A=\Delta_B=\Delta_C$ 的关系考虑进去。

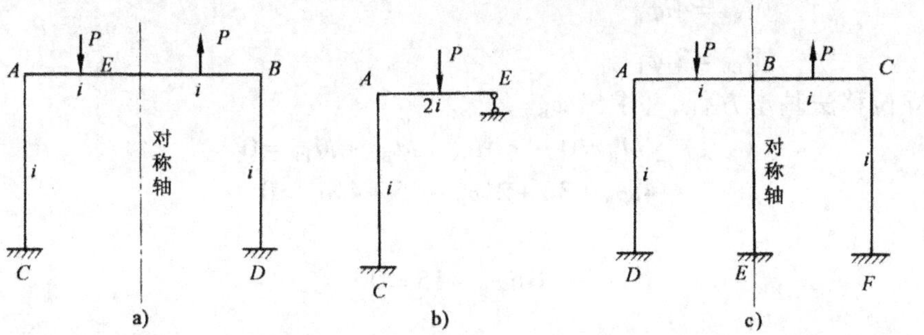

图 10-19

二、对称性应用示例

【例 10-9】 图 10-20a）所示刚架，承受对称荷载作用，EI = 常数，试应用对称性计算此刚架，作出弯矩图。

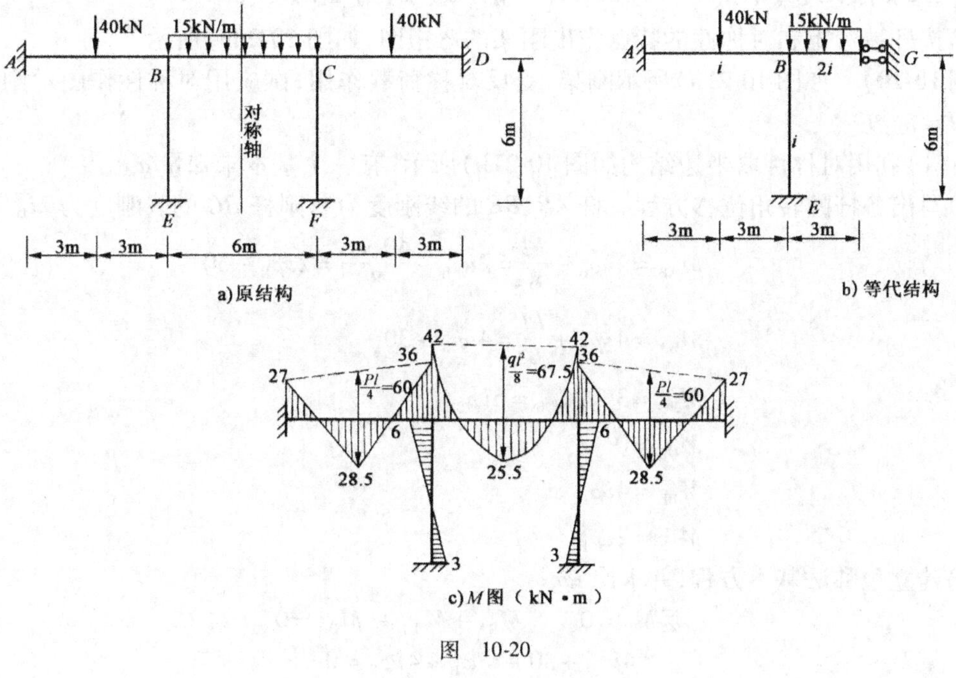

图 10-20

解：(1)由于结构是对称的，荷载也是以同一对称轴为对称的，因此可以取图10-20b)所示的半边结构，其位移法的基本未知量为 φ_B。

(2)写出杆端的转角位移方程：杆 AB、BE 的线刚度 $i=\dfrac{EI}{6}$，则杆 BG 的线刚度为 $2i$。

$$M_{AB}=2i\varphi_B-\frac{pl}{8}=2i\varphi_B-\frac{40\times6}{8}=2i\varphi_B-30$$

$$M_{BA}=4i\varphi_B+\frac{pl}{8}=4i\varphi_B+30$$

$$M_{BG}=2i\varphi_B-\frac{ql^2}{3}=2i\varphi_B-\frac{15\times3^2}{3}=2i\varphi_B-45$$

$$M_{GB}=-2i\varphi_B-\frac{ql^2}{6}=-2i\varphi_B-\frac{15\times3^2}{6}=-2i\varphi_B-22.5$$

$$M_{BE}=4i\varphi_B$$

$$M_{EB}=2i\varphi_B$$

(3)建立位移法基本方程，并求出 φ_B。

$$\sum M_B=0 \qquad M_{BA}+M_{BG}+M_{BE}=0$$

$$4i\varphi_B+30+2i\varphi_B-45+4i\varphi_B=0$$

整理得

$$10i\varphi_B-15=0$$

解得

$$i\varphi_B=1.5(\downarrow)$$

(4)将 $i\varphi_B$ 代回转角位移方程，求出各杆端弯矩

$M_{AB}=2\times1.5-30=-27\text{kN·m}$ $\qquad$ $M_{BA}=4\times1.5+30=36\text{kN·m}$

$M_{BC}=2\times1.5-45=-42\text{kN·m}$ $\qquad$ $M_{GB}=-2\times1.5-22.5=-25.5\text{ kN·m}$

$M_{BE}=4\times1.5=6\text{ kN·m}$ $\qquad$ $M_{EB}=2\times1.5=3\text{ kN·m}$

(5)按杆端弯矩和对称性的特点作出刚架的弯矩图，如图 10-20c)所示。

【例 10-10】 如图 10-21a)所示刚架，受反对称荷载作用，试应用对称性作图示刚架的弯矩图(EI=常数)。

解：(1)利用对称性取半边结构如图 10-21b)所示，有一个基本未知量 φ_B。

(2)写出各杆的转角位移方程。杆 AB、BE 的线刚度为 i，则杆 BG 的线刚度为 $2i$。

$$M_{AB}=2i\varphi_B-\frac{Pl}{8}=2i\varphi_B-\frac{40\times6}{8}=2i\varphi_B-30$$

$$M_{BA}=4i\varphi_B+\frac{Pl}{8}=4i\varphi_B+30$$

$$M_{BG}=3\cdot2i\varphi_B=6i\varphi_B$$

$$M_{GB}=0$$

$$M_{BE}=4i\varphi_B$$

$$M_{EB}=2i\varphi_B$$

(3)建立位移法基本方程，并求出 $i\varphi_B$。

$$\sum M_B=0 \qquad M_{BA}+M_{BG}+M_{BE}=0$$

$$4i\varphi_B+30+6i\varphi_B+4i\varphi_B=0$$

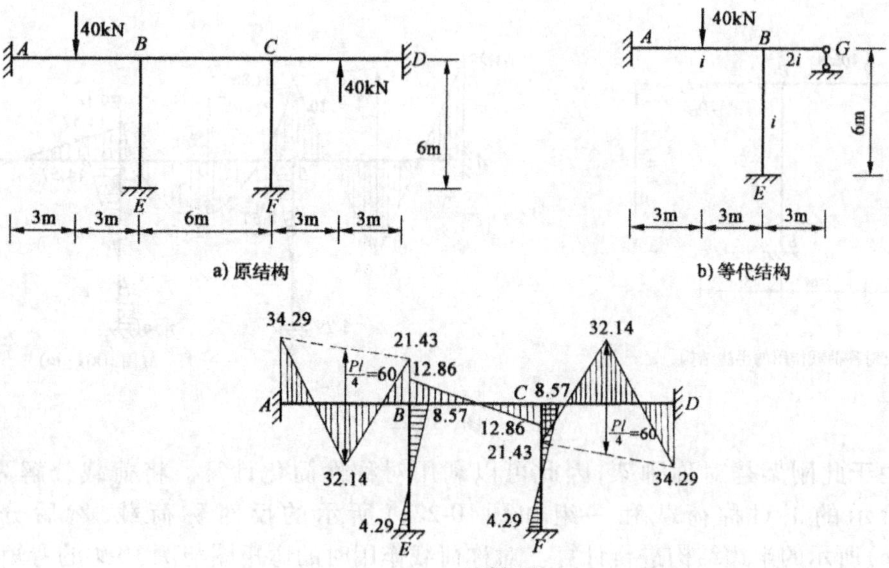

图 10-21

整理得

$$14i\varphi_B + 30 = 0$$

解得

$$i\varphi_B = -2.14(\uparrow)$$

(4)将 $i\varphi_B$ 代回转角位移方程，求出各杆端弯矩

$M_{AB} = -34.29\text{kN}\cdot\text{m}$ $M_{BA} = 21.43\text{kN}\cdot\text{m}$ $M_{BG} = -12.86\ \text{kN}\cdot\text{m}$

$M_{GB} = 0$ $M_{BE} = -8.57\ \text{kN}\cdot\text{m}$ $M_{EB} = -4.29\ \text{kN}\cdot\text{m}$

(5)根据杆端弯矩和反对称性的特点作出刚架的弯矩图，如图 10-21c)所示。

【例 10-11】 试计算图 10-22a)所示刚架，作出弯矩图。EI = 常数。

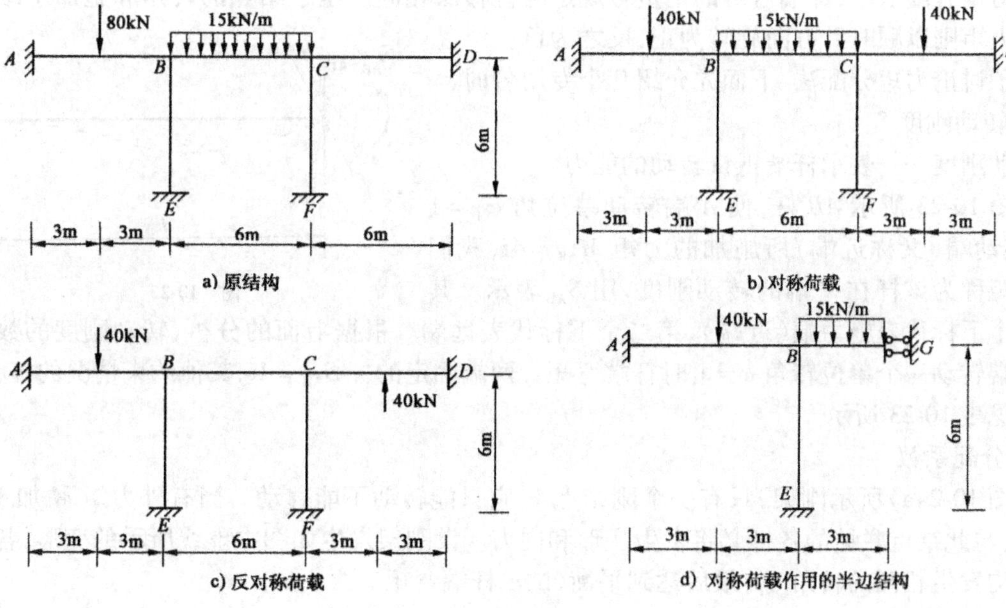

图 10-22

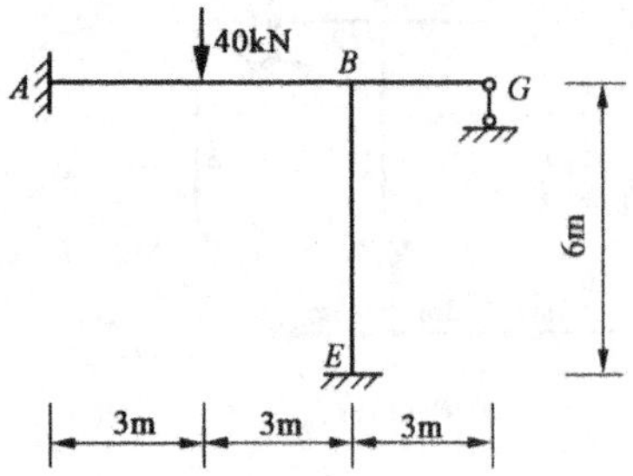

e) 反对称荷载作用的半边结构

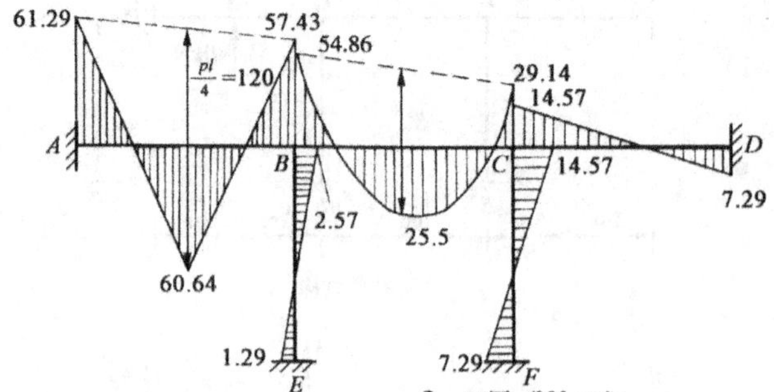

f) M图 (kN · m)

图 10-22

解:由于此刚架是对称刚架,因此可以利用对称性简化计算。将荷载分解为一组如图10-22b)所示的正对称荷载和一组如图10-22c)所示的反对称荷载,然后分别取如图10-22d)、e)所示的半边结构进行计算。对称荷载作用时的弯矩图与例10-9的弯矩图10-20c)完全相同,而反对称荷载作用时的弯矩图与例10-10的弯矩图10-21c)完全相同。应用叠加原理,将例10-9的弯矩图10-20c)与例10-10的弯矩图10-21c)叠加,即得如图10-22f)所示弯矩图,该图即为图10-22a)所示刚架的弯矩图。

§10-5 力矩分配法

力法和位移法是解超静定结构的两种基本方法。两法的共同特点都是要列方程和解联立方程,运算较繁。而力矩分配法无需解联立方程而直接计算出杆端弯矩,方法简便,适合手算,对于连续梁和无侧移刚架用力矩分配法计算,十分方便,是工程设计中常用的一种方法。这种方法是一种以位移法为基础的渐近法。

在力矩分配法中,杆端弯矩的正负号规定与位移法相同。至于结点的转角和施加于结点上的外力矩则以顺时针方向旋转为正,反之为负。

为了讨论力矩分配法,下面先介绍几个专用名词。

1. 转动刚度 S

转动刚度——表示杆端抵抗转动的能力。

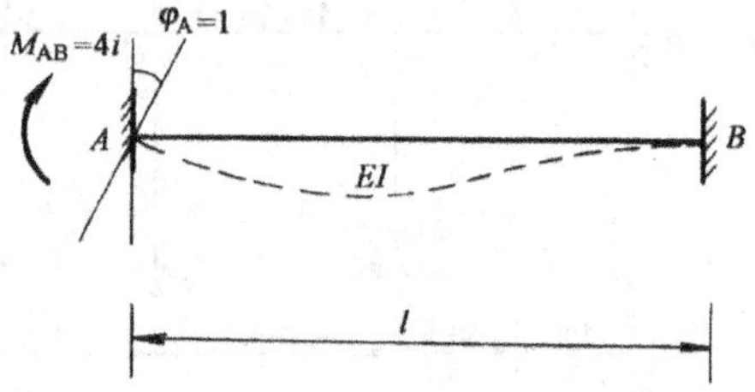

图 10-23

如图10-23所示 AB 杆,使 A 端转动单位角 $\varphi_A=1$ 时,在转动端(又称近端)所施加的力矩 $M_{AB}=4i$,我们把该力矩称为该杆在 A 端的转动刚度,用 S_{AB} 表示。其中第一个下标代表施力端(近端),第二个下标代表远端。根据上面的分析,转动刚度的数值等于杆端转动一个单位转角 $\varphi=1$ 时杆端弯矩。两端固定的杆 $S_{AB}=4i$,其他约束情况的杆,转动刚度见表10-23所示。

2. 分配系数

如图10-24a)所示刚架,只有一个刚结点1,它只能转动不能移动。当有外力矩 M 加于1结点时,与此结点联结的各杆必将发生变形和内力。设刚架发生如图中虚线所示的变形,各杆的1端均发生相同的转角 φ_1,最后达到平衡,试求杆端弯矩。

由转动刚度的定义可知

$$\begin{cases} M_{12} = S_{12}\varphi_1 \\ M_{13} = S_{13}\varphi_1 \\ M_{14} = S_{14}\varphi_1 \\ M_{15} = S_{15}\varphi_1 \end{cases} \tag{a}$$

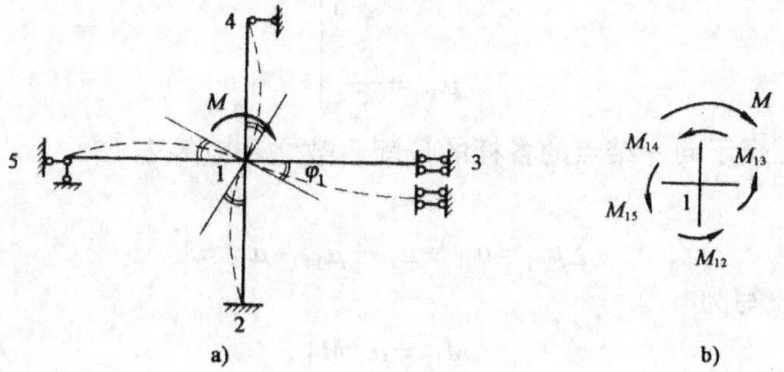

图 10-24

由结点 1 的平衡条件得

$$M = M_{12} + M_{13} + M_{14} + M_{15}$$

$$M = S_{12}\varphi_1 + S_{13}\varphi_1 + S_{14}\varphi_1 + S_{15}\varphi_1$$

$$M = (S_{12} + S_{13} + S_{14} + S_{15})\varphi_1$$

所以

$$\varphi_1 = \frac{M}{S_{12} + S_{13} + S_{14} + S_{15}} = \frac{M}{\sum\limits_{1} S_{1j}}$$

其中 $\sum\limits_{1} S_{1j}$ 为汇交于结点 1 的各杆在 1 端的转动刚度和，将 φ_1 代入(a)式得

$$\left.\begin{aligned} M_{12} &= \frac{S_{12}}{\sum\limits_{1} S} M \\ M_{13} &= \frac{S_{13}}{\sum\limits_{1} S} M \\ M_{14} &= \frac{S_{14}}{\sum\limits_{1} S} M \\ M_{15} &= \frac{S_{15}}{\sum\limits_{1} S} M \end{aligned}\right\} \tag{b}$$

由(b)式可知，各杆 1 端的弯矩与该杆端的转动刚度成正比，转动刚度愈大，则所承担的弯矩也愈大。

令

$$\mu_{1j} = \frac{S_{1j}}{\sum\limits_{1} S} \tag{10-4}$$

μ_{1j}称为 $1j$ 杆在 1 端的分配系数。各杆端的分配系数只依赖于各杆转动刚度的相对值，而与施加于结点上的外力矩的大小及正负无关。所以图 10-24a)所示刚架各杆的分配系数为

$$\left.\begin{aligned}\mu_{12}&=\frac{S_{12}}{\sum_{1} S}\\ \mu_{13}&=\frac{S_{13}}{\sum_{1} S}\\ \mu_{14}&=\frac{S_{14}}{\sum_{1} S}\\ \mu_{15}&=\frac{S_{15}}{\sum_{1} S}\end{aligned}\right\}$$

由上式可知,汇交于同一结点的各杆的分配系数之和应等于1。

即

$$\sum\mu_{1j}=\mu_{12}+\mu_{13}+\mu_{14}+\mu_{15}=1$$

于是(b)式可改写为

$$\left.\begin{aligned}M_{12}&=\mu_{12}M\\ M_{13}&=\mu_{13}M\\ M_{14}&=\mu_{14}M\\ M_{15}&=\mu_{15}M\end{aligned}\right\}$$

即

$$M_{1j}=\mu_{1j}M \tag{10-5}$$

由此可见,加于刚结点1的外力矩 M 按分配系数分配给各杆的1端(近端),我们形象地称其为分配弯矩。

3. 传递系数 C

如图10-24所示,当外力矩 M 加于结点1时,该结点发生转角 φ_1,于是各杆近端和远端都将产生杆端弯矩,这些杆端弯矩值如下

$$\begin{aligned}M_{12}&=4i_{12}\varphi_1 & M_{21}&=2i_{12}\varphi_1\\ M_{13}&=i_{13}\varphi_1 & M_{31}&=-i_{13}\varphi_1\\ M_{14}&=3i_{14}\varphi_1 & M_{41}&=0\\ M_{15}&=3i_{15}\varphi_1 & M_{51}&=0\end{aligned}$$

从这些杆端弯矩我们可以发现同一杆远端弯矩与近端弯矩的比例是一个常数,因此令

$$C=\frac{M_{j1}}{M_{1j}}\quad 或\quad C=\frac{远端M}{近端M}$$

C 称作传递系数,与远端支座情况有关。对等截面直杆来说,其数值如下:

远端固定支座 $C=\frac{1}{2}$;

远端定向支座 $C=-1$;

远端铰支座 $C=0$。

应用时,远端弯矩按下式计算

$$M_{j1}=C_{1j}M_{1j} \tag{10-6}$$

由于远端弯矩是由近端弯矩乘以传递系数求得的,因此我们形象地称它为传递弯矩。

等截面直杆的转动刚度和传递系数见表10-2。

等截面直杆的转动刚度和传递系数 表 10-2

	远端支承	转动刚度	传递系数
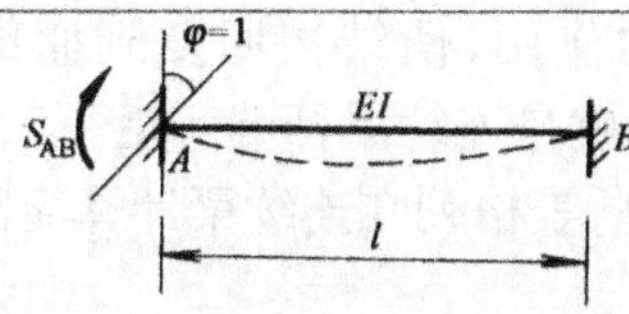	固定	$S_{AB}=4\frac{EI}{l}=4i$	$C=\frac{1}{2}$
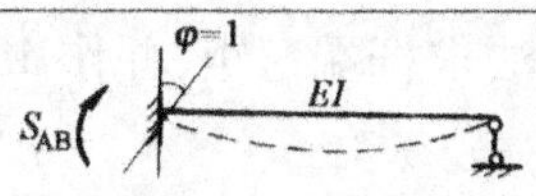	铰支	$S_{AB}=3\frac{EI}{l}=3i$	$C=0$
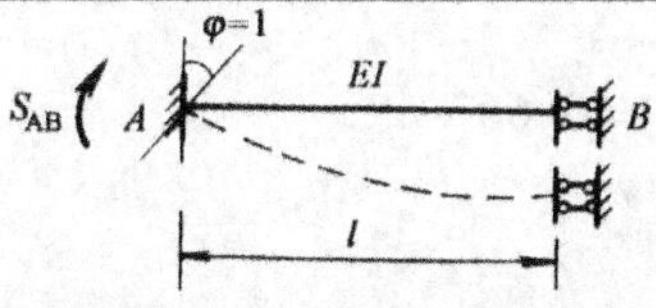	定向	$S_{AB}=\frac{EI}{l}=i$	$C=-1$

下面讨论力矩分配法对于只有一个结构角位移的结构如何利用力矩分配法进行计算。

如图 10-25a)所示连续梁，受荷载作用后，变形曲线如虚线所示，计算连续梁的杆端弯矩是力矩分配法的基本内容之一。

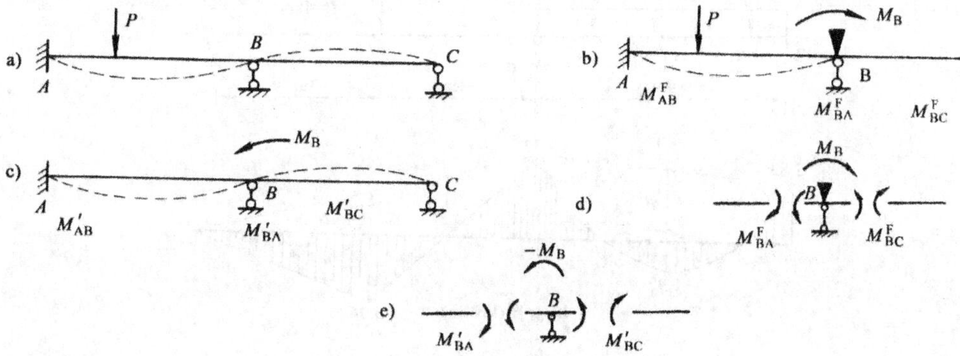

图 10-25

具体做法是，设想在结点 B 加上一个控制其转动的约束——附加刚臂，用符号“▼”表示，以阻止结点 B 发生转动，于是得到一个由单跨超静定梁组成的基本结构(图 10-25b)。然后把荷载作用在基本结构上，于是各杆端产生固端弯矩。(因 BC 段无荷载，所以 $M^F_{BC}=0$)在结点 B，各杆的固端弯矩一般是不能互相平衡的，这就必然会在刚臂上产生附加反力矩 M_B。其值可由图10-25d)所示结点 B 的弯矩平衡条件求得：

$$M_B=M^F_{BA}+M^F_{BC}$$

附加反力矩 M_B 称为结点上的不平衡力矩，它等于汇交于该结点各杆端的固端弯矩的代数和，以顺时针方向为正。

而图 10-25a)所示连续梁的结点 B 本来没有刚臂，也没有附加反力矩 M_B，因此图 10-25b)的固端弯矩并不是原结构在实际状态下的杆端弯矩，必须对此加以修正。修正的办法是放松结点 B，即在 B 结点上施加一个与 M_B 大小相等、方向相反的外力矩 M_B，以抵消刚臂作用。这个外力矩产生图 10-25c)所示的变形，同时使结点 B 发生转动。据前面所述，在结点 B 的杆近端得分配力矩 M'_{BA}、M'_{BC}[按式(10-5)式计算]，见图 10-25e)，远端得传递弯矩 M'_{AB}、M'_{CB}[按式(10-25)计算]。这里须注意，在计算分配弯矩时，根据杆端弯矩的正负号规定，应将外力矩 M_B 代之以$(-M_B)$，“负号”表示结点上的不平衡力矩要与分配弯矩之和成平衡。可以这样理解，因为前面规定了施加于结点上的外力矩以顺时针方向为正，现在放松结点施加的是逆时针方向的外力矩，故计算时必须加上"负号"。

将图10-25b)、c)两种情况相叠加，就消去了附加刚臂的作用，使结构回复到原结构图10-25a)的状态。因此，把图10-25b)、c)所得的杆端弯矩叠加，就是连续梁杆端弯矩。

用力矩分配法求连续梁杆端弯矩，一般可列表格进行计算，表格列在连续梁计算简图的下边。计算所得的数值，随算随填在表格内相对应的位置。

【例 10-12】 图10-26a)所示为两跨连续梁，试用力矩分配法求杆端弯矩，并作 M 图。

(1)计算分配系数

$$\mu_{BA}=\frac{S_{BA}}{S_{BA}+S_{BC}}=\frac{4\frac{EI}{4}}{4\frac{EI}{4}+3\frac{EI}{6}}=\frac{1}{1+\frac{1}{2}}=0.667$$

$$\mu_{BC}=\frac{S_{BC}}{S_{BA}+S_{BC}}=\frac{3\frac{EI}{3}}{4\frac{EI}{4}+3\frac{EI}{6}}=\frac{\frac{1}{2}}{1+\frac{1}{2}}=0.333$$

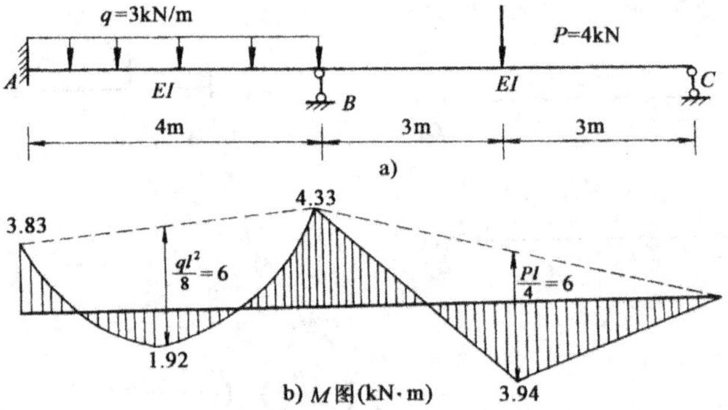

图 10-26

	A		B		C
分配系数	固端	0.667	0.333		铰支
固端力矩 M_F	−4.00	4.00	−4.50		0
分配与传递	0.17 ←	+0.33	+0.17	→	0
最后 M	−3.83	4.33	−4.33		0

核对 $\sum\mu_B=\mu_{BA}+\mu_{BC}=0.667+0.333=1.00$

同一结点各杆分配系数之和等于1，把算好的 μ 值填在表格 B 结点处。

(2)计算固端弯矩：查表10-1。

求固端弯矩时，AB 杆按两端固定梁，BC 杆按一端固定，另一端铰支梁来计算。

$$M_{AB}^{F}=-\frac{ql^2}{12}=\frac{-3\times4^2}{12}=-4\text{kN}\cdot\text{m}$$

$$M_{BA}^{F}=\frac{ql^2}{12}=\frac{3\times4^2}{12}=4\text{kN}\cdot\text{m}$$

$$M_{BC}^{F}=\frac{-3PL}{16}=-\frac{3}{16}\times4\times6=-4.5\text{kN}\cdot\text{m}$$

$$M_{CB}^{F}=0$$

把各固端弯矩填写在表中对应各杆端处。

(3)放松刚结点 B 进行力矩分配。

结点 B 的不平衡力矩

$$M_B=M_{BA}^{F}+M_{BC}^{F}=4.0-4.5=-0.50\text{kN}\cdot\text{m}$$

计算分配弯矩

$$M'_{BA}=\mu_{BA}(-M_B)=0.667\times[-(-0.50)]=0.33\text{kN}\cdot\text{m}$$
$$M'_{BC}=\mu_{BC}(-M_B)=0.333\times[-(-0.50)]=0.17\text{kN}\cdot\text{m}$$

把分配弯矩写在表中对着各杆固端 M 的下一行,此时结点 B 获得平衡,在分配弯矩下面画一条横线来表示。

(4)计算传递弯矩,远端固定传递系数 $C_{BA}=\frac{1}{2}$,远端铰支 $C_{BC}=0$(即无传递弯矩)。

$$M'_{AB}=C_{BA}\cdot M'_{BA}=\frac{1}{2}\times0.33=0.17\text{kN}\cdot\text{m}$$

把这个传递弯矩写在表中 A 处固端弯矩下边。在计算表中用一个箭头表示传递弯矩是由哪个分配弯矩传递来的。

(5)计算杆端弯矩

把同一杆端的固端弯矩、分配弯矩和传递弯矩相加(代数和),即得杆端弯矩,填入表中相应位置,并在数值下打上双横线表示杆端的最后弯矩。

(6)利用杆端弯矩作 M 图,如图10-26b)所示。

【例 10-13】 试用力矩分配法计算图 10-27a)所示连续梁,并作出 M 图。

解:(1)求分配系数

$$\mu_{BA}=\frac{S_{BA}}{S_{BA}+S_{BC}}=\frac{\frac{1.5}{4}}{\frac{1.5}{4}+\frac{4\times1}{8}}=0.43$$

$$\mu_{BC}=\frac{S_{BC}}{S_{BC}+S_{BA}}=\frac{\frac{4\times1}{8}}{\frac{1.5}{4}+\frac{4\times1}{8}}=0.57$$

$$\mu_{CB}=\frac{S_{CB}}{S_{CB}+S_{CD}}=\frac{4\ \frac{1}{8}}{4\times\frac{1}{8}+3\times\frac{2}{8}}=0.4$$

$$\mu_{CD}=\frac{S_{CD}}{S_{CB}+S_{CD}}=\frac{\frac{6}{8}}{4\times\frac{1}{8}+\frac{6}{8}}=0.6$$

校核: $\sum\mu_B=\mu_{BA}+\mu_{BC}=1$ $\sum\mu_C=\mu_{CB}+\mu_{CD}=1$

(2)锁住结点 B、C,求各杆的固端 M

$$M_{AB}^{F}=\frac{ql^2}{6}=\frac{15\times4^2}{6}=40\text{kN}\cdot\text{m}$$

$$M_{BA}^{F}=\frac{ql^2}{3}=\frac{15\times4^2}{3}=80\text{kN}\cdot\text{m}$$

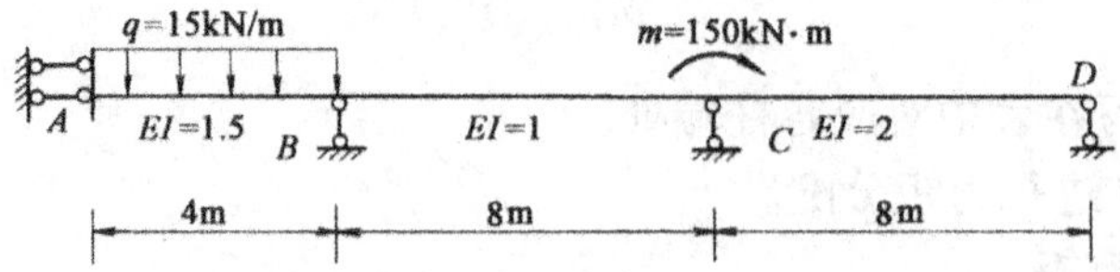

a)

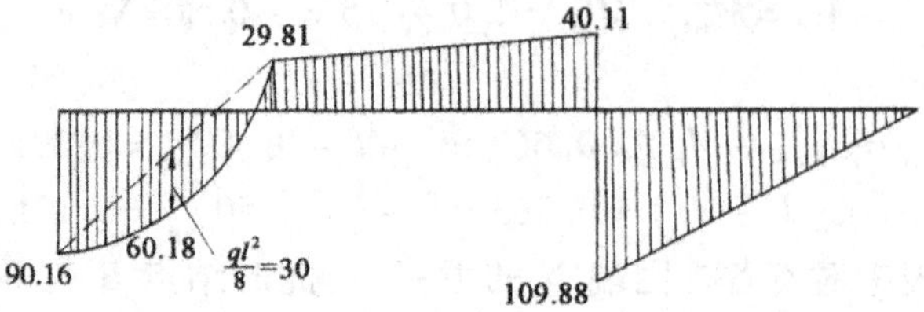

b) M图(kN·m)

图 10-27

	A		B		C	D
分配系数		0.43	0.57	0.40	0.60	
固端弯矩	40	80		0	↷ 150 0	0
C结点第一次分传			30 ←	+60	90 →	0
B结点第一次分传	47.30 ←	−47.30	−62.7 →	−31.35		
C结点第二次分传			6.27 ←	+12.54	+18.81 →	0
B结点第二次分传	2.70 ←	−2.70	−3.57 →	−1.79		0
C结点第三次分传			0.36 ←	+0.71	+1.07 →	0
B结点第三次分传	0.16 ←	−0.16	−0.2 →	−0.1		
最后弯矩	90.16	29.81	−29.81	40.11	109.88	0

注意:AB杆定向支座在左端而表10-1中定向支座在右端,所以固端弯矩的正负号相反。结点C用附加刚臂锁住,相当于固定支座,外力偶m作用在固定支座上,对梁没有作用,但当放松结点C进行分配时,外力偶m作为结点力矩可直接进行分配。

(3)先放松结点C,按单结点直接把$m=150\text{kN·m}$进行分配、传递,此时C暂时平衡,将结果填入表中。此时结点B的不平衡力矩为$M_B=M_{BA}^F+M'_{BC}$(传递弯矩)$=80+30=110\text{ kN·m}$。

(4)再放松结点B,将$(-M_B)$进行分配、传递,此时B暂时平衡,而由于传递弯矩的存在,结点C不平衡,不平衡力矩$M_C=M''_{CB}=-31.35\text{kN·m}$。

(5)再次放松C,重复以上3、4步循环,全部结果列于表中。

(6)将表中各杆端的固端弯矩,分配弯矩、传递弯矩全部叠加,即得最后弯矩。

(7)根据最后杆端弯矩作M图,如图10-27c)所示。

注意:分配弯矩下画一道横线表示,结点平衡,最后相加结果画两道横线表示最后弯矩。

习题

10-1 试确定图10-28所示各结构的位移法基本未知量。

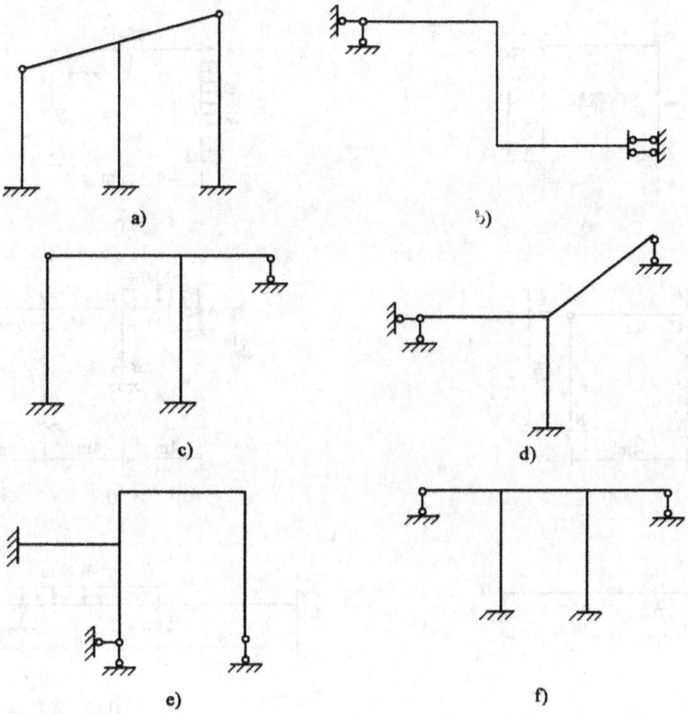

图 10-28

10-2 用位移法计算图 10-29 所示刚架内力,并绘制弯矩图。

10-3 用位移法计算图 10-30 所示对称刚架,EI = 常数,试绘制弯矩图。

10-4 图 10-31 为一对称连续梁,试用力矩分配法计算,并作弯矩图。

10-5 用力矩分配法计算图 10-32 所示连续梁,并作 M 图,各杆 EI = 常数。

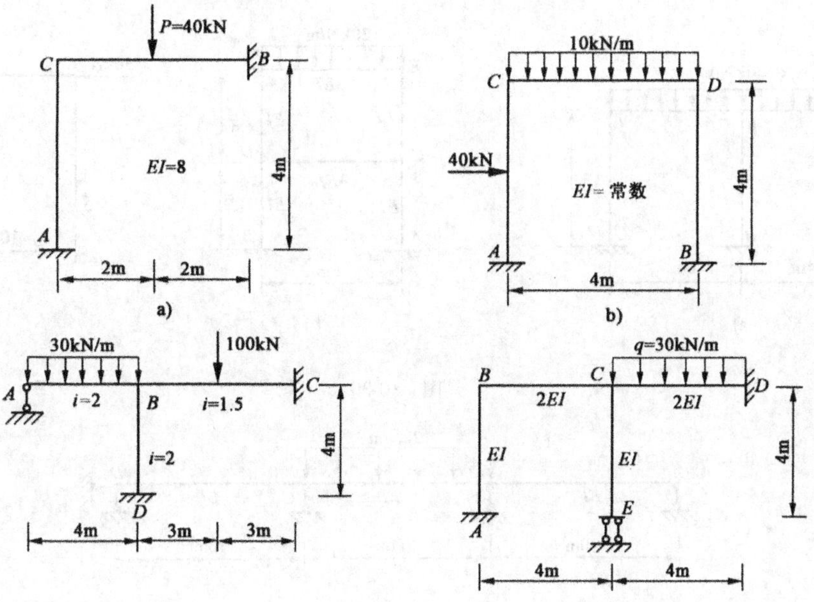

图 10-29

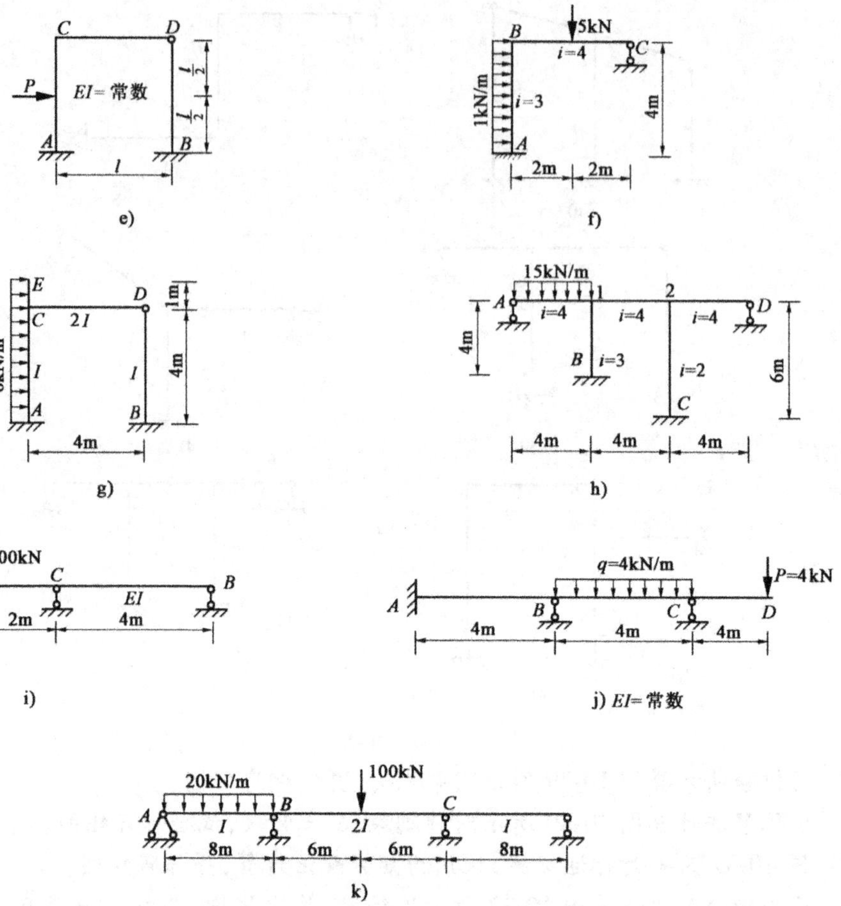

图 10-29

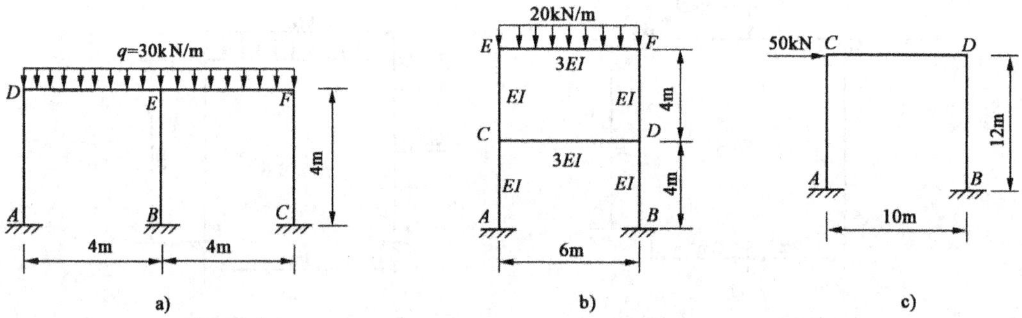

图 10-30

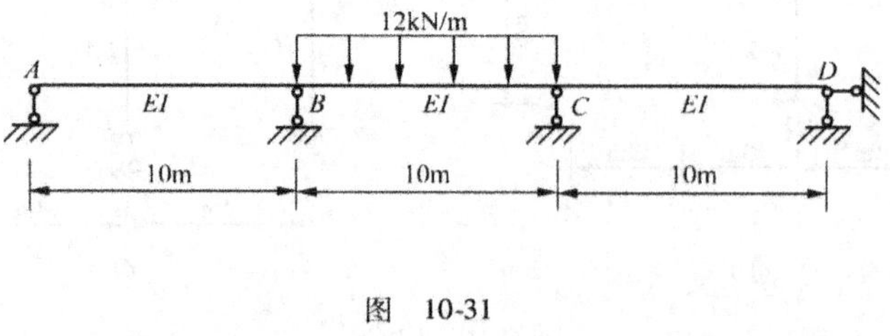

图 10-31

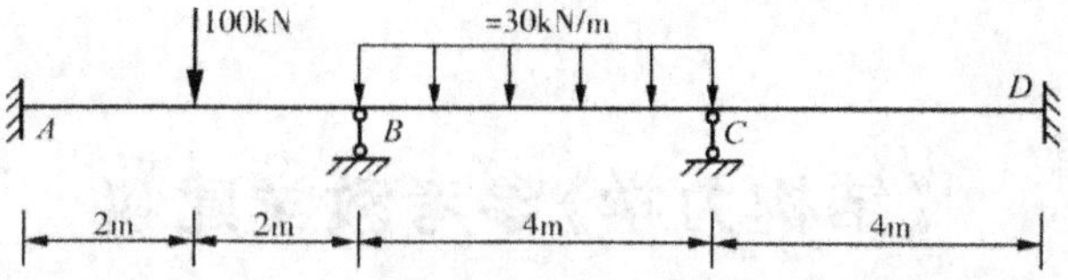

图 10-32

习题解答

10-1 a）角位移：1，线位移：1；　b）角位移：2，线位移：1；

c）角位移：1，线位移：1；　d）角位移：1，线位移：0；

e）角位移：3，线位移：1；　f）角位移：2，线位移：1

10-2 a）$i\varphi = 2.5$，$M_{AC}=5\text{kN}\cdot\text{m}$，$M_{CA}=10\text{kN}\cdot\text{m}$，$M_{CB}=-10\text{kN}\cdot\text{m}$，$M_{BC}=25\text{kN}\cdot\text{m}$；

b）$i\varphi_c = 125/63$，$i\varphi_D = 55/63$，$i\Delta = 1020/63$，

$M_{AC}=-40.32\text{kN}\cdot\text{m}$，$M_{CA}=3.65\text{kN}\cdot\text{m}$，$M_{DB}=-20.79\text{kN}\cdot\text{m}$，$M_{BD}=-22.54\text{ kN}\cdot\text{m}$；

c）$\varphi=0.75$，$M_{BA}=64.5\text{kN}\cdot\text{m}$，$M_{BC}=-70.5\text{kN}\cdot\text{m}$，$M_{CB}=77.25\text{kN}\cdot\text{m}$，$M_{BD}=6\text{ kN}\cdot\text{m}$；

d）$EI\varphi_B=-\dfrac{480}{141}$（逆时针转动），$EI\varphi_C=\dfrac{480}{47}$（顺时针转动），$M_{CB}=17.02\text{kN}\cdot\text{m}$，

$M_{CD}=-19.57\text{kN}\cdot\text{m}$，$M_{CE}=2.55\text{kN}\cdot\text{m}$，$M_{BC}=3.40\text{kN}\cdot\text{m}$，$M_{BA}=-3.40\text{kN}\cdot\text{m}$；

e）$i\varphi_c=(3/184)\ Pl$，$i\Delta=-(11/276)Pl^2$，$M_{CD}=(9/184)\ Pl$，$M_{CA}=(-9/184)\ Pl$，

$M_{AC}=(-7/46)\ Pl$，$M_{BD}=(-11/46)\ Pl$；

f）$M_{BC}=M_{BA}=9.92\text{kN}\cdot\text{m}$（内侧受拉），$M_{AB}=30.08\text{kN}\cdot\text{m}$（外侧受拉）

g）$i\varphi_c=0.605$，$i\Delta=7.368$，$M_{CD}=3.63\text{kN}\cdot\text{m}$，$M_{CA}=-0.63\text{kN}\cdot\text{m}$，$M_{AC}=-17.84$ $\text{kN}\cdot\text{m}$，$M_{BD}=-5.53\text{ kN}\cdot\text{m}$；

g）$M_{CD}=15.79\text{kN}\cdot\text{m}$，$M_{AC}=30.05\text{kN}\cdot\text{m}$，$M_{BD}=18.16\text{kN}\cdot\text{m}$；

h）$\varphi_1=-0.927$，$\varphi_2=0.132$，$\Delta=-1.332$，

$M_{1A}=18.88\text{kN}\cdot\text{m}$，$M_{1B}=5.09\text{kN}\cdot\text{m}$，$M_{12}=-13.78\text{kN}\cdot\text{m}$，$M_{21}=-5.30\text{kN}\cdot\text{m}$，

$M_{2D}=1.58\text{kN}\cdot\text{m}$，$M_{2C}=3.73\text{kN}\cdot\text{m}$；

i）$\varphi_c=-75/6$，$M_{cA}=37.5\text{kN}\cdot\text{m}$，$M_{cB}=-37.5\text{kN}\cdot\text{m}$；

j）$i\varphi_B=0$，$i\varphi_C=8/3$，$M_{BA}=M_{BC}=0\text{kN}\cdot\text{m}$，$M_{CB}=16\text{kN}\cdot\text{m}$，$M_{CD}=-16\text{kN}\cdot\text{m}$；

k）$\varphi_B=40.64$，$\varphi_C=-157$，$M_{BA}=175.24\text{kN}\cdot\text{m}$，$M_{CD}=58.88\text{kN}\cdot\text{m}$

10-3 a）$i\varphi_D=5$，$M_{DE}=-20\text{kN}\cdot\text{m}$，$M_{ED}=50\text{kN}\cdot\text{m}$，$M_{AD}=10\text{kN}\cdot\text{m}$　$M_{DE}=-20\text{kN}\cdot\text{m}$；

b）$\varphi_c=-5.22$，$\varphi_E=31.32$，$M_{EF}=-28.68\text{kN}\cdot\text{m}$，$M_{CE}=10.44\text{kN}\cdot\text{m}$，$M_{CD}=-5.22$ $\text{kN}\cdot\text{m}$，$M_{CA}=-5.22\text{kN}\cdot\text{m}$；

c）$M_{CD}=M_{DC}=-131.71\text{kN}\cdot\text{m}$，$M_{CA}=M_{DB}=131.71\text{kN}\cdot\text{m}$，$M_{AC}=M_{BD}=168.29\text{kN}\cdot\text{m}$

10-4 $M_{BA}=M_{CD}=60\text{kN}\cdot\text{m}$，$M_{BC}=M_{CB}=-60\text{kN}\cdot\text{m}$，$BC$ 中点 $M=-90\text{kN}\cdot\text{m}$

10-5 $M_{AB}=-50\text{kN}\cdot\text{m}$，$M_{BA}=50\text{kN}\cdot\text{m}$，$M_{BC}=-50\text{kN}\cdot\text{m}$，$M_{CB}=20\text{kN}\cdot\text{m}$，$M_{CD}=-20\text{ kN}\cdot\text{m}$，$M_{DC}=-10\text{kN}\cdot\text{m}$

附：

《结构力学》参考教学建议

本课程是道路与桥梁工程技术专业的一门重要的技术基础课。该课程共分十章，计划学时 80 学时，参考学时分配表建议如下：

序号	课　题	教学时数		
		讲课	习题	小计
1	第一章　绪论	2		2
2	第二章　平面体系的几何组成分析	4	2	6
3	第三章　静定梁与静定平面刚架	6	2	8
4	第四章　三铰拱	4		4
5	第五章　静定平面桁架	6	2	8
6	第六章　影响线及其应用	10	4	14
7	第七章　静定结构的结构位移计算	8	2	10
8	第八章　力法及其应用	10	4	14
9	第九章　超静定拱	4	2	6
10	第十章　位移法和力矩分配法	6	2	8
	合　计	60	20	80

参 考 文 献

[1] 李廉琨. 结构力学. 北京:人民教育出版社,1982.

[2] 李廉琨. 结构力学(第三版). 北京:高等教育出版社,1996.

[3] 黄志平,詹斌全,秦瑞清. 结构力学. 北京:人民交通出版社,1985.

[4] 胡兴国. 结构力学. 武汉:武汉工业大学出版社,1997.

[5] 龙驭球,包世华. 结构力学. 北京:高等教育出版社,1985.

[6] 杨天祥. 结构力学. 北京:高等教育出版社,1992.

[7] 杨济庆,王崇庆. 结构力学. 北京:国防工业出版社,1985.

[8] 吴惠华. 结构力学. 北京:高等教育出版社,1989.

[9] 高增礼,李振邦. 结构力学. 北京:人民交通出版社,1996.